研究生核心学位课程融合型规划教材

U0176053

矩阵论

第2版

主编　陈铁生　赵可琴

郑州大学出版社

图书在版编目(CIP)数据

矩阵论/陈铁生,赵可琴主编. — 2 版. — 郑州 : 郑州大学出版社, 2022.9
ISBN 978-7-5645-9065-9

Ⅰ. ①矩… Ⅱ. ①陈… Ⅲ. ①矩阵论 Ⅳ. ①O151.21

中国版本图书馆 CIP 数据核字(2022)第 161071 号

矩阵论
JUZHENLUN

策划编辑	祁小冬	封面设计	苏永生
责任编辑	王莲霞	版式设计	凌　青
责任校对	寇小艳	责任监制	凌　青　李瑞卿

出版发行	郑州大学出版社	地　　址	郑州市大学路 40 号(450052)
出 版 人	孙保营	网　　址	http://www.zzup.cn
经　　销	全国新华书店	发行电话	0371-66966070
印　　刷	河南大美印刷有限公司		
开　　本	787 mm×1 092 mm　1 /16		
印　　张	13.5	字　　数	266 千字
版　　次	2022 年 9 月第 2 版	印　　次	2022 年 9 月第 3 次印刷

书　　号	ISBN 978-7-5645-9065-9	定　　价	39.00 元

作者名单

主　编　陈铁生　赵可琴

编　委　王长群　艾春瑞　李文华
吴剑峰　孟庆云　陈铁生
赵可琴　朱清华　马纪垒

第二版前言

矩阵论是高等学校理工科研究生的一门重要基础理论课.学生对该课程掌握的程度,不仅会影响到后续课程的学习,而且对以后工作也会产生重要的影响.该课程对培养学生的抽象思维能力、逻辑推理能力、空间想象能力,以及用数学建模解决实际问题的能力都起着至关重要的作用.

在郑州大学出版社出版的《矩阵论》第一版的基础上,我们修订编写了《矩阵论》第二版.此次修订和编写我们努力做到以下几点:①以基本概念、基本理论、基本技能为基础;②以思想性、科学性、先进性、启发性为指导思想;③以应用为目的,达到学用结合,提高学生的综合运用能力.修订时我们还删除了一些不必要的例题和习题,增加了多种形式的例题和习题.

本书是作者根据多年教学实践编写的,编写分工如下:郑州大学陈铁生、吴剑峰(第一章),李文华(第二章),赵可琴(第三章),艾春瑞(第四章),王长群(第五章);河南工业大学孟庆云(第六章);中原科技学院朱清华(第七章);河南机电职业学院马纪垒(第八章).

本次修订工作得到了郑州大学研究生院、数学与统计学院和郑州大学出版社的大力支持和帮助,河南省研究生教育优质课程项目(项目号:YJS2021KC08)对本书的出版提供了资助.郑州大学、河南工业大学等院校的许多老师提出了宝贵的修订意见,并提供了热情帮助,在此一并表示感谢.

本书可能还会有错误和不足之处,恳请各位专家和使用本书的师生不吝指教.

陈铁生　赵可琴

2022 年 8 月于郑州大学

第一版前言

随着现代科学技术的飞速发展，矩阵理论已成为现代科学技术研究的重要工具，它在许多学科，如控制论、系统论、优化理论、信息工程、力学、电子学，甚至在经济学、金融、保险等诸多学科都有广泛的应用.矩阵论是高等学校理工科研究生的一门重要基础课.因此，学习和掌握矩阵的基本理论和研究问题的方法，对于理工科研究生来说是十分重要的.

考虑到理工科学生的实际情况，在编写本教材时对于烦琐的理论证明进行了适当的简化，同时增加了较多例题.第一章为基础知识，就是把线性代数基本内容进行总结，便于学生过渡到本课程的学习.第二章至第四章主要介绍了线性空间、线性变换、欧氏空间、酉空间，还讨论了多项式矩阵以及矩阵的若当标准型.第五章介绍了矩阵的常用分解.第六章介绍了广义逆矩阵.第七章介绍了矩阵分析理论.第八章给出了一些例题和近年的考试试题.

本书具体编写分工如下:第一章由吴剑锋编写，第二章由赵可琴编写，第三章由薛艳编写，第四章由王锦玲编写，第五章由郭向前编写，第六章由王长群编写，第七章由陈铁生编写，第八章由刘学文编写.本书可以作为大学理工科研究生学习矩阵理论的教材和参考书，也可以作为博士研究生矩阵论考试的参考书.

本书的出版得到了郑州大学研究生院学科建设经费的资助，在编写过程中得到了郑州大学研究生院、郑州大学数学与统计学院和郑州大学出版社的大力支持和帮助，在此表示感谢.

由于编者水平有限，书中难免有错误、疏漏和不妥之处，敬请广大读者批评指正.

陈铁生

2017 年 8 月于郑州大学

目 录

第一章 基础知识

第一节 矩 阵

一、内容提要

(一) 矩阵

矩阵是一个数表，形如$\begin{pmatrix} a_{11} & a_{12} & \cdots & a_{1n} \\ a_{21} & a_{22} & \cdots & a_{2n} \\ \vdots & \vdots & & \vdots \\ a_{m1} & a_{m2} & \cdots & a_{mn} \end{pmatrix}$或$\begin{bmatrix} a_{11} & a_{12} & \cdots & a_{1n} \\ a_{21} & a_{22} & \cdots & a_{2n} \\ \vdots & \vdots & & \vdots \\ a_{m1} & a_{m2} & \cdots & a_{mn} \end{bmatrix}$，记为$\boldsymbol{A},\boldsymbol{A}_{m\times n}$，$(a_{ij})$或$(a_{ij})_{m\times n}$.

当$m=n$时，$\boldsymbol{A}$为方阵.$1\times n$矩阵称为n维行向量，$n\times 1$矩阵称为n维列向量.

(二) 几类特殊矩阵

几类特殊矩阵：① 零矩阵；② 单位矩阵；③ 数量矩阵；④ 对角形矩阵；⑤ 上(下) 三角形矩阵；⑥ 对称矩阵；⑦ 反对称矩阵；⑧ 正交矩阵；⑨ 正定矩阵；⑩ 阶梯形矩阵.

(三) 矩阵的运算

1.矩阵的线性运算

设$\boldsymbol{A},\boldsymbol{B},\boldsymbol{C}$都是$m\times n$矩阵，即同型的，$k,l$为常数，则有$\boldsymbol{A}+\boldsymbol{B}=\boldsymbol{B}+\boldsymbol{A}$，$(\boldsymbol{A}+\boldsymbol{B})+\boldsymbol{C}=\boldsymbol{A}+(\boldsymbol{B}+\boldsymbol{C})$，$\boldsymbol{A}+\boldsymbol{O}=\boldsymbol{A}$，$\boldsymbol{A}+(-\boldsymbol{A})=\boldsymbol{O}$，$(kl)\boldsymbol{A}=k(l\boldsymbol{A})=l(k\boldsymbol{A})$，$l\boldsymbol{A}=\boldsymbol{A}$，$(k+l)\boldsymbol{A}=k\boldsymbol{A}+l\boldsymbol{A}$，$k(\boldsymbol{A}+\boldsymbol{B})=k\boldsymbol{A}+k\boldsymbol{B}$.

2.矩阵的乘法

定义 1 设$\boldsymbol{A}=(a_{ik})_{m\times t}$，$\boldsymbol{B}=(b_{kj})_{t\times n}$，则称$\boldsymbol{C}=(c_{ij})_{m\times n}$为$\boldsymbol{A}$与$\boldsymbol{B}$的乘积，记为$\boldsymbol{C}=\boldsymbol{AB}$，$c_{ij}=a_{i1}b_{1j}+a_{i2}b_{2j}+\cdots+a_{it}b_{tj}$.

矩阵乘法的运算律 设$\boldsymbol{A},\boldsymbol{B},\boldsymbol{C}$是适当阶数的矩阵，$k$为常数，则有$(\boldsymbol{AB})\boldsymbol{C}=\boldsymbol{A}(\boldsymbol{BC})$，$k(\boldsymbol{AB})=(k\boldsymbol{A})\boldsymbol{B}=\boldsymbol{A}(k\boldsymbol{B})$，$(\boldsymbol{A}+\boldsymbol{B})\boldsymbol{C}=\boldsymbol{AC}+\boldsymbol{BC}$，$\boldsymbol{A}(\boldsymbol{B}+\boldsymbol{C})=\boldsymbol{AB}+\boldsymbol{AC}$.

特别地，对于单位矩阵$\boldsymbol{E}$，有$\boldsymbol{E}_m\boldsymbol{A}_{m\times n}=\boldsymbol{A}_{m\times n}\boldsymbol{E}_n=\boldsymbol{A}_{m\times n}$.

注意：①$\boldsymbol{AB}=\boldsymbol{BA}$一般不成立；② 由$\boldsymbol{AB}=\boldsymbol{O}$推不出$\boldsymbol{A}=\boldsymbol{O}$或$\boldsymbol{B}=\boldsymbol{O}$；$\boldsymbol{O}$为零矩阵，下同；

③ 消去律不成立,即若 $\boldsymbol{A} \neq \boldsymbol{O}$ 且 $\boldsymbol{AB} = \boldsymbol{AC}$ 推不出 $\boldsymbol{B} = \boldsymbol{C}$.

3.方阵的幂

设 $\boldsymbol{A}$ 为方阵,规定 $\boldsymbol{A}^m = \boldsymbol{A} \cdot \boldsymbol{A} \cdot \cdots \cdot \boldsymbol{A}$($m$ 个 $\boldsymbol{A}$ 相乘),规定 $\boldsymbol{A}^0 = \boldsymbol{E}$.

运算律:$\boldsymbol{A}^k \cdot \boldsymbol{A}^l = \boldsymbol{A}^{k+l}$,$(\boldsymbol{A}^l)^k = \boldsymbol{A}^{lk}$,$k$,$l$ 为正整数.

4.矩阵的转置

定义 2 把 $\boldsymbol{A}_{m\times n}$ 矩阵的行与列互换,得到 $n \times m$ 矩阵,称为 $\boldsymbol{A}$ 的转置,记为 $\boldsymbol{A}^{\mathrm{T}}$ 或 $\boldsymbol{A}'$.

运算律:设 $\boldsymbol{A}$,$\boldsymbol{B}$ 是适当阶数的矩阵,k 为常数,则 $(\boldsymbol{A}+\boldsymbol{B})^{\mathrm{T}} = \boldsymbol{A}^{\mathrm{T}} + \boldsymbol{B}^{\mathrm{T}}$,$(k\boldsymbol{A})^{\mathrm{T}} = k\boldsymbol{A}^{\mathrm{T}}$,$(\boldsymbol{AB})^{\mathrm{T}} = \boldsymbol{B}^{\mathrm{T}}\boldsymbol{A}^{\mathrm{T}}$,$(\boldsymbol{A}^{\mathrm{T}})^{\mathrm{T}} = \boldsymbol{A}$,$(\boldsymbol{A}^m)^{\mathrm{T}} = (\boldsymbol{A}^{\mathrm{T}})^m$,$m$ 为非负整数.

(四) 方阵的行列式

性质:① $|\boldsymbol{AB}| = |\boldsymbol{A}||\boldsymbol{B}|$; ② $|\boldsymbol{A}^m| = |\boldsymbol{A}|^m$,$m$ 为正整数;

③ $|k\boldsymbol{A}| = k^n|\boldsymbol{A}|$,$\boldsymbol{A}$ 为 n 阶方阵; ④ $|\boldsymbol{A}^{\mathrm{T}}| = |\boldsymbol{A}|$.

(五) 伴随矩阵

$$\boldsymbol{A} = \begin{pmatrix} a_{11} & a_{12} & \cdots & a_{1n} \\ a_{21} & a_{22} & \cdots & a_{2n} \\ \vdots & \vdots & & \vdots \\ a_{n1} & a_{n2} & \cdots & a_{nn} \end{pmatrix},\text{令}\boldsymbol{A}^* = \begin{pmatrix} \boldsymbol{A}_{11} & \boldsymbol{A}_{21} & \cdots & \boldsymbol{A}_{n1} \\ \boldsymbol{A}_{12} & \boldsymbol{A}_{22} & \cdots & \boldsymbol{A}_{n2} \\ \vdots & \vdots & & \vdots \\ \boldsymbol{A}_{1n} & \boldsymbol{A}_{2n} & \cdots & \boldsymbol{A}_{nn} \end{pmatrix}$$,称为 $\boldsymbol{A}$ 的伴随矩阵,$\boldsymbol{A}_{ij}$ 为元素 a_{ij} 的代数余子式.

基本性质:$\boldsymbol{AA}^* = \boldsymbol{A}^*\boldsymbol{A} = |\boldsymbol{A}|\boldsymbol{E}$.

(六) 矩阵的逆矩阵

1.定义

定义 3 设 $\boldsymbol{A}$ 为 n 阶方阵,若存在 n 阶方阵 $\boldsymbol{B}$,使得 $\boldsymbol{AB} = \boldsymbol{BA} = \boldsymbol{E}$,则称 $\boldsymbol{A}$ 可逆,且 $\boldsymbol{B}$ 为 $\boldsymbol{A}$ 的逆,记为 $\boldsymbol{A}^{-1}$.若 $\boldsymbol{A}$ 可逆,则逆是唯一的.

2.判断一个矩阵可逆的方法

定理 1 设 $\boldsymbol{A}$ 为 n 阶方阵,则 $\boldsymbol{A}$ 可逆 $\Leftrightarrow |\boldsymbol{A}| \neq 0$.

推论 若 $\boldsymbol{A}$ 可逆,则 $|\boldsymbol{A}^{-1}| = |\boldsymbol{A}|^{-1}$,$\boldsymbol{A}^{-1} = \dfrac{1}{|\boldsymbol{A}|}\boldsymbol{A}^*$.

3.有关性质

(1) $\boldsymbol{A}$,$\boldsymbol{B}$ 为 n 阶方阵,若 $\boldsymbol{AB} = \boldsymbol{E}$,则 $\boldsymbol{A}$,$\boldsymbol{B}$ 均可逆,且 $\boldsymbol{A}^{-1} = \boldsymbol{B}$,$\boldsymbol{B}^{-1} = \boldsymbol{A}$.

(2) 若 $k \neq 0$,$\boldsymbol{A}$ 可逆,则 $k\boldsymbol{A}$ 可逆,且 $(k\boldsymbol{A})^{-1} = \dfrac{1}{k}\boldsymbol{A}^{-1}$.

(3) 若 $\boldsymbol{A}$,$\boldsymbol{B}$ 均可逆,则 $\boldsymbol{AB}$ 可逆,且 $(\boldsymbol{AB})^{-1} = \boldsymbol{B}^{-1}\boldsymbol{A}^{-1}$.

(4) 若 $\boldsymbol{A}$ 可逆,则 $\boldsymbol{A}^m$ 可逆,且 $(\boldsymbol{A}^m)^{-1} = (\boldsymbol{A}^{-1})^m$,$m$ 为整数.

(5) 若 $\boldsymbol{A}$ 可逆,则 $\boldsymbol{A}^{\mathrm{T}}$ 可逆,且 $(\boldsymbol{A}^{\mathrm{T}})^{-1}=(\boldsymbol{A}^{-1})^{\mathrm{T}}$,$\boldsymbol{A}^{-1}$ 也可逆,且 $(\boldsymbol{A}^{-1})^{-1}=\boldsymbol{A}$.

(6) 若 $\boldsymbol{A}$ 可逆,则由 $\boldsymbol{AB}=\boldsymbol{O}$ 可得 $\boldsymbol{B}=\boldsymbol{O}$,由 $\boldsymbol{AB}=\boldsymbol{AC}$ 可得 $\boldsymbol{B}=\boldsymbol{C}$.

(七) 矩阵的分块与分块矩阵

1.常用分块的方法

把 $\boldsymbol{A}$ 按列分块,$\boldsymbol{A}=(\boldsymbol{\alpha}_1,\boldsymbol{\alpha}_2,\cdots,\boldsymbol{\alpha}_n)$;把 $\boldsymbol{A}$ 按行分块,$\boldsymbol{A}=\begin{pmatrix}\boldsymbol{\beta}_1\\ \boldsymbol{\beta}_2\\ \vdots\\ \boldsymbol{\beta}_m\end{pmatrix}$ 等.

2.准对角形矩阵与准三角形矩阵

$\boldsymbol{A}=\begin{pmatrix}\boldsymbol{A}_{11} & & & \\ & \boldsymbol{A}_{22} & & \\ & & \ddots & \\ & & & \boldsymbol{A}_{ss}\end{pmatrix}$,$\boldsymbol{A}_{ii}$ 为 n_i 阶子块,称为准对角形矩阵.准对角形矩阵为方阵.

$\boldsymbol{A}=\begin{pmatrix}\boldsymbol{A}_{11} & & & \\ \boldsymbol{A}_{21} & \boldsymbol{A}_{22} & & \\ \vdots & \vdots & \ddots & \\ \boldsymbol{A}_{s1} & \boldsymbol{A}_{s2} & \cdots & \boldsymbol{A}_{ss}\end{pmatrix}$,$\boldsymbol{A}_{ii}$ 为 n_i 阶子块,称为准三角形矩阵.准三角形矩阵为方阵.

$|\boldsymbol{A}|=|\boldsymbol{A}_{11}||\boldsymbol{A}_{22}|\cdots|\boldsymbol{A}_{ss}|$.

(八) 矩阵的初等变换与初等矩阵

1.初等变换

定理 2　任何一个非零矩阵 $\boldsymbol{A}$ 都可以通过初等变换 $\boldsymbol{A}\to\begin{pmatrix}E_r & \boldsymbol{O}\\ \boldsymbol{O} & \boldsymbol{O}\end{pmatrix}$,该矩阵称为 $\boldsymbol{A}$ 的等价标准形.

2.矩阵的等价

如果矩阵 $\boldsymbol{B}$ 可由矩阵 $\boldsymbol{A}$ 经过一系列初等变换得到,那么称 $\boldsymbol{A}$ 与 $\boldsymbol{B}$ 等价,等价关系满足自反性、对称性、传递性.

3.初等矩阵

由单位矩阵作一次初等变换得到的矩阵称为初等矩阵,初等矩阵都是方阵,且可逆.

对于 $\boldsymbol{P}(i,j)$,$\boldsymbol{P}(i(c))$,$\boldsymbol{P}(i,j(k))$,有:

$$\boldsymbol{P}(i,j)^{-1}=\boldsymbol{P}(i,j),\boldsymbol{P}(i(c))^{-1}=\boldsymbol{P}(i(c^{-1})),\boldsymbol{P}(i,j(k))^{-1}=\boldsymbol{P}(i,j(-k)).$$

4.初等变换与初等矩阵的关系

定理 3　设矩阵 $\boldsymbol{A}_{m\times n}$,对 $\boldsymbol{A}$ 作一次初等行变换相当于在 $\boldsymbol{A}$ 的左边乘上一个相应的 m

$\times m$ 初等矩阵,对 A 作一次初等列变换相当于在 A 的右边乘上一个相应的 $n \times n$ 初等矩阵.

等价的另一定义 若存在初等矩阵 $P_1, P_2, \cdots, P_s, Q_1, Q_2, \cdots, Q_t$,使 $P_1P_2\cdots P_sAQ_1Q_2\cdots Q_t = B$,称 A 与 B 等价.

5.可逆矩阵的等价标准形(求逆的另一种方法)

若 A 可逆,则 A 的等价标准形为 E.

(1) 求逆 $(A,E) \to (E,A^{-1})$ 只作初等行变换.

(2) 求 $A^{-1}B$,用初等行变换 $(A,B) \to (E,A^{-1}B)$.

(3) 求 BA^{-1},用初等列变换 $\begin{pmatrix} A \\ B \end{pmatrix} \to \begin{pmatrix} E \\ BA^{-1} \end{pmatrix}$.

定理 4 A 与 B 为 $m \times n$ 矩阵,则 A 与 B 等价 $\Leftrightarrow$ 存在 m 阶可逆矩阵 P 与 n 阶可逆矩阵 Q,使得 $PAQ = B$.

(九) 矩阵的秩

1.定义

定义 4 若 A 中不为 O 的子式的最高阶数为 r,称 A 的秩为 r,记为 $r(A)$.

2.求矩阵的秩的方法

定理 5 初等变换不改变矩阵的秩.

求秩的方法:用初等变换化简矩阵,化到读出.

定理 6 A 与 B 是同型矩阵,则 A 与 B 等价 $\Leftrightarrow r(A) = r(B)$.

性质:$r(kA) = r(A), k \neq 0, r(A^{\mathrm{T}}) = r(A)$.

定理 7 设 A 为 n 阶矩阵,则 $r(A) = n \Leftrightarrow |A| \neq 0$.

定理 8 A 是一个 $s \times n$ 矩阵,如果 P 是 $s \times s$ 可逆矩阵,Q 是 $n \times n$ 可逆矩阵,则 $r(A) = r(PA) = r(AQ) = r(PAQ)$.

(十) 矩阵的分解

1.乘法分解

将一个已知矩阵分解成若干个矩阵之积,这些矩阵需要满足一些条件.

2.加法分解

将一个已知矩阵分解成若干个矩阵之和,这些矩阵需要满足一些条件.

二、补充定理

1.$r(A \pm B) \leqslant r(A) + r(B), r(A,B) \leqslant r(A) + r(B)$.

2.$r(AB) \leqslant \min\{r(A), r(B)\}$.

3.设矩阵 $A_{m\times n}, B_{n\times s}$,若 $AB = O$,则 $r(A) + r(B) \leqslant n$.

4.若 $\boldsymbol{AB}=k\boldsymbol{E},k\neq 0$,则 $\boldsymbol{A},\boldsymbol{B}$ 都可逆,且 $\boldsymbol{A}^{-1}=\frac{1}{k}\boldsymbol{B},\boldsymbol{B}^{-1}=\frac{1}{k}\boldsymbol{A}$.

5.$\boldsymbol{AA}^*=\boldsymbol{A}^*\boldsymbol{A}=|\boldsymbol{A}|\boldsymbol{E},(\boldsymbol{A}^*)^{-1}=\frac{1}{|\boldsymbol{A}|}\boldsymbol{A},\boldsymbol{A}^{-1}=\frac{1}{|\boldsymbol{A}|}\boldsymbol{A}^*,|\boldsymbol{A}^*|=|\boldsymbol{A}|^{n-1}$.

6.$r(\boldsymbol{A}^*)=\begin{cases}n, & r(\boldsymbol{A})=n,\\ 1, & r(\boldsymbol{A})=n-1,\\ 0, & r(\boldsymbol{A})<n-1.\end{cases}$

7.$(\boldsymbol{A}^{\mathrm{T}})^{\mathrm{T}}=\boldsymbol{A}$, $(\boldsymbol{A}^{-1})^{-1}=\boldsymbol{A}$, $(\boldsymbol{A}^*)^*=|\boldsymbol{A}|^{n-2}\boldsymbol{A}$,

$(k\boldsymbol{A})^{\mathrm{T}}=k\boldsymbol{A}^{\mathrm{T}}$, $(k\boldsymbol{A})^{-1}=\frac{1}{k}\boldsymbol{A}^{-1}$, $(k\boldsymbol{A})^*=k^{n-1}\boldsymbol{A}^*$,

$(\boldsymbol{AB})^{\mathrm{T}}=\boldsymbol{B}^{\mathrm{T}}\boldsymbol{A}^{\mathrm{T}}$, $(\boldsymbol{AB})^{-1}=\boldsymbol{B}^{-1}\boldsymbol{A}^{-1}$, $(\boldsymbol{AB})^*=\boldsymbol{B}^*\boldsymbol{A}^*$.

8.$(\boldsymbol{A}^{\mathrm{T}})^{-1}=(\boldsymbol{A}^{-1})^{\mathrm{T}},(\boldsymbol{A}^{\mathrm{T}})^*=(\boldsymbol{A}^*)^{\mathrm{T}},(\boldsymbol{A}^{-1})^*=(\boldsymbol{A}^*)^{-1}$.

9.$\begin{pmatrix}\boldsymbol{A} & \boldsymbol{O}\\ \boldsymbol{O} & \boldsymbol{B}\end{pmatrix}^{-1}=\begin{pmatrix}\boldsymbol{A}^{-1} & \boldsymbol{O}\\ \boldsymbol{O} & \boldsymbol{B}^{-1}\end{pmatrix}$.

10.$\begin{pmatrix}\boldsymbol{O} & \boldsymbol{A}\\ \boldsymbol{B} & \boldsymbol{O}\end{pmatrix}^{-1}=\begin{pmatrix}\boldsymbol{O} & \boldsymbol{B}^{-1}\\ \boldsymbol{A}^{-1} & \boldsymbol{O}\end{pmatrix}$.

11.$\boldsymbol{A}$ 是一个 $s\times n$ 矩阵,如果 $\boldsymbol{P}$ 是 $s\times s$ 可逆矩阵,$\boldsymbol{Q}$ 是 $n\times n$ 可逆矩阵,则 $r(\boldsymbol{A})=r(\boldsymbol{PA})=r(\boldsymbol{AQ})=r(\boldsymbol{PAQ})$.

12.设多项式 $f(x)=\sum\limits_{i=0}^{n}a_ix^i$,则规定方阵 $\boldsymbol{A}$ 的多项式 $f(\boldsymbol{A})=\sum\limits_{i=0}^{n}a_i\boldsymbol{A}^i$,其中 $\boldsymbol{A}^0=\boldsymbol{E}$.

13.$r\begin{pmatrix}\boldsymbol{A}_{11} & & & \\ & \boldsymbol{A}_{22} & & \\ & & \ddots & \\ & & & \boldsymbol{A}_{ss}\end{pmatrix}=r(\boldsymbol{A}_{11})+\cdots+r(\boldsymbol{A}_{ss})$.

特别地,$r\begin{pmatrix}\boldsymbol{A} & \boldsymbol{O}\\ \boldsymbol{O} & \boldsymbol{B}\end{pmatrix}=r\begin{pmatrix}\boldsymbol{O} & \boldsymbol{A}\\ \boldsymbol{B} & \boldsymbol{O}\end{pmatrix}=r(\boldsymbol{A})+r(\boldsymbol{B})$,$r\begin{pmatrix}\boldsymbol{A} & \boldsymbol{O}\\ \boldsymbol{C} & \boldsymbol{B}\end{pmatrix}\geqslant r(\boldsymbol{A})+r(\boldsymbol{B})$.

14.矩阵的迹:

$\boldsymbol{A}=\begin{pmatrix}a_{11} & a_{12} & \cdots & a_{1n}\\ a_{21} & a_{22} & \cdots & a_{2n}\\ \vdots & \vdots & & \vdots\\ a_{n1} & a_{n2} & \cdots & a_{nn}\end{pmatrix}$,称 $\mathrm{tr}\boldsymbol{A}=a_{11}+a_{22}+\cdots+a_{nn}$ 为 $\boldsymbol{A}$ 的迹.

性质:设 $\boldsymbol{A},\boldsymbol{B}$ 是 n 阶矩阵,则 $\mathrm{tr}(\boldsymbol{AB})=\mathrm{tr}(\boldsymbol{BA})$,若 $\boldsymbol{A}$ 与 $\boldsymbol{B}$ 相似,则 $\mathrm{tr}\boldsymbol{A}=\mathrm{tr}\boldsymbol{B}$.

15.有关 $\boldsymbol{\alpha}\boldsymbol{\alpha}^{\mathrm{T}},\boldsymbol{\alpha}^{\mathrm{T}}\boldsymbol{\alpha},\boldsymbol{\alpha}\boldsymbol{\beta}^{\mathrm{T}},\boldsymbol{\alpha}^{\mathrm{T}}\boldsymbol{\beta}$ 的问题:

设 $\boldsymbol{\alpha}=\begin{pmatrix}a_1\\a_2\\\vdots\\a_n\end{pmatrix},\boldsymbol{\beta}=\begin{pmatrix}b_1\\b_2\\\vdots\\b_n\end{pmatrix}$,则

$\boldsymbol{\alpha}^{\mathrm{T}}\boldsymbol{\beta}=a_1b_1+a_2b_2+\cdots+a_nb_n,\boldsymbol{\alpha}^{\mathrm{T}}\boldsymbol{\alpha}=a_1^2+a_2^2+\cdots+a_n^2$,

$$\boldsymbol{\alpha}\boldsymbol{\beta}^{\mathrm{T}}=\begin{pmatrix}a_1b_1&a_1b_2&\cdots&a_1b_n\\a_2b_1&a_2b_2&\cdots&a_2b_n\\\vdots&\vdots&&\vdots\\a_nb_1&a_nb_2&\cdots&a_nb_n\end{pmatrix},\boldsymbol{\alpha}\boldsymbol{\alpha}^{\mathrm{T}}=\begin{pmatrix}a_1^2&a_1a_2&\cdots&a_1a_n\\a_2a_1&a_2^2&\cdots&a_2a_n\\\vdots&\vdots&&\vdots\\a_na_1&a_na_2&\cdots&a_n^2\end{pmatrix},$$

$\mathrm{tr}(\boldsymbol{\alpha}\boldsymbol{\beta}^{\mathrm{T}})=\boldsymbol{\alpha}^{\mathrm{T}}\boldsymbol{\beta},\mathrm{tr}(\boldsymbol{\alpha}\boldsymbol{\alpha}^{\mathrm{T}})=\boldsymbol{\alpha}^{\mathrm{T}}\boldsymbol{\alpha}$.

16. $\begin{vmatrix}\boldsymbol{A}&\boldsymbol{O}\\\boldsymbol{O}&\boldsymbol{B}\end{vmatrix}=|\boldsymbol{A}||\boldsymbol{B}|,\begin{vmatrix}\boldsymbol{A}&\boldsymbol{C}\\\boldsymbol{O}&\boldsymbol{B}\end{vmatrix}=|\boldsymbol{A}||\boldsymbol{B}|,\begin{vmatrix}\boldsymbol{A}&\boldsymbol{O}\\\boldsymbol{C}&\boldsymbol{B}\end{vmatrix}=|\boldsymbol{A}||\boldsymbol{B}|$.

17. $\begin{vmatrix}\boldsymbol{O}&\boldsymbol{A}_{k\times k}\\\boldsymbol{B}_{r\times r}&\boldsymbol{O}\end{vmatrix}=\begin{vmatrix}\boldsymbol{O}&\boldsymbol{A}_{k\times k}\\\boldsymbol{B}_{r\times r}&\boldsymbol{C}\end{vmatrix}=\begin{vmatrix}\boldsymbol{C}&\boldsymbol{A}_{k\times k}\\\boldsymbol{B}_{r\times r}&\boldsymbol{O}\end{vmatrix}=(-1)^{k\times r}|\boldsymbol{A}||\boldsymbol{B}|$.

18. $\begin{vmatrix}a&b&\cdots&b\\b&a&\cdots&b\\\vdots&\vdots&&\vdots\\b&b&\cdots&a\end{vmatrix}=[a+(n-1)b](a-b)^{n-1}$.

第二节 向量与线性方程组

一、内容提要

(一)向量

1.定义

定义 1 数域 P 上的 n 个数组成的有序数组称为向量.

行向量 $\boldsymbol{\alpha}=(a_1,a_2,\cdots,a_n)$,列向量 $\boldsymbol{\beta}=(b_1,b_2,\cdots,b_n)^{\mathrm{T}}$.

2.性质

设向量 $\boldsymbol{\alpha}=(a_1,a_2,\cdots,a_n),\boldsymbol{\beta}=(b_1,b_2,\cdots,b_n)$,则

相等 $\boldsymbol{\alpha}=\boldsymbol{\beta}\Leftrightarrow a_i=b_i$.

向量的和 $\boldsymbol{\gamma}=(a_1+b_1,a_2+b_2,\cdots,a_n+b_n)$,记为 $\boldsymbol{\gamma}=\boldsymbol{\alpha}+\boldsymbol{\beta}$.

向量 $\boldsymbol{\alpha},\boldsymbol{\beta}$ 的差 $\boldsymbol{\alpha}-\boldsymbol{\beta}=(a_1-b_1,a_2-b_2,\cdots,a_n-b_n)$.

负向量 $-\boldsymbol{\alpha}=(-a_1,-a_2,\cdots,-a_n)$.

零向量 $\mathbf{0}=(0,0,\cdots,0)$.

数乘向量 $\boldsymbol{\delta}=(ka_1,ka_2,\cdots,ka_n)=k\boldsymbol{\alpha}$.

3.运算律

设 $\boldsymbol{\alpha},\boldsymbol{\beta}$ 都是 n 维向量,k,l 为常数,则有

$\boldsymbol{\alpha}+\boldsymbol{\beta}=\boldsymbol{\beta}+\boldsymbol{\alpha},(\boldsymbol{\alpha}+\boldsymbol{\beta})+\boldsymbol{\gamma}=\boldsymbol{\alpha}+(\boldsymbol{\beta}+\boldsymbol{\gamma}),\boldsymbol{\alpha}+\mathbf{0}=\boldsymbol{\alpha},\boldsymbol{\alpha}+(-\boldsymbol{\alpha})=\mathbf{0},(kl)\boldsymbol{\alpha}=k(l\boldsymbol{\alpha})=l(k\boldsymbol{\alpha}),1\boldsymbol{\alpha}=\boldsymbol{\alpha},(k+l)\boldsymbol{\alpha}=k\boldsymbol{\alpha}+l\boldsymbol{\alpha},k(\boldsymbol{\alpha}+\boldsymbol{\beta})=k\boldsymbol{\alpha}+k\boldsymbol{\beta}$.

4.内积

设 $\boldsymbol{\alpha}=(a_1,a_2,\cdots,a_n)$,$\boldsymbol{\beta}=(b_1,b_2,\cdots,b_n)$.

记$(\boldsymbol{\alpha},\boldsymbol{\beta})=\boldsymbol{\alpha}\boldsymbol{\beta}^{\mathrm{T}}=a_1b_1+a_2b_2+\cdots+a_nb_n$ 为 $\boldsymbol{\alpha}$ 与 $\boldsymbol{\beta}$ 的内积.

向量的长度:$\sqrt{(\boldsymbol{\alpha},\boldsymbol{\alpha})}$ 为 $\boldsymbol{\alpha}$ 的长度,记为 $|\boldsymbol{\alpha}|=\sqrt{(\boldsymbol{\alpha},\boldsymbol{\alpha})}$.

$|\boldsymbol{\alpha}|=\sqrt{a_1^2+a_2^2+\cdots+a_n^2}$,若 $|\boldsymbol{\alpha}|=1$,则称 $\boldsymbol{\alpha}$ 为单位向量.

(二)线性组合

1.定义

定义 2 给出向量 $\boldsymbol{\alpha}_1,\boldsymbol{\alpha}_2,\cdots,\boldsymbol{\alpha}_s,\boldsymbol{\beta}$,若存在 s 个数 $k_1,k_2,\cdots,k_s$,使得 $\boldsymbol{\beta}=k_1\boldsymbol{\alpha}_1+k_2\boldsymbol{\alpha}_2+\cdots+k_s\boldsymbol{\alpha}_s$,称 $\boldsymbol{\beta}$ 是 $\boldsymbol{\alpha}_1,\boldsymbol{\alpha}_2,\cdots,\boldsymbol{\alpha}_s$ 的线性组合,又称 $\boldsymbol{\beta}$ 可由 $\boldsymbol{\alpha}_1,\boldsymbol{\alpha}_2,\cdots,\boldsymbol{\alpha}_s$ 线性表出(表示).

2.判断方法

设 $\boldsymbol{\alpha}_1,\boldsymbol{\alpha}_2,\cdots,\boldsymbol{\alpha}_s,\boldsymbol{\beta}$ 是列向量,则 $\boldsymbol{\beta}$ 是 $\boldsymbol{\alpha}_1,\boldsymbol{\alpha}_2,\cdots,\boldsymbol{\alpha}_s$ 的线性组合 $\Leftrightarrow$ 方程组 $x_1\boldsymbol{\alpha}_1+x_2\boldsymbol{\alpha}_2+\cdots+x_s\boldsymbol{\alpha}_s=\boldsymbol{\beta}$ 有解,解就是组合系数.

3.特殊情况

(1) 零向量是任意向量组的线性组合.

(2) $\boldsymbol{\alpha}_1,\boldsymbol{\alpha}_2,\cdots,\boldsymbol{\alpha}_s$ 中任一向量都是 $\boldsymbol{\alpha}_1,\boldsymbol{\alpha}_2,\cdots,\boldsymbol{\alpha}_s$ 的线性组合.

(3) 任意 n 维向量 $\boldsymbol{\alpha}=(a_1,a_2,\cdots,a_n)$ 都是基本单位向量组 $\boldsymbol{\varepsilon}_1=(1,0,\cdots,0)$,$\boldsymbol{\varepsilon}_2=(0,1,\cdots,0)$,$\cdots$,$\boldsymbol{\varepsilon}_n=(0,0,\cdots,1)$ 的线性组合.

(三)线性相关

1.定义

定义 3 给出向量 $\boldsymbol{\alpha}_1,\boldsymbol{\alpha}_2,\cdots,\boldsymbol{\alpha}_s(s\geqslant 2)$,若其中有一个向量能由其余 $s-1$ 个向量线性表出,称 $\boldsymbol{\alpha}_1,\boldsymbol{\alpha}_2,\cdots,\boldsymbol{\alpha}_s$ 线性相关.

等价定义 给出向量 $\boldsymbol{\alpha}_1,\boldsymbol{\alpha}_2,\cdots,\boldsymbol{\alpha}_s$,若存在不全为零的 s 个数 $k_1,k_2,\cdots,k_s$,使得 $k_1\boldsymbol{\alpha}_1$

$+k_2\boldsymbol{\alpha}_2+\cdots+k_s\boldsymbol{\alpha}_s=\mathbf{0}$,则称 $\boldsymbol{\alpha}_1,\boldsymbol{\alpha}_2,\cdots,\boldsymbol{\alpha}_s$ 线性相关.

2.判断方法

设 $\boldsymbol{\alpha}_1,\boldsymbol{\alpha}_2,\cdots,\boldsymbol{\alpha}_s(s\geqslant 2)$ 是列向量,则 $\boldsymbol{\alpha}_1,\boldsymbol{\alpha}_2,\cdots,\boldsymbol{\alpha}_s$ 线性相关 $\Leftrightarrow$ 方程组 $x_1\boldsymbol{\alpha}_1+x_2\boldsymbol{\alpha}_2+\cdots+x_s\boldsymbol{\alpha}_s=\mathbf{0}$ 有非零解.

3.特殊情况

(1) 含有零向量的向量组一定线性相关.

(2) 两个向量 $\boldsymbol{\alpha},\boldsymbol{\beta}$ 线性相关 $\Leftrightarrow$ 对应分量成比例.

(3) 一个向量组,若其中一部分线性相关,则整体线性相关.

(4) 一个向量 $\boldsymbol{\alpha}$ 线性相关 $\Leftrightarrow\boldsymbol{\alpha}=\mathbf{0}$.

(四) 线性无关

1.定义

定义 4 给出向量 $\boldsymbol{\alpha}_1,\boldsymbol{\alpha}_2,\cdots,\boldsymbol{\alpha}_s(s\geqslant 2)$,若其中任一个向量都不能由其余 $s-1$ 个向量线性表出,则称 $\boldsymbol{\alpha}_1,\boldsymbol{\alpha}_2,\cdots,\boldsymbol{\alpha}_s$ 线性无关.

等价定义 给出向量 $\boldsymbol{\alpha}_1,\boldsymbol{\alpha}_2,\cdots,\boldsymbol{\alpha}_s$,若 $k_1\boldsymbol{\alpha}_1+k_2\boldsymbol{\alpha}_2+\cdots+k_s\boldsymbol{\alpha}_s=\mathbf{0}$ 必推出 $k_1=k_2=\cdots=k_s=0$,则称 $\boldsymbol{\alpha}_1,\boldsymbol{\alpha}_2,\cdots,\boldsymbol{\alpha}_s$ 线性无关.

2.判断方法

设 $\boldsymbol{\alpha}_1,\boldsymbol{\alpha}_2,\cdots,\boldsymbol{\alpha}_s(s\geqslant 2)$ 是列向量,则 $\boldsymbol{\alpha}_1,\boldsymbol{\alpha}_2,\cdots,\boldsymbol{\alpha}_s$ 线性无关 $\Leftrightarrow$ 方程组 $x_1\boldsymbol{\alpha}_1+x_2\boldsymbol{\alpha}_2+\cdots+x_s\boldsymbol{\alpha}_s=\mathbf{0}$ 只有零解.

3.特殊情况

(1) 线性无关向量组一定不含零向量.

(2) 两个向量 $\boldsymbol{\alpha},\boldsymbol{\beta}$ 线性无关 $\Leftrightarrow$ 对应分量不成比例.

(3) 一个向量组,若整体线性无关,则任意其中一部分线性无关.

(4) 一个向量组成的向量组 $\{\boldsymbol{\alpha}\}$ 线性无关 $\Leftrightarrow\boldsymbol{\alpha}\neq\mathbf{0}$.

(5) 基本单位向量组 $\boldsymbol{\varepsilon}_1,\boldsymbol{\varepsilon}_2,\cdots,\boldsymbol{\varepsilon}_n$ 线性无关.

(五) 一个重要定理

定理 1 若 $\boldsymbol{\alpha}_1,\boldsymbol{\alpha}_2,\cdots,\boldsymbol{\alpha}_s$ 线性无关,而 $\boldsymbol{\alpha}_1,\boldsymbol{\alpha}_2,\cdots,\boldsymbol{\alpha}_s,\boldsymbol{\beta}$ 线性相关,则 $\boldsymbol{\beta}$ 可由 $\boldsymbol{\alpha}_1,\boldsymbol{\alpha}_2,\cdots,\boldsymbol{\alpha}_s$ 线性表出,且表出系数唯一.

(六) 两个向量组之间的关系

1.定义

定义 5 给出两个向量组:(Ⅰ)$\boldsymbol{\alpha}_1,\boldsymbol{\alpha}_2,\cdots,\boldsymbol{\alpha}_s$,(Ⅱ)$\boldsymbol{\beta}_1,\boldsymbol{\beta}_2,\cdots,\boldsymbol{\beta}_t$.若(Ⅰ)中每个向量都可由(Ⅱ)中的向量线性表出,则称(Ⅰ)可由(Ⅱ)线性表出;若(Ⅰ)与(Ⅱ)可以相互表出,则称(Ⅰ)与(Ⅱ)等价.

2.定理

定理 2　给出两个向量组：(Ⅰ)$\boldsymbol{\alpha}_1,\boldsymbol{\alpha}_2,\cdots,\boldsymbol{\alpha}_s$，(Ⅱ)$\boldsymbol{\beta}_1,\boldsymbol{\beta}_2,\cdots,\boldsymbol{\beta}_t$. 如果(Ⅰ) 可由(Ⅱ) 线性表出，且 $s > t$，则(Ⅰ) 向量组线性相关.

推论　$n+1$ 个 n 维向量组线性相关.

定理 3　(定理 2 的逆否命题) 给出两个向量组：(Ⅰ)$\boldsymbol{\alpha}_1,\boldsymbol{\alpha}_2,\cdots,\boldsymbol{\alpha}_s$，(Ⅱ)$\boldsymbol{\beta}_1,\boldsymbol{\beta}_2,\cdots,\boldsymbol{\beta}_t$. 如果(Ⅰ) 可由(Ⅱ) 线性表出，且(Ⅰ) 线性无关，则 $s \leqslant t$.

(七) 极大线性无关组

1.定义

定义 6　设 $\boldsymbol{\alpha}_1,\boldsymbol{\alpha}_2,\cdots,\boldsymbol{\alpha}_r$ 是向量组 $\boldsymbol{\alpha}_1,\boldsymbol{\alpha}_2,\cdots,\boldsymbol{\alpha}_s$ 的一个部分组($1 \leqslant r \leqslant s$)，若满足 $\boldsymbol{\alpha}_1,\boldsymbol{\alpha}_2,\cdots,\boldsymbol{\alpha}_r$ 本身线性无关，从向量组 $\boldsymbol{\alpha}_1,\boldsymbol{\alpha}_2,\cdots,\boldsymbol{\alpha}_s$ 中任添一个向量到 $\boldsymbol{\alpha}_1,\boldsymbol{\alpha}_2,\cdots,\boldsymbol{\alpha}_r$ 上，新部分组线性相关，称 $\boldsymbol{\alpha}_1,\boldsymbol{\alpha}_2,\cdots,\boldsymbol{\alpha}_r$ 为向量组 $\boldsymbol{\alpha}_1,\boldsymbol{\alpha}_2,\cdots,\boldsymbol{\alpha}_s$ 的一个极大线性无关组.

性质：极大线性无关组与原向量组等价.

2.定理

定理 4　一个向量组的极大无关组不一定唯一，但每个极大无关组所含向量的个数都相等，这个数称为 $\boldsymbol{\alpha}_1,\boldsymbol{\alpha}_2,\cdots,\boldsymbol{\alpha}_s$ 的秩，记为 $r(\boldsymbol{\alpha}_1,\boldsymbol{\alpha}_2,\cdots,\boldsymbol{\alpha}_s)$，显然：$\boldsymbol{\alpha}_1,\boldsymbol{\alpha}_2,\cdots,\boldsymbol{\alpha}_s$ 线性无关 $\Leftrightarrow r(\boldsymbol{\alpha}_1,\boldsymbol{\alpha}_2,\cdots,\boldsymbol{\alpha}_s) = s$，即满秩；$\boldsymbol{\alpha}_1,\boldsymbol{\alpha}_2,\cdots,\boldsymbol{\alpha}_s$ 线性相关 $\Leftrightarrow r(\boldsymbol{\alpha}_1,\boldsymbol{\alpha}_2,\cdots,\boldsymbol{\alpha}_s) < s$，即不满秩.

注意：向量组等价要求维数相等，但不要求所含向量的个数相等，向量组(Ⅰ) 与(Ⅱ) 等价，则 r(Ⅰ) $= r$(Ⅱ)，反之不成立；矩阵等价要求同型，矩阵 $\boldsymbol{A}$ 与 $\boldsymbol{B}$ 等价 $\Leftrightarrow r(\boldsymbol{A}) = r(\boldsymbol{B})$.

(八) 如何求矩阵的列向量组的极大无关组

(1) 矩阵的行向量组成的向量组的秩称为矩阵的行秩，矩阵的列向量组成的向量组的秩称为矩阵的列秩.

注意：对矩阵作一次初等变换，不改变矩阵的行秩，也不改变矩阵的列秩.

(2) **定理 5**　矩阵的行秩与矩阵的列秩相等，称为矩阵的秩，记为 $r(\boldsymbol{A})$.

(3) 设 $\boldsymbol{\alpha}_1,\boldsymbol{\alpha}_2,\cdots,\boldsymbol{\alpha}_s$ 是列向量，作矩阵 $\boldsymbol{A} = (\boldsymbol{\alpha}_1,\boldsymbol{\alpha}_2,\cdots,\boldsymbol{\alpha}_s)$，对 $\boldsymbol{A}$ 进行初等行变换，$\boldsymbol{A} \to \boldsymbol{B}$，找出 $\boldsymbol{B}$ 的列向量的极大无关组，则 $\boldsymbol{A}$ 中相应于 $\boldsymbol{B}$ 的那些列向量，就是 $\boldsymbol{\alpha}_1,\boldsymbol{\alpha}_2,\cdots,\boldsymbol{\alpha}_s$ 的极大线性无关组.

(九) 克拉默法则

(1) 如果线性方程组 $\begin{cases} a_{11}x_1 + a_{12}x_2 + \cdots + a_{1n}x_n = b_1, \\ a_{21}x_1 + a_{22}x_2 + \cdots + a_{2n}x_n = b_2, \\ \cdots\cdots\cdots\cdots \\ a_{n1}x_1 + a_{n2}x_2 + \cdots + a_{nn}x_n = b_n \end{cases}$ 的系数矩阵 $\boldsymbol{A} =$

$\begin{pmatrix} a_{11} & a_{12} & \cdots & a_{1n} \\ a_{21} & a_{22} & \cdots & a_{2n} \\ \vdots & \vdots & & \vdots \\ a_{n1} & a_{n2} & \cdots & a_{nn} \end{pmatrix}$ 的行列式,即系数的行列式 $|\boldsymbol{A}| \neq 0$,那么方程组有唯一解,且解 $x_i = \dfrac{|\boldsymbol{A}_i|}{|\boldsymbol{A}|}$.

(2) 对于上述方程组的矩阵形式 $\boldsymbol{AX}=\boldsymbol{b}$,克拉默法则还可叙述为:$\boldsymbol{A}$ 可逆时,方程组有唯一解.

(3) 齐次线性方程组 $\boldsymbol{AX}=\boldsymbol{0}$,若 $|\boldsymbol{A}| \neq 0$,则方程组仅有零解.

(十) 线性方程组解的性质

(1) 设 $\boldsymbol{\xi}_1,\boldsymbol{\xi}_2$ 为 $\boldsymbol{AX}=\boldsymbol{0}$ 的解,则 $\boldsymbol{x}=\boldsymbol{\xi}_1 \pm \boldsymbol{\xi}_2$,也是 $\boldsymbol{AX}=\boldsymbol{0}$ 的解.

(2) 设 $\boldsymbol{\xi}$ 为 $\boldsymbol{AX}=\boldsymbol{0}$ 的解,则 $\boldsymbol{x}=k\boldsymbol{\xi}$,也是 $\boldsymbol{AX}=\boldsymbol{0}$ 的解.

由(1)(2)得,若 $\boldsymbol{\xi}_1,\boldsymbol{\xi}_2$ 为 $\boldsymbol{AX}=\boldsymbol{0}$ 的解,则 $\boldsymbol{x}=k_1\boldsymbol{\xi}_1+k_2\boldsymbol{\xi}_2$,也是 $\boldsymbol{AX}=\boldsymbol{0}$ 的解.

(3) 设 $\boldsymbol{\eta}_1,\boldsymbol{\eta}_2$ 都是 $\boldsymbol{AX}=\boldsymbol{b}$ 的解,则 $\boldsymbol{x}=\boldsymbol{\eta}_1-\boldsymbol{\eta}_2$ 是其导出组 $\boldsymbol{AX}=\boldsymbol{0}$ 的解.

(4) 设 $\boldsymbol{\xi}$ 为 $\boldsymbol{AX}=\boldsymbol{0}$ 的解,$\boldsymbol{\eta}$ 为 $\boldsymbol{AX}=\boldsymbol{b}$ 的解,则 $\boldsymbol{x}=\boldsymbol{\xi}+\boldsymbol{\eta}$ 为 $\boldsymbol{AX}=\boldsymbol{b}$ 的解.

注:以上 k,k_1,k_2 为常数.

(十一) 齐次线性方程组解的结构定理

1.齐次线性方程组的基础解系

设 $\boldsymbol{AX}=\boldsymbol{0}$,$r(\boldsymbol{A})=r$.若 $\boldsymbol{\xi}_1,\boldsymbol{\xi}_2,\cdots,\boldsymbol{\xi}_{n-r}$ 为 $\boldsymbol{AX}=\boldsymbol{0}$ 的解,且满足:① $\boldsymbol{\xi}_1,\boldsymbol{\xi}_2,\cdots,\boldsymbol{\xi}_{n-r}$ 线性无关;② $\boldsymbol{AX}=\boldsymbol{0}$ 的任意解均可由 $\boldsymbol{\xi}_1,\boldsymbol{\xi}_2,\cdots,\boldsymbol{\xi}_{n-r}$ 线性表出,则称 $\boldsymbol{\xi}_1,\boldsymbol{\xi}_2,\cdots,\boldsymbol{\xi}_{n-r}$ 是 $\boldsymbol{AX}=\boldsymbol{0}$ 的基础解系.

2.$\boldsymbol{AX}=\boldsymbol{0}$ 的通解

若 $\boldsymbol{\xi}_1,\boldsymbol{\xi}_2,\cdots,\boldsymbol{\xi}_{n-r}$ 是 $\boldsymbol{AX}=\boldsymbol{0}$ 的一个基础解系,$r(\boldsymbol{A})=r$,那么 $\boldsymbol{x}=k_1\boldsymbol{\xi}_1+k_2\boldsymbol{\xi}_2+\cdots+k_{n-r}\xi_{n-r}$ 为 $\boldsymbol{AX}=\boldsymbol{0}$ 的通解.

注意:① 解向量组的极大线性无关组即是一个基础解系,它所含向量的个数唯一,这个数是全体解向量组的秩 $=n-r(\boldsymbol{A})$,而极大线性无关组(基础解系)不一定唯一;② 任意 $n-r$ 个线性无关解的向量都是全体解向量的极大线性无关组,即基础解系.

(十二) 线性方程组有解的判定定理

1.齐次线性方程组有解判定

齐次线性方程组 $\boldsymbol{AX}=\boldsymbol{0}$ 有非零解 $\Leftrightarrow r(\boldsymbol{A})<n$.

注意:$\boldsymbol{A}$ 为 $m\times n$ 矩阵,n 为未知数的个数.

2.线性方程组有解判定

$AX=b$ 有解 $\Leftrightarrow r(A)=r(\overline{A})$，$\overline{A}$ 为增广矩阵.

注意：$AX=b$ 有解判定可以更具体：① 当 $r(A)\neq r(\overline{A})$ 时，$AX=b$ 无解；② 当 $r(A)=r(\overline{A})=n$ 时，$AX=b$ 有唯一解；③ 当 $r(A)=r(\overline{A})<n$ 时，方程组有无穷多个解.

特别地，当 A 为方阵时，$|A|\neq 0 \Leftrightarrow AX=b$ 有唯一解.

3.非齐次线性方程组的通解

设 $AX=b$，若 $r(A)=r$，$\xi_1,\xi_2,\cdots,\xi_{n-r}$ 是 $AX=0$ 的一个基础解系，η 为 $AX=b$ 的一个特解，则 $x=\eta+k_1\xi_1+k_2\xi_2+\cdots+k_{n-r}\xi_{n-r}$ 为 $AX=b$ 的通解.

二、补充定理

1.向量组（Ⅰ）与（Ⅱ）等价，则 r（Ⅰ）$=r$（Ⅱ），反之不成立.

2.（Ⅰ）$\alpha_1,\alpha_2,\cdots,\alpha_s$，（Ⅱ）$\alpha_1,\alpha_2,\cdots,\alpha_s,\beta$，若 r（Ⅰ）$=r$（Ⅱ），则（Ⅰ）与（Ⅱ）等价.

3.给出两个向量组：（Ⅰ）$\alpha_1,\alpha_2,\cdots,\alpha_s$，（Ⅱ）$\beta_1,\beta_2,\cdots,\beta_t$. 如果（Ⅰ）可由（Ⅱ）线性表出，那么 r（Ⅰ）$\leqslant r$（Ⅱ）.

4.已知 $r(\alpha_1,\alpha_2,\cdots,\alpha_s)=r$，则 $\alpha_1,\alpha_2,\cdots,\alpha_s$ 中任意 $r+1$ 个向量线性相关.

5.已知 $r(\alpha_1,\alpha_2,\cdots,\alpha_s)=r$，则 $\alpha_1,\alpha_2,\cdots,\alpha_s$ 中任意 r 个无关向量组必是极大无关组.

6.n 个 n 维列向量 $\alpha_1,\alpha_2,\cdots,\alpha_n$ 线性无关 $\Leftrightarrow |\alpha_1,\alpha_2,\cdots,\alpha_n|\neq 0$.

7.n 个 n 维列向量 $\alpha_1,\alpha_2,\cdots,\alpha_n$ 线性相关 $\Leftrightarrow |\alpha_1,\alpha_2,\cdots,\alpha_n|=0$.

8.设 α_i 为列向量，A 为 $m\times n$ 矩阵，则 $(A\alpha_1,A\alpha_2,\cdots,A\alpha_s)=A(\alpha_1,\alpha_2,\cdots,\alpha_s)$.

9.$$\beta=a_1\alpha_1+a_2\alpha_2+\cdots+a_n\alpha_n=(\alpha_1,\alpha_2,\cdots,\alpha_n)\begin{pmatrix}a_1\\a_2\\\vdots\\a_n\end{pmatrix}.$$

10.设 $\beta_1=a_{11}\alpha_1+a_{12}\alpha_2+\cdots+a_{1n}\alpha_n$，$\beta_2=a_{21}\alpha_1+a_{22}\alpha_2+\cdots+a_{2n}\alpha_n$，$\cdots$，$\beta_n=a_{n1}\alpha_1+a_{n2}\alpha_2+\cdots+a_{nn}\alpha_n$，

则$$(\beta_1,\beta_2,\cdots,\beta_n)=(\alpha_1,\alpha_2,\cdots,\alpha_n)\begin{pmatrix}a_{11}&a_{21}&\cdots&a_{n1}\\a_{12}&a_{22}&\cdots&a_{n2}\\\vdots&\vdots&&\vdots\\a_{1n}&a_{2n}&\cdots&a_{nn}\end{pmatrix}.$$

若 $\alpha_1,\alpha_2,\cdots,\alpha_n$ 线性无关，则

$\beta_1,\beta_2,\cdots,\beta_n$ 线性无关 $\Leftrightarrow |A^{\mathrm{T}}|\neq 0$；

$\beta_1,\beta_2,\cdots,\beta_n$ 线性相关 $\Leftrightarrow |A^{\mathrm{T}}|=0$.

其中 $A=\begin{pmatrix} a_{11} & a_{12} & \cdots & a_{1n} \\ a_{21} & a_{22} & \cdots & a_{2n} \\ \vdots & \vdots & & \vdots \\ a_{n1} & a_{n2} & \cdots & a_{nn} \end{pmatrix}$.

11.n 阶矩阵 $\boldsymbol{A}$ 可逆的充要条件.

(1) 存在 n 阶矩阵 $\boldsymbol{B}$,使 $\boldsymbol{AB}=\boldsymbol{E}$.

(2) $|\boldsymbol{A}|\neq 0$.

(3)$\boldsymbol{A}$ 的行(列) 向量组线性无关.

(4)$\boldsymbol{A}$ 是满秩的(非奇异的).

(5) 齐次线性方程组 $\boldsymbol{AX}=\boldsymbol{0}$ 只有零解.

(6)$\boldsymbol{A}$ 可以写成一系列初等矩阵的乘积.

(7)$\boldsymbol{A}$ 的特征值全不为零.

12.$r(\boldsymbol{A},\boldsymbol{B})\leqslant r(\boldsymbol{A})+r(\boldsymbol{B})$.

13.$\boldsymbol{AB}=\boldsymbol{O}\Leftrightarrow\boldsymbol{B}$ 的列向量都是 $\boldsymbol{AX}=\boldsymbol{0}$ 的解.

14.设 $\boldsymbol{A},\boldsymbol{B}$ 为 n 阶方阵,如果 $\boldsymbol{AB}=\boldsymbol{O}$,则 $r(\boldsymbol{A})+r(\boldsymbol{B})\leqslant n$.

15.若 $\boldsymbol{AX}=\boldsymbol{0}$ 的解均是 $\boldsymbol{BX}=\boldsymbol{0}$ 的解,则 $r(\boldsymbol{A})\geqslant r(\boldsymbol{B})$,反之不成立.

16.如果 $\boldsymbol{AX}=\boldsymbol{0}$ 与 $\boldsymbol{BX}=\boldsymbol{0}$ 同解,则 $r(\boldsymbol{A})=r(\boldsymbol{B})$,反之不成立.

17.$\boldsymbol{AX}=\boldsymbol{0}$ 与 $\boldsymbol{A}^{\mathrm{T}}\boldsymbol{AX}=\boldsymbol{0}$ 为同解方程组.

18.设 $\boldsymbol{A}$ 为 $m\times n$ 实矩阵,则 $r(\boldsymbol{A}^{\mathrm{T}}\boldsymbol{A})=r(\boldsymbol{A})$.

19.两个方程组 $\boldsymbol{AX}=\boldsymbol{0}$ 与 $\boldsymbol{BX}=\boldsymbol{0}$ 同解,则基础解系也相同,反之也成立.

第三节 特征值与特征向量

一、内容提要

(一) 特征值与特征向量的定义

定义 1 $\boldsymbol{A}$ 为 n 阶方阵,若存在数 λ_0 以及非零的 n 维列向量 $\boldsymbol{\alpha}$,使得 $\boldsymbol{A\alpha}=\lambda_0\boldsymbol{\alpha}$,则称 λ_0 为 $\boldsymbol{A}$ 的特征值,$\boldsymbol{\alpha}$ 为 $\boldsymbol{A}$ 的属于特征值 λ_0 的特征向量(或对应于 λ_0 的特征向量).

(二) 求矩阵 A 的特征值与特征向量

(1) 一元 n 次多项式 $f(\lambda)=|\lambda\boldsymbol{E}-\boldsymbol{A}|$的全部根就是 $\boldsymbol{A}$ 的全部特征值.

(2) 已知 λ_0 是 $\boldsymbol{A}$ 的特征值,齐次线性方程组$(\lambda_0\boldsymbol{E}-\boldsymbol{A})\boldsymbol{X}=\boldsymbol{0}$的全部非零解就是 $\boldsymbol{A}$ 的

相应于 $\boldsymbol{\lambda}_0$ 的全部特征向量.

（三）特征值与特征向量的性质

(1) 若 $\lambda_1 \neq \lambda_2$ 是 $\boldsymbol{A}$ 的特征值，$\boldsymbol{\alpha},\boldsymbol{\beta}$ 分别是属于 λ_1,λ_2 的特征向量，则 $\boldsymbol{\alpha},\boldsymbol{\beta}$ 线性无关.

(2) 若 $\lambda_1 \neq \lambda_2$ 是 $\boldsymbol{A}$ 的特征值，$\boldsymbol{\alpha}_1,\boldsymbol{\alpha}_2,\cdots,\boldsymbol{\alpha}_s$ 分别是属于 λ_1 的线性无关特征向量，$\boldsymbol{\beta}_1,\boldsymbol{\beta}_2,\cdots,\boldsymbol{\beta}_t$ 分别是属于 λ_2 的线性无关特征向量，则 $\boldsymbol{\alpha}_1,\boldsymbol{\alpha}_2,\cdots,\boldsymbol{\alpha}_s,\boldsymbol{\beta}_1,\boldsymbol{\beta}_2,\cdots,\boldsymbol{\beta}_t$ 线性无关.

(3) 若 $\lambda_1 \neq \lambda_2$ 是 $\boldsymbol{A}$ 的特征值，$\boldsymbol{\alpha},\boldsymbol{\beta}$ 分别是属于 λ_1,λ_2 的特征向量，则 $\boldsymbol{\alpha}+\boldsymbol{\beta}$ 一定不是 $\boldsymbol{A}$ 的属于任意特征值的特征向量. 当 $k_1 \neq 0, k_2 \neq 0$ 时，$k_1\boldsymbol{\alpha}+k_2\boldsymbol{\beta}$ 一定不是 $\boldsymbol{A}$ 的属于任意特征值的特征向量.

(4) 若 n 阶矩阵 $\boldsymbol{A}$ 有 n 个特征值 $\lambda_1,\lambda_2,\cdots,\lambda_n$，

则 $\begin{cases}\lambda_1+\lambda_2+\cdots+\lambda_n = a_{11}+a_{22}+\cdots+a_{nn}, \\ \lambda_1\lambda_2\cdots\lambda_n = |\boldsymbol{A}|.\end{cases}$

推论　n 阶矩阵 $\boldsymbol{A}$ 可逆 $\Leftrightarrow \boldsymbol{A}$ 的特征值全不为零.

（四）矩阵的相似

1. 定义

定义 2　$\boldsymbol{A},\boldsymbol{B}$ 为 n 阶矩阵，若存在 n 阶矩阵 $\boldsymbol{P}$，使 $\boldsymbol{P}^{-1}\boldsymbol{AP}=\boldsymbol{B}$，则称矩阵 $\boldsymbol{A},\boldsymbol{B}$ 相似. 相似关系满足自反性、对称性、传递性.

2. 性质

定理 1　若 $\boldsymbol{A}$ 与 $\boldsymbol{B}$ 相似，则：

(1) $|\boldsymbol{A}| = |\boldsymbol{B}|$.

(2) $r(\boldsymbol{A}) = r(\boldsymbol{B})$.

(3) $\boldsymbol{A},\boldsymbol{B}$ 有相同的特征多项式，即 $|\lambda\boldsymbol{E}-\boldsymbol{A}| = |\lambda\boldsymbol{E}-\boldsymbol{B}|$.

(4) $\boldsymbol{A},\boldsymbol{B}$ 有相同的特征值.

(5) $\boldsymbol{A},\boldsymbol{B}$ 有相同的迹，即 $a_{11}+a_{22}+\cdots+a_{nn} = b_{11}+b_{22}+\cdots+b_{nn}$.

特别注意：满足上述 5 条的矩阵不一定相似.

（五）一个矩阵与对角矩阵相似的问题（即可对角化问题）

1. 一个矩阵与对角矩阵相似的充要条件

定理 2　$\boldsymbol{A}$ 为 n 阶矩阵，$\boldsymbol{A}$ 与对角矩阵相似的充要条件是 $\boldsymbol{A}$ 有 n 个线性无关的特征向量.

推论　若 n 阶矩阵 $\boldsymbol{A}$ 有 n 个不同的特征值，则 $\boldsymbol{A}$ 与对角矩阵相似.

2. 重数问题

上述定理的等价说法：$\boldsymbol{A}$ 与对角矩阵相似的充要条件是 $\boldsymbol{A}$ 的任意特征值的重数与相

应的线性无关特征向量的个数相等.

一般来说,相应于特征值 λ_0 的无关特征向量的个数 $\leqslant \lambda_0$ 的重数.

3.判断 3 阶矩阵 $\boldsymbol{A}$ 与对角矩阵是否相似的方法

(1) 由 $|\lambda \boldsymbol{E}-\boldsymbol{A}|=0$,求出 $\lambda_1,\lambda_2,\lambda_3$.

(2) 当 $\lambda_1,\lambda_2,\lambda_3$ 都不相等时,由 $(\lambda_i \boldsymbol{E}-\boldsymbol{A})\boldsymbol{X}=\boldsymbol{0}(i=1,2,3)$,分别求出 $\boldsymbol{\alpha}_1,\boldsymbol{\alpha}_2,\boldsymbol{\alpha}_3$.

此时 $\boldsymbol{P}=(\boldsymbol{\alpha}_1,\boldsymbol{\alpha}_2,\boldsymbol{\alpha}_3)$,$\boldsymbol{P}^{-1}\boldsymbol{AP}=\begin{pmatrix}\lambda_1 & & \\ & \lambda_2 & \\ & & \lambda_3\end{pmatrix}$,当 $\lambda_1=\lambda_2\neq\lambda_3$ 时:

① 若 $r(\lambda_1 \boldsymbol{E}-\boldsymbol{A})=1$,此时 $(\lambda_1 \boldsymbol{E}-\boldsymbol{A})\boldsymbol{X}=\boldsymbol{0}$ 的基础解系含有两个线性无关向量 $\boldsymbol{\alpha}_1$,$\boldsymbol{\alpha}_2$,由 $(\lambda_3 \boldsymbol{E}-\boldsymbol{A})\boldsymbol{X}=\boldsymbol{0}$,求出 $\boldsymbol{\alpha}_3$,则

$$\boldsymbol{P}=(\boldsymbol{\alpha}_1,\boldsymbol{\alpha}_2,\boldsymbol{\alpha}_3),\boldsymbol{P}^{-1}\boldsymbol{AP}=\begin{pmatrix}\lambda_1 & & \\ & \lambda_2 & \\ & & \lambda_3\end{pmatrix}.$$

② 若 $r(\lambda_1 \boldsymbol{E}-\boldsymbol{A})=2$,此时 $(\lambda_1 \boldsymbol{E}-\boldsymbol{A})\boldsymbol{X}=\boldsymbol{0}$ 的基础解系含有一个线性无关向量 $\boldsymbol{\alpha}_1$,不能与对角矩阵相似.

③ 当 $\lambda_1=\lambda_2=\lambda_3$ 时,$r(\lambda_1 \boldsymbol{E}-\boldsymbol{A})\geqslant 1$,$\boldsymbol{A}$ 最多有两个线性无关特征向量,不能与对角矩阵相似.

(六) 内积与正交矩阵

1.内积

设向量 $\boldsymbol{\alpha}=(a_1,a_2,\cdots,a_n)$,$\boldsymbol{\beta}=(b_1,b_2,\cdots,b_n)$,则:

$(\boldsymbol{\alpha},\boldsymbol{\beta})=\boldsymbol{\alpha}\boldsymbol{\beta}^{\mathrm{T}}=a_1b_1+a_2b_2+\cdots+a_nb_n$ 称为 $\boldsymbol{\alpha}$ 与 $\boldsymbol{\beta}$ 的内积.

$|\boldsymbol{\alpha}|=\sqrt{(\boldsymbol{\alpha},\boldsymbol{\alpha})}=\sqrt{a_1^2+a_2^2+\cdots+a_n^2}$ 称为向量 $\boldsymbol{\alpha}$ 的长度.

若 $|\boldsymbol{\alpha}|=1$,则称 $\boldsymbol{\alpha}$ 为单位长度的向量,简称单位向量.

单位化:保持向量方向不变,将其长度化为 1,即称向量单位化.即对向量 $\boldsymbol{\alpha}$,$\boldsymbol{\gamma}=\dfrac{\boldsymbol{\alpha}}{|\boldsymbol{\alpha}|}$.

例如 $\boldsymbol{\alpha}=(1,2,3)$,$\boldsymbol{\gamma}=\left(\dfrac{1}{\sqrt{14}},\dfrac{2}{\sqrt{14}},\dfrac{3}{\sqrt{14}}\right)$.

2.正交向量

若 $(\boldsymbol{\alpha},\boldsymbol{\beta})=0$,则称向量 $\boldsymbol{\alpha}$ 与 $\boldsymbol{\beta}$ 正交.

定理 3 非零的正交向量组一定线性无关.

3.施密特(Schmidt) 正交化方法

公式 从无关向量组 $\boldsymbol{\alpha}_1,\boldsymbol{\alpha}_2,\boldsymbol{\alpha}_3$ 出发,求 $\boldsymbol{\beta}_1,\boldsymbol{\beta}_2,\boldsymbol{\beta}_3$,使 $\boldsymbol{\beta}_1,\boldsymbol{\beta}_2,\boldsymbol{\beta}_3$ 彼此正交,且 $\boldsymbol{\alpha}_1$,$\boldsymbol{\alpha}_2,\boldsymbol{\alpha}_3$ 与 $\boldsymbol{\beta}_1,\boldsymbol{\beta}_2,\boldsymbol{\beta}_3$ 等价.

$$\boldsymbol{\beta}_1=\boldsymbol{\alpha}_1,$$

$$\boldsymbol{\beta}_2=\boldsymbol{\alpha}_2-\frac{(\boldsymbol{\alpha}_2,\boldsymbol{\beta}_1)}{(\boldsymbol{\beta}_1,\boldsymbol{\beta}_1)}\boldsymbol{\beta}_1,$$

$$\boldsymbol{\beta}_3=\boldsymbol{\alpha}_3-\frac{(\boldsymbol{\alpha}_3,\boldsymbol{\beta}_1)}{(\boldsymbol{\beta}_1,\boldsymbol{\beta}_1)}\boldsymbol{\beta}_1-\frac{(\boldsymbol{\alpha}_3,\boldsymbol{\beta}_2)}{(\boldsymbol{\beta}_2,\boldsymbol{\beta}_2)}\boldsymbol{\beta}_2,$$

$\boldsymbol{\alpha}_1,\boldsymbol{\alpha}_2,\boldsymbol{\alpha}_3$ 线性无关 → 正交化 $\boldsymbol{\beta}_1,\boldsymbol{\beta}_2,\boldsymbol{\beta}_3$ → 单位化 $\boldsymbol{\gamma}_1,\boldsymbol{\gamma}_2,\boldsymbol{\gamma}_3,\boldsymbol{\gamma}_i=\dfrac{\boldsymbol{\beta}_i}{|\boldsymbol{\beta}_i|}$.

注意:① 若 $\boldsymbol{\alpha}_1,\boldsymbol{\alpha}_2,\cdots,\boldsymbol{\alpha}_s$ 是 $\boldsymbol{AX}=\boldsymbol{0}$ 的线性无关的解,则 $\boldsymbol{\beta}_1,\boldsymbol{\beta}_2,\cdots,\boldsymbol{\beta}_s$ 也是 $\boldsymbol{AX}=\boldsymbol{0}$ 的解,且正交;② 若 $\boldsymbol{\alpha}_1,\boldsymbol{\alpha}_2,\cdots,\boldsymbol{\alpha}_s$ 是矩阵 $\boldsymbol{A}$ 的属于 λ_0 的线性无关的特征向量,则 $\boldsymbol{\beta}_1,\boldsymbol{\beta}_2,\cdots,\boldsymbol{\beta}_s$ 也是 $\boldsymbol{A}$ 的属于 λ_0 的线性无关的特征向量.

4.正交矩阵

定义3 $\boldsymbol{A}$ 是实 n 阶矩阵,若 $\boldsymbol{A}^{\mathrm{T}}\boldsymbol{A}=\boldsymbol{A}\boldsymbol{A}^{\mathrm{T}}=\boldsymbol{E}$,则称 $\boldsymbol{A}$ 为正交矩阵,显然 $\boldsymbol{A}$ 正交 $\Leftrightarrow \boldsymbol{A}^{\mathrm{T}}=\boldsymbol{A}^{-1}$.

判定方法:$\boldsymbol{A}$ 是实 n 阶矩阵,$\boldsymbol{A}$ 为正交矩阵 $\Leftrightarrow \boldsymbol{A}$ 的列(行)向量是彼此正交的单位向量.

正交矩阵的性质:

(1) 正交矩阵是可逆的,且 $|\boldsymbol{A}|=\pm1$.

(2) 正交矩阵的实特征值为 ±1(正交矩阵不一定有实特征值).

(七) 实对称矩阵

定理4 实对称矩阵的特征值都是实数.

定理5 实对称矩阵属于不同特征值的特征向量正交.

定理6 实对称矩阵一定与对角矩阵相似,即存在可逆矩阵 $\boldsymbol{P}$,使 $\boldsymbol{P}^{-1}\boldsymbol{AP}=\begin{pmatrix}\lambda_1&&&\\&\lambda_2&&\\&&\ddots&\\&&&\lambda_n\end{pmatrix}$,$\lambda_1,\lambda_2,\cdots,\lambda_n$ 是 $\boldsymbol{A}$ 的特征值.

定理7 实对称矩阵一定与对角矩阵正交相似,即存在正交矩阵 $\boldsymbol{Q}$,使 $\boldsymbol{Q}^{-1}\boldsymbol{AQ}=\begin{pmatrix}\lambda_1&&&\\&\lambda_2&&\\&&\ddots&\\&&&\lambda_n\end{pmatrix}$,$\lambda_1,\lambda_2,\cdots,\lambda_n$ 是 $\boldsymbol{A}$ 的特征值.

二、补充定理

1.$\boldsymbol{A}$ 是 n 阶矩阵,则 $\boldsymbol{A}$ 与 $\boldsymbol{A}^{\mathrm{T}}$ 有相同的特征值.

2.若 $\lambda_1,\lambda_2,\cdots,\lambda_n$ 为矩阵 $\boldsymbol{A}$ 的特征值,则 $|\boldsymbol{A}|=\lambda_1\lambda_2\cdots\lambda_n$.

3.$\lambda_1+\lambda_2+\cdots+\lambda_n=a_{11}+a_{22}+\cdots+a_{nn}$.

4.正交矩阵的实特征值为 ±1,正交矩阵 $\boldsymbol{A}$ 是可逆的,且 $|\boldsymbol{A}|=\pm1$.

5. 设λ为$\boldsymbol{A}$的特征值，则$k\lambda$为$k\boldsymbol{A}$的特征值，λ^2为$\boldsymbol{A}^2$的特征值，$\lambda+1$为$\boldsymbol{A}+\boldsymbol{E}$的特征值，$\lambda-1$为$\boldsymbol{A}-\boldsymbol{E}$的特征值；若$\boldsymbol{A}$可逆，则$\dfrac{1}{\lambda}$为$\boldsymbol{A}^{-1}$的特征值，$\lambda^k$为$\boldsymbol{A}^k$的特征值，$\lambda^k+\lambda^l$为$\boldsymbol{A}^k+\boldsymbol{A}^l$的特征值，$\dfrac{|\boldsymbol{A}|}{\lambda}$为$\boldsymbol{A}^*$的特征值.

6. 等价与相似的关系.

等价要求：矩阵$\boldsymbol{A}$与$\boldsymbol{B}$同型，$\boldsymbol{A}$与$\boldsymbol{B}$等价$\Leftrightarrow r(\boldsymbol{A})=r(\boldsymbol{B})\Leftrightarrow$存在可逆矩阵$\boldsymbol{P},\boldsymbol{Q}$，使得$\boldsymbol{B}=\boldsymbol{PAQ}$.

相似要求：矩阵$\boldsymbol{A}$与$\boldsymbol{B}$是同阶方阵，如果存在可逆矩阵$\boldsymbol{P}$，使$\boldsymbol{B}=\boldsymbol{P}^{-1}\boldsymbol{AP}$，则$\boldsymbol{A}$与$\boldsymbol{B}$相似，若$\boldsymbol{A}$与$\boldsymbol{B}$相似，则$r(\boldsymbol{A})=r(\boldsymbol{B})$. 反之不成立，相似一定等价，等价不一定相似.

第四节　二次型

一、内容提要

（一）二次型

1. 概念

设$f(x_1,x_2,\cdots,x_n)=a_{11}x_1^2+2a_{12}x_1x_2+\cdots+2a_{1n}x_1x_n+a_{22}x_2^2+\cdots+2a_{2n}x_2x_n+\cdots+a_{nn}x_n^2$.

二次型f所对应的矩阵为$\boldsymbol{A}=\begin{pmatrix}a_{11}&a_{12}&\cdots&a_{1n}\\a_{21}&a_{22}&\cdots&a_{2n}\\\vdots&\vdots&&\vdots\\a_{n1}&a_{n2}&\cdots&a_{nn}\end{pmatrix}$，其中$\boldsymbol{A}$是对称矩阵.

2. 二次型的矩阵形式

$f(x_1,x_2,\cdots,x_n)=\boldsymbol{X}^{\mathrm{T}}\boldsymbol{AX}$，其中$\boldsymbol{X}=(x_1,x_2,\cdots,x_n)^{\mathrm{T}}$，$\boldsymbol{A}^{\mathrm{T}}=\boldsymbol{A}$.

3.二次型的标准形

$f(x_1,x_2,\cdots,x_n)=\sum_{i,j}^{n}a_{ij}x_ix_j$,其中 $a_{ij}=a_{ji},i,j=1,2,\cdots,n$,经过变换 $\begin{pmatrix}x_1\\x_2\\\vdots\\x_n\end{pmatrix}=\boldsymbol{P}\begin{pmatrix}y_1\\y_2\\\vdots\\y_n\end{pmatrix}$,$\boldsymbol{P}$ 可逆,使 $f(x_1,x_2,\cdots,x_n)=d_1y_1^2+d_2y_2^2+\cdots+d_ny_n^2$.

若变换中矩阵 $\boldsymbol{P}$ 为可逆矩阵,称这个变换为初等变换;若 $\boldsymbol{P}$ 为正交矩阵,称这个变换为正交变换.

(二)二次型化标准形的方法

1.配方法

2.初等变换法

3.正交变换法

(三)二次型的规范形

$f=z_1^2+z_2^2+\cdots+z_p^2-z_{p+1}^2-\cdots-z_r^2$,其中 r 是 $\boldsymbol{A}$ 的秩.

正惯性指数为 p,负惯性指数为 $r-p$,符号差 $p-(r-p)=2p-r$.

(四)正定二次型

1.正定二次型

若对任一组不全为 0 的实数 $c_1,c_2,\cdots,c_n$,都有 $f(c_1,c_2,\cdots,c_n)>0$,称该二次型正定.

定理 1　f 为 n 元实二次型,f 正定 $\Leftrightarrow f$ 的正惯性指数为 n.

2.半正定二次型

若对任一组不全为 0 的实数 $c_1,c_2,\cdots,c_n$,都有 $f(c_1,c_2,\cdots,c_n)\geqslant 0$,称该二次型为半正定二次型.

定理 2　f 为 n 元实二次型,f 半正定 $\Leftrightarrow f$ 的正惯性指数与秩相等.

3.负定二次型

若对任一组不全为 0 的实数 $c_1,c_2,\cdots,c_n$,都有 $f(c_1,c_2,\cdots,c_n)<0$,称该二次型为负定的.

定理 3　f 为 n 元实二次型,f 负定 $\Leftrightarrow f$ 的负惯性指数与秩都等于 n.

(五) 正定矩阵

定义 1 设 $\boldsymbol{A}$ 为实对称矩阵,$\boldsymbol{A}$ 对应二次型正定,则称 $\boldsymbol{A}$ 为正定矩阵,即对任意非零列向量 $\boldsymbol{X}_0$,若都有 $\boldsymbol{X}_0^{\mathrm{T}}\boldsymbol{A}\boldsymbol{X}_0>0$,则 $\boldsymbol{A}$ 正定.同样,对实对称矩阵 $\boldsymbol{A}$,如果 $\boldsymbol{A}$ 对应二次型半正定(负定),则 $\boldsymbol{A}$ 为半正定矩阵(负定).

定理 4 设 $\boldsymbol{A}$ 总是 n 阶实对称矩阵,则:

(1)$\boldsymbol{A}$ 正定 $\Leftrightarrow\boldsymbol{A}$ 的正惯性指数为 n.

(2)$\boldsymbol{A}$ 正定 $\Leftrightarrow\boldsymbol{A}$ 的特征值全大于 0.

(3)$\boldsymbol{A}$ 正定 $\Leftrightarrow\boldsymbol{A}$ 的顺序主子式全大于 0.

(4)$\boldsymbol{A}$ 正定 $\Leftrightarrow\boldsymbol{A}$ 与 $\boldsymbol{E}$ 合同(即 $\boldsymbol{A}=\boldsymbol{D}^{\mathrm{T}}\boldsymbol{D}$,$\boldsymbol{D}$ 可逆).

推论 1 正定矩阵主对角线上的元素必全大于零.

推论 2 设 $\boldsymbol{A}$ 为正定矩阵,则 $\boldsymbol{A}$ 的元素的绝对值最大者必是对角线上的元素.

定理 5 设 $\boldsymbol{A}$ 总是 n 阶实对称矩阵,则:

(1)$\boldsymbol{A}$ 半正定 $\Leftrightarrow\boldsymbol{A}$ 的所有特征值 $\geqslant 0$.

(2)$\boldsymbol{A}$ 是秩为 r 的半正定 $\Leftrightarrow$ 存在 $r\times n$ 阶行满秩矩阵 $\boldsymbol{B}$,使 $\boldsymbol{A}=\boldsymbol{B}^{\mathrm{T}}\boldsymbol{B}$.

(3)$\boldsymbol{A}$ 半正定 $\Leftrightarrow\boldsymbol{A}$ 的所有主子式均为非负数.

定理 6 设 $\boldsymbol{A}$ 总是 n 阶实对称矩阵,则:

(1)$\boldsymbol{A}$ 是负定 $\Leftrightarrow\boldsymbol{A}$ 的所有特征值全为负.

(2)$\boldsymbol{A}$ 是负定 $\Leftrightarrow\boldsymbol{A}$ 合同于 $-\boldsymbol{E}$.

(3)$\boldsymbol{A}$ 是负定 $\Leftrightarrow\boldsymbol{A}$ 的一切奇数阶顺序主子式都小于 0,一切偶数阶顺序主子式大于 0.

(六) 矩阵的合同

1.矩阵合同的定义与性质

(1) 设 $\boldsymbol{A}$ 为 n 阶矩阵,若存在 n 阶可逆矩阵 $\boldsymbol{C}$,使 $\boldsymbol{B}=\boldsymbol{C}^{\mathrm{T}}\boldsymbol{A}\boldsymbol{C}$,则称 $\boldsymbol{A}$ 与 $\boldsymbol{B}$ 合同.

合同满足反身性、对称性、传递性.

定理 7 若 n 阶矩阵 $\boldsymbol{A}$ 与 $\boldsymbol{B}$ 合同,则:

①$r(\boldsymbol{A})=r(\boldsymbol{B})$.

② 保持矩阵的对称性质,即 $\boldsymbol{A}$ 对称 $\Leftrightarrow\boldsymbol{B}$ 对称.

③ 若 $\boldsymbol{A}$,$\boldsymbol{B}$ 又是实对称矩阵,则 $\boldsymbol{A}$ 与 $\boldsymbol{B}$ 的惯性指数相同.

④ 若 $\boldsymbol{A},\boldsymbol{B}$ 又是实对称矩阵,则 $\boldsymbol{A}$ 是正定矩阵 $\Leftrightarrow \boldsymbol{B}$ 正定.

2.矩阵合同的充要条件($\boldsymbol{A}$ 与 $\boldsymbol{B}$ 是实对称矩阵)

定理8　对 n 阶实对称矩阵 $\boldsymbol{A}$ 与 $\boldsymbol{B}$,$\boldsymbol{A}$ 与 $\boldsymbol{B}$ 合同 $\Leftrightarrow \boldsymbol{A}$ 与 $\boldsymbol{B}$ 有相同的正、负惯性指数 $\Leftrightarrow$ 特征值的符号相同.

3.对称矩阵的合同标准形

定理9　任意对称矩阵都与对角矩阵合同,即对任意对称矩阵 $\boldsymbol{A}$,存在适当的可逆矩阵 $\boldsymbol{C}$,使得 $\boldsymbol{C}^{\mathrm{T}}\boldsymbol{A}\boldsymbol{C}=\begin{pmatrix} d_1 & & \\ & \ddots & \\ & & d_n \end{pmatrix}$,称为 $\boldsymbol{A}$ 的合同标准形.

注意:① $d_1,d_2,\cdots,d_n$ 不一定是特征值,合同标准形不唯一;② 实对称矩阵 $\boldsymbol{A}$ 与 $\boldsymbol{B}$ 相似,则 $\boldsymbol{A}$ 与 $\boldsymbol{B}$ 一定合同.若 $\boldsymbol{A}$ 与 $\boldsymbol{B}$ 合同,推不出 $\boldsymbol{A}$ 与 $\boldsymbol{B}$ 相似.

二、补充定理

$\boldsymbol{A},\boldsymbol{B}$ 均为实对称矩阵,则:

1.$\boldsymbol{A}$ 正定,$\boldsymbol{A},\boldsymbol{B}$ 均是实对称矩阵,则 $|\boldsymbol{A}|>0$,即 $\boldsymbol{A}$ 可逆.

2.$\boldsymbol{A}$ 正定,则 $\boldsymbol{A}^{\mathrm{T}}$, $\boldsymbol{A}^{-1}$, $\boldsymbol{A}^{*}$ 均正定.

注意:$\boldsymbol{A}$ 正定 $\Leftrightarrow \boldsymbol{A}^{\mathrm{T}}$, $\boldsymbol{A}^{-1}$ 正定.而 $\boldsymbol{A}^{*}$ 正定,推不出 $\boldsymbol{A}$ 正定.

3.$\boldsymbol{A}$ 正定,且 $\boldsymbol{A}$ 与 $\boldsymbol{B}$ 合同,则 $\boldsymbol{B}$ 也正定.

4.$\boldsymbol{A}$ 正定,且 $\boldsymbol{A}$ 与 $\boldsymbol{B}$ 相似,则 $\boldsymbol{B}$ 也正定.

5.$\boldsymbol{A},\boldsymbol{B}$ 正定,则 $k\boldsymbol{A}+l\boldsymbol{B}$ 也正定($k>0,l>0$).

三、典型例题

例1　设矩阵 $\boldsymbol{A}=\begin{pmatrix} 1 & 2 & -3 \\ -1 & 4 & -3 \\ 1 & a & 5 \end{pmatrix}$ 的特征方程有一个二重根.求 a 的值,并讨论 $\boldsymbol{A}$ 是否可以相似对角化.

解 由于

$$|\lambda E-\boldsymbol{A}|=\begin{vmatrix}\lambda-1 & -2 & 3\\ 1 & \lambda-4 & 3\\ -1 & -a & \lambda-5\end{vmatrix}=\begin{vmatrix}\lambda-2 & 2-\lambda & 0\\ 1 & \lambda-4 & 3\\ -1 & -a & \lambda-5\end{vmatrix}$$

$$=(\lambda-2)\begin{vmatrix}1 & -1 & 0\\ 1 & \lambda-4 & 3\\ -1 & -a & \lambda-5\end{vmatrix}=(\lambda-2)\begin{vmatrix}1 & 0 & 0\\ 1 & \lambda-3 & 3\\ -1 & -a-1 & \lambda-5\end{vmatrix}$$

$$=(\lambda-2)(\lambda^2-8\lambda+18+3a).$$

若 $\lambda=2$ 是特征方程的二重根,则 $2^2-16+18+3a=0,a=-2$.此时 $\boldsymbol{A}$ 的特征值为2,2,6.

$$2\boldsymbol{E}-\boldsymbol{A}=\begin{pmatrix}1 & -2 & 3\\ 1 & -2 & 3\\ -1 & 2 & -3\end{pmatrix}\to\begin{pmatrix}1 & -2 & 3\\ 0 & 0 & 0\\ 0 & 0 & 0\end{pmatrix},$$

故 $\lambda=2$ 对应两个线性无关的特征向量,从而 $\boldsymbol{A}$ 可与对角矩阵相似.

若 $\lambda=2$ 不是二重根,则 $\lambda^2-8\lambda+18+3a$ 为完全平方,从而 $18+3a=16,a=-\frac{2}{3}$.此时 $\boldsymbol{A}$ 的特征值为2,4,4.而 $4\boldsymbol{E}-\boldsymbol{A}=\begin{pmatrix}3 & -2 & 3\\ 1 & 0 & 3\\ -1 & \frac{2}{3} & -1\end{pmatrix}$ 的秩为2,故 $\lambda=4$ 对应的线性无关特征向量只有一个,所以 $\boldsymbol{A}$ 不与对角矩阵相似.

例 2 已知矩阵 $\boldsymbol{A}=\begin{pmatrix}2 & 0 & 0\\ 1 & 2 & -1\\ 1 & 0 & 1\end{pmatrix}$,求 $\boldsymbol{A}^n$.

解 $|\lambda\boldsymbol{E}-\boldsymbol{A}|=\begin{vmatrix}\lambda-2 & 0 & 0\\ -1 & \lambda-2 & 1\\ -1 & 0 & \lambda-1\end{vmatrix}=(\lambda-1)(\lambda-2)^2.$

所以 $\lambda_1=1,\lambda_2=\lambda_3=2$.

由$(\lambda\boldsymbol{E}-\boldsymbol{A})\boldsymbol{X}=\boldsymbol{0}$,可求出对应的三个线性无关特征向量:

$$\boldsymbol{\alpha}_1=\begin{pmatrix}0\\-1\\-1\end{pmatrix},\boldsymbol{\alpha}_2=\begin{pmatrix}-1\\1\\-1\end{pmatrix},\boldsymbol{\alpha}_3=\begin{pmatrix}1\\0\\1\end{pmatrix}.$$

令$\boldsymbol{P}=\begin{pmatrix}0&-1&1\\-1&1&0\\-1&-1&1\end{pmatrix}$,则$\boldsymbol{P}^{-1}=\begin{pmatrix}1&0&-1\\1&1&-1\\2&1&-1\end{pmatrix}$,则

$$\boldsymbol{P}^{-1}\boldsymbol{A}\boldsymbol{P}=\begin{pmatrix}1&0&0\\0&2&0\\0&0&2\end{pmatrix},\boldsymbol{A}=\boldsymbol{P}\begin{pmatrix}1&0&0\\0&2&0\\0&0&2\end{pmatrix}\boldsymbol{P}^{-1},$$

$$\text{则 }\boldsymbol{A}^n=\boldsymbol{P}\begin{pmatrix}1&0&0\\0&2&0\\0&0&2\end{pmatrix}^n\boldsymbol{P}^{-1}=\boldsymbol{P}\begin{pmatrix}1&&\\&2^n&\\&&2^n\end{pmatrix}\boldsymbol{P}^{-1}=\begin{pmatrix}2^n&0&0\\2^n-1&2^n&-2^n+1\\2^n-1&0&1\end{pmatrix}.$$

例 3　已知矩阵$\boldsymbol{A}=\begin{pmatrix}3&4&0&0\\4&-3&0&0\\0&0&2&4\\0&0&0&2\end{pmatrix}$,求$\boldsymbol{A}^{2k}$,$|\boldsymbol{A}|^{2k}$($k$为正整数).

解　令$\boldsymbol{A}_1=\begin{pmatrix}3&4\\4&-3\end{pmatrix}$,$\boldsymbol{A}_2=\begin{pmatrix}2&4\\0&2\end{pmatrix}$,则$\boldsymbol{A}=\begin{pmatrix}\boldsymbol{A}_1&\boldsymbol{O}\\\boldsymbol{O}&\boldsymbol{A}_2\end{pmatrix}$,

$|\lambda\boldsymbol{E}-\boldsymbol{A}_1|=(\lambda-5)(\lambda+5)$,$\lambda_1=5$,$\lambda_2=-5$,

相应特征向量为$\boldsymbol{\alpha}_1=\begin{pmatrix}2\\1\end{pmatrix}$,$\boldsymbol{\alpha}_2=\begin{pmatrix}1\\-2\end{pmatrix}$.

令$\boldsymbol{P}=\begin{pmatrix}2&1\\1&-2\end{pmatrix}$,则

$$\boldsymbol{P}^{-1}\boldsymbol{A}_1\boldsymbol{P}=\begin{pmatrix}5&\\&-5\end{pmatrix},\boldsymbol{A}_1=\boldsymbol{P}\begin{pmatrix}5&\\&-5\end{pmatrix}\boldsymbol{P}^{-1},\boldsymbol{A}_1^{2k}=\boldsymbol{P}\begin{pmatrix}5&\\&-5\end{pmatrix}^{2k}\boldsymbol{P}^{-1}=5^{2k}\boldsymbol{E},$$

又$\boldsymbol{A}_2=\begin{pmatrix}2&4\\0&2\end{pmatrix}=2\begin{pmatrix}1&2\\0&1\end{pmatrix}$,$\boldsymbol{A}_2^{2k}=2^{2k}\begin{pmatrix}1&4k\\0&1\end{pmatrix}$,而$\boldsymbol{A}^n=\begin{pmatrix}\boldsymbol{A}_1^n&\boldsymbol{O}\\\boldsymbol{O}&\boldsymbol{A}_2^n\end{pmatrix}$,

所以 $\boldsymbol{A}^{2k}=\begin{pmatrix}\boldsymbol{A}_1^{2k} & \boldsymbol{O}\\ \boldsymbol{O} & \boldsymbol{A}_2^{2k}\end{pmatrix}=\begin{pmatrix}5^{2k} & 0 & 0 & 0\\ 0 & 5^{2k} & 0 & 0\\ 0 & 0 & 2^{2k} & 2^{2k+2}k\\ 0 & 0 & 0 & 2^{2k}\end{pmatrix}$，$|\boldsymbol{A}|^{2k}=10^{4k}$.

例 4 设 $\boldsymbol{\alpha}_1,\boldsymbol{\alpha}_2,\boldsymbol{\alpha}_3$ 均为三维列向量，记矩阵 $\boldsymbol{A}=(\boldsymbol{\alpha}_1,\boldsymbol{\alpha}_2,\boldsymbol{\alpha}_3)$，$\boldsymbol{B}=(\boldsymbol{\alpha}_1+\boldsymbol{\alpha}_2+\boldsymbol{\alpha}_3,\boldsymbol{\alpha}_1+2\boldsymbol{\alpha}_2+4\boldsymbol{\alpha}_3,\boldsymbol{\alpha}_1+3\boldsymbol{\alpha}_2+9\boldsymbol{\alpha}_3)$，若 $|\boldsymbol{A}|=1$，则 $|\boldsymbol{B}|=$ __________.

解 $\boldsymbol{B}=(\boldsymbol{\alpha}_1,\boldsymbol{\alpha}_2,\boldsymbol{\alpha}_3)\begin{pmatrix}1 & 1 & 1\\ 1 & 2 & 3\\ 1 & 4 & 9\end{pmatrix}$，$|\boldsymbol{B}|=|\boldsymbol{\alpha}_1,\boldsymbol{\alpha}_2,\boldsymbol{\alpha}_3|\cdot\begin{vmatrix}1 & 1 & 1\\ 1 & 2 & 3\\ 1 & 4 & 9\end{vmatrix}=2$.

例 5 $\boldsymbol{A},\boldsymbol{B}$ 均是 n 阶方阵，λ 为任意数，证明：$|\lambda\boldsymbol{E}-\boldsymbol{AB}|=|\lambda\boldsymbol{E}-\boldsymbol{BA}|$.

证明 (1) 当 $\lambda=0$ 时，$|\lambda\boldsymbol{E}-\boldsymbol{AB}|=|-\boldsymbol{AB}|=(-1)^n|\boldsymbol{AB}|=|-\boldsymbol{BA}|=|\lambda\boldsymbol{E}-\boldsymbol{BA}|$.

(2) 当 $\lambda\neq 0$ 时，

由于 $\begin{pmatrix}\boldsymbol{E} & \boldsymbol{O}\\ -\boldsymbol{B} & \boldsymbol{E}\end{pmatrix}\begin{pmatrix}\boldsymbol{E} & \boldsymbol{A}\\ \boldsymbol{B} & \lambda\boldsymbol{E}\end{pmatrix}=\begin{pmatrix}\boldsymbol{E} & \boldsymbol{A}\\ \boldsymbol{O} & \lambda\boldsymbol{E}-\boldsymbol{BA}\end{pmatrix}$，

所以 $\begin{vmatrix}\boldsymbol{E} & \boldsymbol{O}\\ -\boldsymbol{B} & \boldsymbol{E}\end{vmatrix}\begin{vmatrix}\boldsymbol{E} & \boldsymbol{A}\\ \boldsymbol{B} & \lambda\boldsymbol{E}\end{vmatrix}=\begin{vmatrix}\boldsymbol{E} & \boldsymbol{A}\\ \boldsymbol{O} & \lambda\boldsymbol{E}-\boldsymbol{BA}\end{vmatrix}=|\lambda\boldsymbol{E}-\boldsymbol{BA}|$，

而 $\begin{pmatrix}\boldsymbol{E} & -\frac{1}{\lambda}\boldsymbol{A}\\ \boldsymbol{O} & \boldsymbol{E}\end{pmatrix}\begin{pmatrix}\boldsymbol{E} & \boldsymbol{A}\\ \boldsymbol{B} & \lambda\boldsymbol{E}\end{pmatrix}=\begin{pmatrix}\boldsymbol{E}-\frac{1}{\lambda}\boldsymbol{AB} & \boldsymbol{O}\\ \boldsymbol{B} & \lambda\boldsymbol{E}\end{pmatrix}$，

所以 $\begin{vmatrix}\boldsymbol{E} & -\frac{1}{\lambda}\boldsymbol{A}\\ \boldsymbol{O} & \boldsymbol{E}\end{vmatrix}\begin{vmatrix}\boldsymbol{E} & \boldsymbol{A}\\ \boldsymbol{B} & \lambda\boldsymbol{E}\end{vmatrix}=\begin{vmatrix}\boldsymbol{E}-\frac{1}{\lambda}\boldsymbol{A} & \boldsymbol{O}\\ \boldsymbol{B} & \lambda\boldsymbol{E}\end{vmatrix}=\left|\boldsymbol{E}-\frac{1}{\lambda}\boldsymbol{AB}\right||\lambda\boldsymbol{E}|$，

$$=\lambda^n\left|\boldsymbol{E}-\frac{1}{\lambda}\boldsymbol{AB}\right|=|\lambda\boldsymbol{E}-\boldsymbol{AB}|,$$

所以 $|\lambda\boldsymbol{E}-\boldsymbol{AB}|=|\lambda\boldsymbol{E}-\boldsymbol{BA}|$.

例 6 设 $\boldsymbol{A},\boldsymbol{B}$ 均是 n 阶方阵，证明：如果 $\boldsymbol{AB}=\boldsymbol{O}$，则 $r(\boldsymbol{A})+r(\boldsymbol{B})\leqslant n$.

证明 设 $\boldsymbol{B}=(\boldsymbol{B}_1,\boldsymbol{B}_2,\cdots,\boldsymbol{B}_n)$，这里 $\boldsymbol{B}_i(i=1,2,\cdots,n)$ 是 $\boldsymbol{B}$ 的第 i 个列向量，由于 $\boldsymbol{AB}=\boldsymbol{A}(\boldsymbol{B}_1,\boldsymbol{B}_2,\cdots,\boldsymbol{B}_n)=(\boldsymbol{AB}_1,\boldsymbol{AB}_2,\cdots,\boldsymbol{AB}_n)=\boldsymbol{O}$，可知

$$AB_i = O(i = 1,2,\cdots,n),$$

即 B 的每一个列向量 B_i 均是方程组 $AX = 0$ 的解，而 $AX = 0$ 的解空间的维数是 $n - r(A)$，

从而 $B_1,B_2,\cdots,B_n$ 的极大无关组的秩 $r(B) \leqslant n - r(A)$，

即 $r(A) + r(B) \leqslant n$.

例 7　设 A 是 n 阶方阵，证明：$A^2 = E \Leftrightarrow r(A - E) + r(A + E) = n$.

证明　**充分性**　由 $A^2 = E$，得 $(A - E)(A + E) = O$，从而，$r(A - E) + r(A + E) \leqslant n$.

又 $n = r[(A - E) - (A + E)] \leqslant r(A - E) + r(A + E)$，故 $r(A - E) + r(A + E) = n$.

必要性　设 $r(A - E) = r$，则 $r(A + E) = n - r$，于是 $(A - E)X = 0$ 的基础解系有 $n - r$ 个向量 $\alpha_1,\alpha_2,\cdots,\alpha_{n-r}$，且 $\alpha_1,\alpha_2,\cdots,\alpha_{n-r}$ 是 A 的对应于 $\lambda = 1$ 的特征向量，同理 $(A + E)X = 0$ 的基础解系有 r 个向量 $\beta_1,\beta_2,\cdots,\beta_r$，且 $\beta_1,\beta_2,\cdots,\beta_r$ 是 A 的对应于 $\lambda = -1$ 的特征向量，由于 $1 \neq -1$，$\alpha_1,\alpha_2,\cdots,\alpha_{n-r},\beta_1,\beta_2,\cdots,\beta_r$ 线性无关.

令 $P = (\alpha_1,\alpha_2,\cdots,\alpha_{n-r},\beta_1,\beta_2,\cdots,\beta_r)$，则 $A = P\begin{pmatrix} 1 & & & & & \\ & \ddots & & & & \\ & & 1 & & & \\ & & & -1 & & \\ & & & & \ddots & \\ & & & & & -1 \end{pmatrix}P^{-1}$，

即 $A^2 = E$.

例 8　已知 A,B 均是 n 阶矩阵，且 $AB = A + B$，证明：(1) $AB = BA$；(2) $r(A) = r(B)$.

证明　(1) 由 $AB = A + B$，得 $AB - A - B + E = E$，$(A - E)(B - E) = E$，故

$(A - E)(B - E) = E = (B - E)(A - E)$，

所以 $AB = BA$.

(2) 由 $AB = A + B$，$A(B - E) = B$，所以 $r(B) \leqslant r(A)$，同理 $r(A) \leqslant r(B)$，故

$$r(A) = r(B).$$

例 9　已知 $A = \begin{pmatrix} 1 & 1 & 1 & 1 \\ 1 & 1 & -1 & -1 \\ 1 & -1 & 1 & -1 \\ 1 & -1 & -1 & 1 \end{pmatrix}$，求 A^{-1}，$(A^*)^{-1}$.

解 由于 $A^2=\begin{pmatrix}4&0&0&0\\0&4&0&0\\0&0&4&0\\0&0&0&4\end{pmatrix}$,所以 $A^{-1}=\frac{1}{4}A$,又

$|A|=-16, A^*A=|A|E$,

所以 $(A^*)^{-1}=\frac{1}{|A|}A=-\frac{1}{16}A$,

例 10 如果非奇异 n 阶矩阵 A 的每一行元素之和均为 a,证明:A^{-1} 的每行元素之和必为 a^{-1}.

证明 由假设 $A\begin{pmatrix}1\\1\\\vdots\\1\end{pmatrix}=\begin{pmatrix}a\\a\\\vdots\\a\end{pmatrix}$,$a$ 是 A 的特征值,由于 A 可逆,$a\neq 0$,所以

$$A^{-1}\begin{pmatrix}a\\a\\\vdots\\a\end{pmatrix}=\begin{pmatrix}1\\1\\\vdots\\1\end{pmatrix}, A^{-1}\begin{pmatrix}1\\1\\\vdots\\1\end{pmatrix}=\frac{1}{a}\begin{pmatrix}1\\1\\\vdots\\1\end{pmatrix},$$

即 A^{-1} 的每行元素之和必为 a^{-1}.

例 11 设 A,B,C,D 均为 n 阶矩阵,且 $AC=CA$,证明:$\begin{vmatrix}A&B\\C&D\end{vmatrix}=|AD-CB|$.

证明 (1) 当 A 可逆时,由于

$$\begin{pmatrix}E&O\\CA^{-1}&E\end{pmatrix}\begin{pmatrix}A&B\\C&D\end{pmatrix}=\begin{pmatrix}A&B\\O&D-CA^{-1}B\end{pmatrix},$$

所以 $\begin{vmatrix}E&O\\CA^{-1}&E\end{vmatrix}\begin{vmatrix}A&B\\C&D\end{vmatrix}=\begin{vmatrix}A&B\\O&D-CA^{-1}B\end{vmatrix}$,

$$\begin{vmatrix}A&B\\C&D\end{vmatrix}=|A||D-CA^{-1}B|=|AD-ACA^{-1}B|=|AD-CB|$$

(2) 当 A 不可逆,即 $|A|=0$ 时,由于 A 至多有 n 个不同的特征值,从而存在 λ,使得

$|(-\lambda)\boldsymbol{E}-\boldsymbol{A}|\neq 0$,即$|\lambda\boldsymbol{E}+\boldsymbol{A}|\neq 0$,由于$\boldsymbol{AC}=\boldsymbol{CA}$,所以$(\lambda\boldsymbol{E}+\boldsymbol{A})\boldsymbol{C}=\boldsymbol{C}(\lambda\boldsymbol{E}+\boldsymbol{A})$,由(1)得

$$\begin{vmatrix}\lambda\boldsymbol{E}+\boldsymbol{A} & \boldsymbol{B}\\ \boldsymbol{C} & \boldsymbol{D}\end{vmatrix}=|(\lambda\boldsymbol{E}+\boldsymbol{A})\boldsymbol{D}-\boldsymbol{CB}|. \tag{$*$}$$

上式两端都是关于λ的有限次多项式,而上式有无穷多个λ使$(*)$式成立,即$(*)$式为恒等式,取$\lambda=0$,即有$\begin{vmatrix}\boldsymbol{A} & \boldsymbol{B}\\ \boldsymbol{C} & \boldsymbol{D}\end{vmatrix}=|\boldsymbol{AD}-\boldsymbol{CB}|$.

例 12　证明:秩为m的矩阵可表示为m个秩为1的矩阵之和.

证明　设$\boldsymbol{A}$为$n\times s$矩阵,$r(\boldsymbol{A})=m$,由矩阵的等价标准形可知,存在n阶可逆矩阵$\boldsymbol{P}$和s阶可逆矩阵$\boldsymbol{Q}$,使得

$$\begin{aligned}\boldsymbol{A}&=\boldsymbol{P}\begin{pmatrix}\boldsymbol{E}_m & \boldsymbol{O}\\ \boldsymbol{O} & \boldsymbol{O}\end{pmatrix}\boldsymbol{Q}\\ &=\boldsymbol{P}\begin{pmatrix}1 & & & \\ & 0 & & \\ & & \ddots & \\ & & & 0\end{pmatrix}\boldsymbol{Q}+\boldsymbol{P}\begin{pmatrix}0 & & & & \\ & 1 & & & \\ & & 0 & & \\ & & & \ddots & \\ & & & & 0\end{pmatrix}\boldsymbol{Q}+\cdots+\boldsymbol{P}\begin{pmatrix}0 & & & & \\ & \ddots & & & \\ & & 1 & & \\ & & & \ddots & \\ & & & & 0\end{pmatrix}\boldsymbol{Q}\\ &=\boldsymbol{B}_1+\boldsymbol{B}_2+\cdots+\boldsymbol{B}_m.\end{aligned}$$

其中$\boldsymbol{B}_k=\boldsymbol{P}\begin{pmatrix}0 & & & & & & \\ & \ddots & & & & & \\ & & 0 & & & & \\ & & & 1 & & & \\ & & & & 0 & & \\ & & & & & \ddots & \\ & & & & & & 0\end{pmatrix}\boldsymbol{Q}$,$k=1,2,\cdots,m$,$r(\boldsymbol{B}_k)=1$.

例 13　设$\boldsymbol{A},\boldsymbol{B}$为$n$阶矩阵,$r(\boldsymbol{A})=1$,$r(\boldsymbol{B})=r\neq 0$,证明:存在$n$阶可逆矩阵$\boldsymbol{P}_i,\boldsymbol{Q}_i$,$i=1,2,\cdots,r$,使$\boldsymbol{B}=\sum\limits_{i=1}^{r}\boldsymbol{P}_i\boldsymbol{A}\boldsymbol{Q}_i$.

证明 由 $r(\boldsymbol{A})=1$,存在 n 阶可逆矩阵 $\boldsymbol{M},\boldsymbol{N}$,使得

$$\boldsymbol{MAN}=\begin{pmatrix}1 & & & \\ & 0 & & \\ & & \ddots & \\ & & & 0\end{pmatrix}=\boldsymbol{E}_{11}.$$

由 $r(\boldsymbol{B})=r\neq 0$,由例 12 知,存在 n 阶可逆矩阵 $\boldsymbol{P}$ 和 s 阶可逆矩阵 $\boldsymbol{Q}$,使得

$$\boldsymbol{B}=\boldsymbol{P}\begin{pmatrix}\boldsymbol{E}_m & \boldsymbol{O}\\ \boldsymbol{O} & \boldsymbol{O}\end{pmatrix}\boldsymbol{Q}=\sum_{i=1}^{r}\boldsymbol{PE}_{ii}\boldsymbol{Q}.$$

又 $\boldsymbol{E}_{ii}=\boldsymbol{P}(i,1)\boldsymbol{E}_{11}\boldsymbol{P}(i,1)$,其中 $\boldsymbol{P}(i,1)$ 是 E 的第 1 行与第 i 行对换得到的,$i=1,2,\cdots,r$,所以

$$\boldsymbol{B}=\sum_{i=1}^{r}\boldsymbol{PP}(i,1)\boldsymbol{E}_{11}\boldsymbol{P}(i,1)\boldsymbol{Q}=\sum_{i=1}^{r}\boldsymbol{PP}(i,1)\boldsymbol{MANP}(i,1)\boldsymbol{Q}=\sum_{i=1}^{r}\boldsymbol{P}_i\boldsymbol{AQ}_i.$$

例 14 设 $\boldsymbol{A}$ 是数域 $\boldsymbol{P}$ 上秩为 r 的 $m\times n$ 矩阵,$r>0$,证明:存在秩为 r 的 $m\times r$ 矩阵 $\boldsymbol{F}$ 与秩为 r 的 $r\times n$ 矩阵 $\boldsymbol{G}$,使得 $\boldsymbol{A}=\boldsymbol{FG}$.

证明 由矩阵的等价标准形可知,存在 m 阶可逆矩阵 $\boldsymbol{P}$ 和 n 阶可逆矩阵 $\boldsymbol{Q}$,使得

$$\boldsymbol{A}=\boldsymbol{P}\begin{pmatrix}\boldsymbol{E}_r & \boldsymbol{O}\\ \boldsymbol{O} & \boldsymbol{O}\end{pmatrix}\boldsymbol{Q}=\boldsymbol{P}\begin{pmatrix}\boldsymbol{E}_r\\ \boldsymbol{O}\end{pmatrix}(\boldsymbol{E}_r\quad \boldsymbol{O})\boldsymbol{Q}=\boldsymbol{FG},$$

其中 $\boldsymbol{F}=\boldsymbol{P}\begin{pmatrix}\boldsymbol{E}_r\\ \boldsymbol{O}\end{pmatrix}$,$\boldsymbol{G}=(\boldsymbol{E}_r\quad \boldsymbol{O})\boldsymbol{Q}$,

$\boldsymbol{F}$ 是 $m\times r$ 矩阵,$\boldsymbol{G}$ 是 $r\times n$ 矩阵,$r(\boldsymbol{F})=r(\boldsymbol{G})=r$.

注意:$\boldsymbol{A}=\boldsymbol{FG}$ 称为满秩分解.

例 15 设 $\boldsymbol{A}$ 是秩为 r 的 n 阶矩阵,证明:$\boldsymbol{A}^2=\boldsymbol{A}$ 的充要条件是存在秩为 r 的 $r\times n$ 矩阵 $\boldsymbol{B}$ 和秩为 r 的 $n\times r$ 矩阵 $\boldsymbol{C}$,使得 $\boldsymbol{A}=\boldsymbol{CB}$,且 $\boldsymbol{BC}=\boldsymbol{E}_r$.

证明 **充分性** 已知 $\boldsymbol{A}=\boldsymbol{CB}$,$\boldsymbol{C},\boldsymbol{B}$ 分别是 $n\times r$,$r\times n$ 矩阵,且 $\boldsymbol{BC}=\boldsymbol{E}_r$,

所以 $\boldsymbol{A}^2=(\boldsymbol{CB})(\boldsymbol{CB})=\boldsymbol{C}(\boldsymbol{BC})\boldsymbol{B}=\boldsymbol{CB}=\boldsymbol{A}$.

必要性 由于 $\boldsymbol{A}^2=\boldsymbol{A}$,$\boldsymbol{A}$ 一定与对角矩阵相似,而且 $\boldsymbol{A}$ 的特征值只能是 0 和 1,所以存在可逆矩阵 $\boldsymbol{T}$,使

$$\boldsymbol{A}=\boldsymbol{T}^{-1}\begin{pmatrix}\boldsymbol{E}_r & \boldsymbol{O}\\ \boldsymbol{O} & \boldsymbol{O}\end{pmatrix}\boldsymbol{T}=\boldsymbol{T}^{-1}\begin{pmatrix}\boldsymbol{E}_r\\ \boldsymbol{O}\end{pmatrix}(\boldsymbol{E}_r\quad \boldsymbol{O})\boldsymbol{T}=\boldsymbol{CB},$$

其中 $\boldsymbol{C}=\boldsymbol{T}^{-1}\begin{pmatrix}\boldsymbol{E}_r\\ \boldsymbol{O}\end{pmatrix}$，$\boldsymbol{B}=(\boldsymbol{E}_r\quad \boldsymbol{O})\boldsymbol{T}$，那么 $\boldsymbol{C},\boldsymbol{B}$ 分别是 $n\times r,r\times n$ 矩阵，且

$r(\boldsymbol{B})=r(\boldsymbol{C})=r$，$\boldsymbol{BC}=(\boldsymbol{E}_r\quad \boldsymbol{O})\boldsymbol{TT}^{-1}\begin{pmatrix}\boldsymbol{E}_r\\ \boldsymbol{O}\end{pmatrix}=\boldsymbol{E}_r$.

例 16　证明：任何非奇异方阵 $\boldsymbol{A}$ 可以分解为正交矩阵 $\boldsymbol{Q}$ 与一个上三角形方阵 $\boldsymbol{R}$ 的乘积.

证明　由于 $\boldsymbol{A}$ 是非奇异方阵，则 $\boldsymbol{A}$ 的 n 个列向量 $\boldsymbol{\alpha}_1,\boldsymbol{\alpha}_2,\cdots,\boldsymbol{\alpha}_n$ 线性无关，从 $\boldsymbol{\alpha}_1$ 开始，用施密特正交化方法，将 $\boldsymbol{\alpha}_1,\boldsymbol{\alpha}_2,\cdots,\boldsymbol{\alpha}_n$ 化为一组标准正交化向量组：

$$\boldsymbol{\gamma}_1=\frac{1}{|\boldsymbol{\beta}_1|}\boldsymbol{\beta}_1,$$

$$\boldsymbol{\gamma}_2=\frac{1}{|\boldsymbol{\beta}_2|}\boldsymbol{\alpha}_2-\frac{1}{|\boldsymbol{\beta}_2|}(\boldsymbol{\alpha}_2,\boldsymbol{\gamma}_1)\boldsymbol{\gamma}_1,$$

…………

$$\boldsymbol{\gamma}_n=\frac{1}{|\boldsymbol{\beta}_n|}\boldsymbol{\alpha}_n-\frac{(\boldsymbol{\alpha}_n,\boldsymbol{\gamma}_1)}{|\boldsymbol{\beta}_n|}\boldsymbol{\gamma}_1-\cdots-\frac{(\boldsymbol{\alpha}_n,\boldsymbol{\gamma}_{n-1})}{|\boldsymbol{\beta}_n|}\boldsymbol{\gamma}_{n-1}.$$

其中 $\boldsymbol{\beta}_1=\boldsymbol{\alpha}_1$，

$$\boldsymbol{\beta}_2=\boldsymbol{\alpha}_2-(\boldsymbol{\alpha}_2,\boldsymbol{\gamma}_1)\boldsymbol{\gamma}_1,$$

…………

$$\boldsymbol{\beta}_n=\boldsymbol{\alpha}_n-(\boldsymbol{\alpha}_n,\boldsymbol{\gamma}_1)\boldsymbol{\gamma}_1-\cdots-(\boldsymbol{\alpha}_n,\boldsymbol{\gamma}_{n-1})\boldsymbol{\gamma}_{n-1}.$$

令 $\eta_{ii}=|\boldsymbol{\beta}_i|\,(i=1,2,\cdots,n)$，$(\boldsymbol{\alpha}_k,\boldsymbol{\gamma}_j)=\eta_{jk}$，

$\boldsymbol{\alpha}_1=\eta_{11}\boldsymbol{\gamma}_1$，$\boldsymbol{\alpha}_2=\eta_{12}\boldsymbol{\gamma}_1+\eta_{22}\boldsymbol{\gamma}_2$，$\cdots$，$\boldsymbol{\alpha}_n=\eta_{1n}\boldsymbol{\gamma}_1+\eta_{2n}\boldsymbol{\gamma}_2+\cdots+\eta_{nn}\boldsymbol{\gamma}_n$

$$\boldsymbol{A}=(\boldsymbol{\alpha}_1,\boldsymbol{\alpha}_2,\cdots,\boldsymbol{\alpha}_n)=(\boldsymbol{\gamma}_1,\boldsymbol{\gamma}_2,\cdots,\boldsymbol{\gamma}_n)\begin{pmatrix}\eta_{11}&\eta_{12}&\cdots&\eta_{1n}\\ 0&\eta_{22}&\cdots&\eta_{2n}\\ \vdots&\vdots&&\vdots\\ 0&0&0&\eta_{nn}\end{pmatrix}.$$

令 $\boldsymbol{R}=\begin{pmatrix}\eta_{11}&\eta_{12}&\cdots&\eta_{1n}\\ 0&\eta_{22}&\cdots&\eta_{2n}\\ \vdots&\vdots&&\vdots\\ 0&0&0&\eta_{nn}\end{pmatrix}$.$\boldsymbol{Q}=(\boldsymbol{\gamma}_1,\boldsymbol{\gamma}_2,\cdots,\boldsymbol{\gamma}_n)$，$\boldsymbol{R}=\begin{pmatrix}\eta_{11}&\eta_{12}&\cdots&\eta_{1n}\\ 0&\eta_{22}&\cdots&\eta_{2n}\\ \vdots&\vdots&&\vdots\\ 0&0&0&\eta_{nn}\end{pmatrix}$ 是上三角

矩阵,$\boldsymbol{Q}=(\boldsymbol{\gamma}_1,\boldsymbol{\gamma}_2,\cdots,\boldsymbol{\gamma}_n)$ 是正交矩阵.

例 17 证明:任何 n 阶方阵 $\boldsymbol{A}$ 可以表示成一个数量矩阵与一个迹为 0 的矩阵之和.

证明 设 $\boldsymbol{A}=(a_{ij})$ 为任一 n 阶矩阵,

$$\boldsymbol{X}=\begin{pmatrix} x & & & \\ & x & & \\ & & \ddots & \\ & & & x \end{pmatrix},\boldsymbol{B}=(b_{ij})\text{ 是方阵,且 }\mathrm{tr}\boldsymbol{B}=\sum_{i=1}^{n}b_{ii}=0,$$

如果 $\boldsymbol{X},\boldsymbol{B}$ 满足 $\boldsymbol{A}=\boldsymbol{X}+\boldsymbol{B}$,则 $\mathrm{tr}\boldsymbol{A}=nx+\mathrm{tr}\boldsymbol{B}=nx,x=\dfrac{1}{n}\mathrm{tr}\boldsymbol{A}$,

$b_{ii}=a_{ii}-x=a_{ii}-\dfrac{1}{n}\mathrm{tr}\boldsymbol{A}$,

$$\text{此时,取 }\boldsymbol{X}=\begin{pmatrix} \frac{1}{n}\mathrm{tr}\boldsymbol{A} & & & \\ & \frac{1}{n}\mathrm{tr}\boldsymbol{A} & & \\ & & \ddots & \\ & & & \frac{1}{n}\mathrm{tr}\boldsymbol{A} \end{pmatrix},\quad b_{ij}=\begin{cases} a_{ij},i\neq j, \\ a_{ii}-\frac{1}{n}\mathrm{tr}\boldsymbol{A},i=j. \end{cases}$$

即有 $\boldsymbol{A}=\boldsymbol{X}+\boldsymbol{B}$,$\boldsymbol{X}$ 是数量矩阵,$\boldsymbol{B}$ 是迹为 0 的矩阵.

例 18 如果向量 $\boldsymbol{\beta}$ 可由 $\boldsymbol{\alpha}_1,\boldsymbol{\alpha}_2,\cdots,\boldsymbol{\alpha}_r$ 线性表示,证明:表示法唯一的充要条件是 $\boldsymbol{\alpha}_1,\boldsymbol{\alpha}_2,\cdots,\boldsymbol{\alpha}_r$ 线性无关.

证明 **必要性**(用反证法) 设 $\boldsymbol{\beta}$ 可由 $\boldsymbol{\alpha}_1,\boldsymbol{\alpha}_2,\cdots,\boldsymbol{\alpha}_r$ 线性表示,且表示法唯一.

若 $\boldsymbol{\alpha}_1,\boldsymbol{\alpha}_2,\cdots,\boldsymbol{\alpha}_r$ 线性相关,则存在不全为零的 r 个数 $k_1,k_2,\cdots,k_r$,

使得 $k_1\boldsymbol{\alpha}_1+k_2\boldsymbol{\alpha}_2+\cdots+k_r\boldsymbol{\alpha}_r=\boldsymbol{0}$.

由于 $\boldsymbol{\beta}=l_1\boldsymbol{\alpha}_1+l_2\boldsymbol{\alpha}_2+\cdots+l_r\boldsymbol{\alpha}_r$,

所以 $\boldsymbol{\beta}=(k_1+l_1)\boldsymbol{\alpha}_1+(k_2+l_2)\boldsymbol{\alpha}_2+\cdots+(k_r+l_r)\boldsymbol{\alpha}_r$,

由于 $k_1,k_2,\cdots,k_r$ 不全为零,存在 $k_i\neq 0$,有 $k_i+l_i\neq l_i$,

这与 $\boldsymbol{\beta}$ 的表示法唯一,矛盾,所以 $\boldsymbol{\alpha}_1,\boldsymbol{\alpha}_2,\cdots,\boldsymbol{\alpha}_r$ 线性无关.

充分性 设 $\boldsymbol{\alpha}_1,\boldsymbol{\alpha}_2,\cdots,\boldsymbol{\alpha}_r$ 线性无关,而且 $\boldsymbol{\beta}$ 可由 $\boldsymbol{\alpha}_1,\boldsymbol{\alpha}_2,\cdots,\boldsymbol{\alpha}_r$ 线性表示.

下证表示法唯一：

如果表示法不唯一，则

$\boldsymbol{\beta}=k_1\boldsymbol{\alpha}_1+k_2\boldsymbol{\alpha}_2+\cdots+k_r\boldsymbol{\alpha}_r,\boldsymbol{\beta}=l_1\boldsymbol{\alpha}_1+l_2\boldsymbol{\alpha}_2+\cdots+l_r\boldsymbol{\alpha}_r.$

两式相减，得

$(k_1-l_1)\boldsymbol{\alpha}_1+(k_2-l_2)\boldsymbol{\alpha}_2+\cdots+(k_r-l_r)\boldsymbol{\alpha}_r=\mathbf{0},$

由于 $\boldsymbol{\alpha}_1,\boldsymbol{\alpha}_2,\cdots,\boldsymbol{\alpha}_r$ 线性无关，所以 $k_i=l_i(i=1,2,\cdots,r)$，即表示法唯一.

例 19　设 $\boldsymbol{x}_1,\boldsymbol{x}_2,\boldsymbol{x}_3$ 是复数域 **C** 上线性空间 V 中三个向量，它们线性无关.

证明：(1) $\boldsymbol{x}_1+\boldsymbol{x}_2,\boldsymbol{x}_2+\boldsymbol{x}_3,\boldsymbol{x}_3+\boldsymbol{x}_1$ 也线性无关；(2) 把这个情况推广到 V 中 m 个向量.

证明　(1) 略.

(2) 若 $\boldsymbol{x}_1,\boldsymbol{x}_2,\cdots,\boldsymbol{x}_m$ 线性无关，下证 $\boldsymbol{x}_1+\boldsymbol{x}_2,\boldsymbol{x}_2+\boldsymbol{x}_3,\cdots,\boldsymbol{x}_m+\boldsymbol{x}_1$ 是否线性相关.

设 $k_1(\boldsymbol{x}_1+\boldsymbol{x}_2)+k_2(\boldsymbol{x}_2+\boldsymbol{x}_3)+\cdots+k_m(\boldsymbol{x}_m+\boldsymbol{x}_1)=\mathbf{0}$，得

$$\begin{cases}k_1+k_m=0,\\ k_1+k_2=0,\\ \cdots\\ k_{m-1}+k_m=0.\end{cases}\quad \begin{vmatrix}1&1&0&\cdots&0\\0&1&1&\cdots&0\\0&0&1&\cdots&0\\ \vdots&\vdots&\vdots&&\vdots\\1&0&0&\cdots&1\end{vmatrix}=1+(-1)^{m+1}.$$

当 m 为奇数时，$\boldsymbol{x}_1+\boldsymbol{x}_2,\boldsymbol{x}_2+\boldsymbol{x}_3,\cdots,\boldsymbol{x}_m+\boldsymbol{x}_1$ 线性无关；

当 m 为偶数时，$\boldsymbol{x}_1+\boldsymbol{x}_2,\boldsymbol{x}_2+\boldsymbol{x}_3,\cdots,\boldsymbol{x}_m+\boldsymbol{x}_1$ 线性相关.

例 20　设 $a_1,a_2,\cdots,a_m$ 是 m 个数，记 $\boldsymbol{\alpha}_i=(a_i,a_i^2,\cdots,a_i^n)\ (i=1,2,\cdots,m)$，求向量组的秩和它的极大线性无关组.

解　在 $\boldsymbol{\alpha}_1,\boldsymbol{\alpha}_2,\cdots,\boldsymbol{\alpha}_m$ 中，除去 $\mathbf{0}$ 以及相同的向量，剩下的记为 $\boldsymbol{\alpha}_{i1},\boldsymbol{\alpha}_{i2},\cdots,\boldsymbol{\alpha}_{ik}$，这里 $\boldsymbol{\alpha}_{ij}\neq\mathbf{0}(j=1,2,\cdots,k)$，且 $\boldsymbol{\alpha}_{ij}\neq\boldsymbol{\alpha}_{is}(j\neq s)$.

(1) 若 $k>n$，则在 $\boldsymbol{\alpha}_{i1},\boldsymbol{\alpha}_{i2},\cdots,\boldsymbol{\alpha}_{ik}$ 中取 n 个向量，这 n 个向量的行列式是范德蒙德行列式，$\boldsymbol{\alpha}_{ij}\neq\boldsymbol{\alpha}_{is}(j\neq s)$，所以 $\boldsymbol{\alpha}_1,\boldsymbol{\alpha}_2,\cdots,\boldsymbol{\alpha}_m$ 的秩是 n.

(2) 若 $k\leqslant n$，取 $\boldsymbol{\beta}_{ij}$ 为 $\boldsymbol{\alpha}_{ij}$ 的前 k 个分量组成的 k 维向量，此时 $\boldsymbol{\beta}_{ij}(j=1,2,\cdots,k)$ 线性无关，则 $\boldsymbol{\alpha}_1,\boldsymbol{\alpha}_2,\cdots,\boldsymbol{\alpha}_m$ 的秩为 k.

例 21 设$A=\begin{pmatrix}1&1&\cdots&1&1\\1&1&\cdots&1&1\\\vdots&\vdots&&\vdots&\vdots\\1&1&\cdots&1&1\\1&1&\cdots&1&1\end{pmatrix}$为$n$阶矩阵,求正交矩阵$P$,使得$P^{-1}AP$为对角矩阵.

解

$$|\lambda E-A|=\begin{vmatrix}\lambda-1&-1&-1&\cdots&-1\\-1&\lambda-1&-1&\cdots&-1\\-1&-1&\lambda-1&\cdots&-1\\\vdots&\vdots&\vdots&&\vdots\\-1&-1&-1&\cdots&\lambda-1\end{vmatrix}=(\lambda-n)\lambda^{n-1}=0,$$

$\lambda_1=n,\lambda_2=\cdots=\lambda_n=0.$

当$\lambda_1=n$时,$(\lambda_1E-A)X=\mathbf{0}$,得$\boldsymbol{\alpha}_1=\begin{pmatrix}1\\1\\\vdots\\1\\1\end{pmatrix}$;

当$\lambda_2=\cdots=\lambda_n=0$时,$(\lambda_2E-A)X=\mathbf{0}$,$\boldsymbol{\alpha}_2=\begin{pmatrix}1\\0\\\vdots\\0\\-1\end{pmatrix},\cdots,\boldsymbol{\alpha}_n=\begin{pmatrix}0\\0\\\vdots\\1\\-1\end{pmatrix}$,

$$P=\begin{pmatrix}1&1&0&\cdots&0\\1&0&1&\cdots&0\\\vdots&\vdots&\vdots&&\vdots\\1&0&0&\cdots&1\\1&-1&-1&\cdots&-1\end{pmatrix},P^{-1}AP=\begin{pmatrix}n&&&\\&0&&\\&&\ddots&\\&&&0\end{pmatrix}.$$

例 22 设A是n阶可逆矩阵,证明:存在正定矩阵S与正交矩阵R,使得$A=SR$.

证明 由于 $\boldsymbol{A}$ 可逆,则 $\boldsymbol{A}\boldsymbol{A}^{\mathrm{T}}$ 正定,则存在正交矩阵 $\boldsymbol{Q}$,使得

$$\boldsymbol{Q}^{-1}\boldsymbol{A}\boldsymbol{A}^{\mathrm{T}}\boldsymbol{Q}=\boldsymbol{Q}^{\mathrm{T}}\boldsymbol{A}\boldsymbol{A}^{\mathrm{T}}\boldsymbol{Q}=\begin{pmatrix}\lambda_1 & & & \\ & \lambda_2 & & \\ & & \ddots & \\ & & & \lambda_n\end{pmatrix},\lambda_i>0,i=1,2,\cdots,n.$$

记 $\boldsymbol{B}=\boldsymbol{Q}\begin{pmatrix}\sqrt{\lambda_1} & & & \\ & \sqrt{\lambda_2} & & \\ & & \ddots & \\ & & & \sqrt{\lambda_n}\end{pmatrix}\boldsymbol{Q}^{\mathrm{T}}$,则 $\boldsymbol{B}^{\mathrm{T}}=\boldsymbol{Q}\begin{pmatrix}\sqrt{\lambda_1} & & & \\ & \sqrt{\lambda_2} & & \\ & & \ddots & \\ & & & \sqrt{\lambda_n}\end{pmatrix}\boldsymbol{Q}^{\mathrm{T}}=\boldsymbol{B}$,

$\boldsymbol{B}$ 对称,$\boldsymbol{Q}^{\mathrm{T}}\boldsymbol{B}\boldsymbol{Q}=\begin{pmatrix}\sqrt{\lambda_1} & & & \\ & \sqrt{\lambda_2} & & \\ & & \ddots & \\ & & & \sqrt{\lambda_n}\end{pmatrix}$,$\sqrt{\lambda_i}>0,i=1,2,\cdots,n$,$\boldsymbol{Q}$ 正交,$\boldsymbol{Q}^{\mathrm{T}}\boldsymbol{B}\boldsymbol{Q}=$
$\boldsymbol{Q}^{-1}\boldsymbol{B}\boldsymbol{Q}$,$\boldsymbol{Q}^{\mathrm{T}}\boldsymbol{B}\boldsymbol{Q}$ 与 $\boldsymbol{B}$ 相似,$\boldsymbol{B}$ 的特征值全大于零,故 $\boldsymbol{B}$ 正定.

$$\boldsymbol{B}^2=\boldsymbol{Q}\begin{pmatrix}\sqrt{\lambda_1} & & & \\ & \sqrt{\lambda_2} & & \\ & & \ddots & \\ & & & \sqrt{\lambda_n}\end{pmatrix}\boldsymbol{Q}^{\mathrm{T}}\boldsymbol{Q}\begin{pmatrix}\sqrt{\lambda_1} & & & \\ & \sqrt{\lambda_2} & & \\ & & \ddots & \\ & & & \sqrt{\lambda_n}\end{pmatrix}\boldsymbol{Q}^{\mathrm{T}}=\boldsymbol{A}\boldsymbol{A}^{\mathrm{T}}.$$

令 $\boldsymbol{T}=\boldsymbol{B}^{-1}\boldsymbol{A}=\boldsymbol{Q}\begin{pmatrix}\sqrt{\lambda_1} & & & \\ & \sqrt{\lambda_2} & & \\ & & \ddots & \\ & & & \sqrt{\lambda_n}\end{pmatrix}^{-1}\boldsymbol{Q}^{\mathrm{T}}\boldsymbol{A}\boldsymbol{A}^{\mathrm{T}}(\boldsymbol{A}^{\mathrm{T}})^{-1}$

$$=Q\begin{pmatrix}\sqrt{\lambda_1}&&&\\&\sqrt{\lambda_2}&&\\&&\ddots&\\&&&\sqrt{\lambda_n}\end{pmatrix}^{-1}Q^{\mathrm{T}}Q\begin{pmatrix}\lambda_1&&&\\&\lambda_2&&\\&&\ddots&\\&&&\lambda_n\end{pmatrix}Q^{\mathrm{T}}(A^{\mathrm{T}})^{-1}$$

$$=Q\begin{pmatrix}\sqrt{\lambda_1}&&&\\&\sqrt{\lambda_2}&&\\&&\ddots&\\&&&\sqrt{\lambda_n}\end{pmatrix}Q^{\mathrm{T}}(A^{-1})^{\mathrm{T}}=B(A^{-1})^{\mathrm{T}}.$$

所以 $T^{-1}=(B^{-1}A)^{-1}=A^{-1}B=(B(A^{-1})^{\mathrm{T}})^{\mathrm{T}}=T^{\mathrm{T}}$,

所以 T 正交,$A=SR$(其中 $S=B,R=T=B^{-1}A$).

例 23 设 A 是一个 3 阶方阵,已知 $AX=\beta$ 的通解为 $k_1\begin{pmatrix}-2\\1\\0\end{pmatrix}+k_2\begin{pmatrix}2\\0\\1\end{pmatrix}+\begin{pmatrix}1\\2\\-2\end{pmatrix}$,

$\beta=\begin{pmatrix}9\\18\\-18\end{pmatrix}$.证明:$A$ 与对角矩阵相似,并求 A,A^{100}.

证明 由题意得

$$A\begin{pmatrix}1\\2\\-2\end{pmatrix}=\begin{pmatrix}9\\18\\-18\end{pmatrix}=9\begin{pmatrix}1\\2\\-2\end{pmatrix},A\begin{pmatrix}-2\\1\\0\end{pmatrix}=\begin{pmatrix}0\\0\\0\end{pmatrix},A\begin{pmatrix}2\\0\\1\end{pmatrix}=\begin{pmatrix}0\\0\\0\end{pmatrix},$$

所以 $\alpha_1=\begin{pmatrix}1\\2\\-2\end{pmatrix}$ 是相应于 $\lambda_1=9$ 的特征向量,$\alpha_2=\begin{pmatrix}-2\\1\\0\end{pmatrix}$ 和 $\alpha_3=\begin{pmatrix}2\\0\\1\end{pmatrix}$ 分别是相应于 $\lambda_2=\lambda_3=0$ 的无关特征向量.

令 $P=\begin{pmatrix}1&-2&2\\2&1&0\\-2&0&1\end{pmatrix}$,则 $P^{-1}AP=\begin{pmatrix}9&0&0\\0&0&0\\0&0&0\end{pmatrix}$,

所以 $A = P\begin{pmatrix} 9 & 0 & 0 \\ 0 & 0 & 0 \\ 0 & 0 & 0 \end{pmatrix}P^{-1} = \begin{pmatrix} 1 & 2 & -2 \\ 2 & 4 & -4 \\ -2 & -4 & 4 \end{pmatrix}$,

$$A^{100} = P\begin{pmatrix} 9^{100} & 0 & 0 \\ 0 & 0 & 0 \\ 0 & 0 & 0 \end{pmatrix}P^{-1} = 9^{99}\begin{pmatrix} 1 & 2 & -2 \\ 2 & 4 & -4 \\ -2 & -4 & 4 \end{pmatrix}.$$

例 24　设 3 阶实对称矩阵 A 的各行元素之和均为 3，又 $\boldsymbol{\alpha}_1 = (-1,2,-1)^{\mathrm{T}}$，$\boldsymbol{\alpha}_2 = (0,-1,1)^{\mathrm{T}}$ 是 $AX=\mathbf{0}$ 的两个解.求 A 的特征值、特征向量，并求正交矩阵 Q，使得 $Q^{\mathrm{T}}AQ = \Lambda$ 为对角矩阵，并求 A.

解　因为 $A\boldsymbol{\alpha}_1 = 0\cdot\boldsymbol{\alpha}_1$，$A\boldsymbol{\alpha}_2 = 0\cdot\boldsymbol{\alpha}_2$，所以 $\boldsymbol{\alpha}_1,\boldsymbol{\alpha}_2$ 是相应于 $\lambda_1=\lambda_2=0$ 的无关特征向量，所以 $k_1\boldsymbol{\alpha}_1 + k_2\boldsymbol{\alpha}_2$($k_1,k_2$ 不全为零) 是对应于特征值 0 的全部特征向量，

$A\begin{pmatrix} 1 \\ 1 \\ 1 \end{pmatrix} = \begin{pmatrix} 3 \\ 3 \\ 3 \end{pmatrix} = 3\begin{pmatrix} 1 \\ 1 \\ 1 \end{pmatrix}$，所以 $\boldsymbol{\alpha} = \begin{pmatrix} 1 \\ 1 \\ 1 \end{pmatrix}$ 是相应于 $\lambda_3 = 3$ 的特征向量，$k_3\boldsymbol{\alpha}$ 是相应于 $\lambda_3 = 3$ 的全部特征向量.

$P = \begin{pmatrix} 1 & -1 & 0 \\ 1 & 2 & -1 \\ 1 & -1 & 1 \end{pmatrix}$，$P^{-1} = \dfrac{1}{3}\begin{pmatrix} 1 & 1 & 1 \\ -2 & 1 & 1 \\ -1 & 0 & 1 \end{pmatrix}$，则 $P^{-1}AP = \begin{pmatrix} 3 & 0 & 0 \\ 0 & 0 & 0 \\ 0 & 0 & 0 \end{pmatrix}$，

所以 $A = P\begin{pmatrix} 3 & 0 & 0 \\ 0 & 0 & 0 \\ 0 & 0 & 0 \end{pmatrix}P^{-1} = \begin{pmatrix} 1 & 1 & 1 \\ 1 & 1 & 1 \\ 1 & 1 & 1 \end{pmatrix}$.

由于 A 是对称矩阵，$\boldsymbol{\alpha}$ 与 $\boldsymbol{\alpha}_1,\boldsymbol{\alpha}_2$ 已经正交，只需对 $\boldsymbol{\alpha}_1,\boldsymbol{\alpha}_2$ 正交化：

$$\boldsymbol{\beta}_1 = \boldsymbol{\alpha}_1, \boldsymbol{\beta}_2 = \boldsymbol{\alpha}_2 - \frac{(\boldsymbol{\alpha}_2,\boldsymbol{\beta}_1)}{(\boldsymbol{\beta}_1,\boldsymbol{\beta}_1)}\boldsymbol{\beta}_1 = \begin{pmatrix} 0 \\ -1 \\ 1 \end{pmatrix} - \frac{-3}{6}\begin{pmatrix} -1 \\ 2 \\ -1 \end{pmatrix} = \begin{pmatrix} -\frac{1}{2} \\ 0 \\ \frac{1}{2} \end{pmatrix},$$

令 $\boldsymbol{\gamma}_1=\frac{\boldsymbol{\alpha}}{|\boldsymbol{\alpha}|}=\frac{1}{\sqrt{3}}\begin{pmatrix}1\\1\\1\end{pmatrix},\boldsymbol{\gamma}_2=\frac{\boldsymbol{\beta}_1}{|\boldsymbol{\beta}_1|}=\frac{1}{\sqrt{6}}\begin{pmatrix}-1\\2\\1\end{pmatrix},\boldsymbol{\gamma}_3=\frac{\boldsymbol{\beta}_2}{|\boldsymbol{\beta}_2|}=\frac{1}{\sqrt{2}}\begin{pmatrix}-1\\0\\1\end{pmatrix}$,

则 $\boldsymbol{Q}=(\boldsymbol{\gamma}_1,\boldsymbol{\gamma}_2,\boldsymbol{\gamma}_3)$, $\boldsymbol{Q}^{\mathrm{T}}\boldsymbol{A}\boldsymbol{Q}=\begin{pmatrix}3&0&0\\0&0&0\\0&0&0\end{pmatrix}=\boldsymbol{\Lambda}$.

例 25 设 $\boldsymbol{\alpha}_1,\boldsymbol{\alpha}_2,\cdots,\boldsymbol{\alpha}_{n-1}$ 为线性无关的 n 维实列向量,$\boldsymbol{\beta}_1,\boldsymbol{\beta}_2$ 与 $\boldsymbol{\alpha}_1,\boldsymbol{\alpha}_2,\cdots,\boldsymbol{\alpha}_{n-1}$ 正交,证明:$\boldsymbol{\beta}_1,\boldsymbol{\beta}_2$ 线性相关.

证明 设 $\boldsymbol{\alpha}_i=(a_{i1},a_{i2},\cdots,a_{in})^{\mathrm{T}}$.作齐次线性方程组

$$\begin{cases}a_{11}x_1+a_{12}x_2+\cdots+a_{1n}x_n=0,\\a_{21}x_1+a_{22}x_2+\cdots+a_{2n}x_n=0,\\\qquad\cdots\cdots\cdots\cdots\\a_{n-1,1}x_1+a_{n-1,2}x_2+\cdots+a_{n-1,n}x_n=0,\end{cases}$$

则 $\boldsymbol{\beta}_1,\boldsymbol{\beta}_2$ 是解向量,而 $r(\boldsymbol{A})=n-1$,基础解系只含一个向量,所以 $\boldsymbol{\beta}_1,\boldsymbol{\beta}_2$ 线性相关.

例 26 设 $\boldsymbol{\alpha}_i=(a_{i1},a_{i2},\cdots,a_{in})^{\mathrm{T}}$ 是 n 维实列向量,$i=1,2,\cdots,r,r<n$,且 $\boldsymbol{\alpha}_1,\boldsymbol{\alpha}_2,\cdots,\boldsymbol{\alpha}_r$ 线性无关,已知实向量 $\boldsymbol{\beta}=(b_1,b_2,\cdots,b_n)^{\mathrm{T}}$ 是方程组

$$\begin{cases}a_{11}x_1+a_{12}x_2+\cdots+a_{1n}x_n=0,\\a_{21}x_1+a_{22}x_2+\cdots+a_{2n}x_n=0,\\\qquad\cdots\cdots\cdots\cdots\\a_{r1}x_1+a_{r2}x_2+\cdots+a_{rn}x_n=0\end{cases}$$

的非零解,证明:$\boldsymbol{\alpha}_1,\boldsymbol{\alpha}_2,\cdots,\boldsymbol{\alpha}_r,\boldsymbol{\beta}$ 线性无关.

证明 由题意知 $\boldsymbol{\beta}$ 与 $\boldsymbol{\alpha}_1,\boldsymbol{\alpha}_2,\cdots,\boldsymbol{\alpha}_r$ 都正交,所以 $\boldsymbol{\beta}^{\mathrm{T}}\boldsymbol{\alpha}_i=0$,

令 $k_1\boldsymbol{\alpha}_1+k_2\boldsymbol{\alpha}_2+\cdots+k_r\boldsymbol{\alpha}_r+l\boldsymbol{\beta}=\boldsymbol{0}$,

两边左乘 $\boldsymbol{\beta}^{\mathrm{T}}$,得 $l(\boldsymbol{\beta}^{\mathrm{T}}\boldsymbol{\beta})=0$,因为 $\boldsymbol{\beta}^{\mathrm{T}}\boldsymbol{\beta}=b_1^2+\cdots+b_n^2>0$,所以 $l=0$,

又 $\boldsymbol{\alpha}_1,\boldsymbol{\alpha}_2,\cdots,\boldsymbol{\alpha}_r$ 线性无关,所以

$k_1=k_2=\cdots=k_r=l=0$,

即 $\boldsymbol{\alpha}_1,\boldsymbol{\alpha}_2,\cdots,\boldsymbol{\alpha}_r,\boldsymbol{\beta}$ 线性无关.

第二章　线性空间与线性变换

本章介绍线性空间、线性子空间、线性变换及不变子空间等的有关概念和结论.这些内容既是线性代数的延伸,也是学习矩阵理论的基础.

第一节　线性空间

一、线性空间的概念

(一) 集合及其运算

集合是数学最基本的概念之一.所谓集合就是指具有某种特定性质的事物的全体.例如,一个班就是由一些同学组成的集合;一个线性方程组解的全体组成一个集合,即所谓解集合.组成集合的每一个单一的事物称为这个集合的元素.我们用 $a \in A$ 和 $a \notin A$ 分别表示 a 是集合 A 的元素和 a 不是集合 A 的元素,分别读作 a 属于 A 和 a 不属于 A.

集合的常见表示方法有列举法和描述法.例如,A 是由 1,2,3 组成的集合,记为 $A=\{1,2,3\}$,即列举出集合的全部元素.又如正偶数组成的集合 A 可写成 $A=\{a \mid a$ 是正偶数$\}$,即用性质定义集合,此种表示方法称为描述法,即 $A=\{a \mid a$ 具有的性质$\}$.

如果集合 A 的元素全是集合 B 的元素,即由 $a \in A$ 可以推出 $a \in B$,那么 A 就称为 B 的子集合,记为 $A \subseteq B$.若 $A \subseteq B$ 且 $B \subseteq A$,则称集合 A 等于 B,记为 $A=B$.

集合的交:$A \cap B=\{x \mid x \in A$ 且 $x \in B\}$;集合的并:$A \cup B=\{x \mid x \in A$ 或 $x \in B\}$.

定理 1　设 A,B,C 是三个集合,则:

(1)$A \cap B=B \cap A, A \cup B=B \cup A$;

(2)$A \cap(B \cap C)=(A \cap B) \cap C, A \cup(B \cup C)=(A \cup B) \cup C$;

(3)$A \cap(B \cup C)=(A \cap B) \cup(A \cap C), A \cup(B \cap C)=(A \cup B) \cap(A \cup C)$.

(二) 二元关系与等价关系

定义 1　设 A,B 是两个非空集合,元素对的集合 $\{(a,b) \mid a \in A, b \in B\}$ 称为 A 与 B 的笛卡儿积,记为 $A \times B$,即 $A \times B = \{(a,b) \mid a \in A, b \in B\}$.

例如,设 $A = \{1,2,3\}$,$B = \{a,b\}$,则 $A \times B = \{(1,a),(1,b),(2,a),(2,b),(3,a),(3,b)\}$.

定义 2　设 A,B 是两个非空集合,$A \times B$ 的子集 R 称为 $A \times B$ 中的一个二元关系,即 $\forall a \in A, b \in B$,若 $(a,b) \in R$,称 a 与 b 有关系 R,记为 aRb.

定义 3　如果集合 A 上(即 $A \times A$)的一个二元关系 R 满足:① 自反性,即 $\forall a \in A$,有 aRa;② 对称性,即 $\forall a,b \in A$,如果 aRb,则有 bRa;③ 传递性,即 $\forall a,b,c \in A$,如果 aRb,bRc,有 aRc,则称 R 是 A 上的一个等价关系.

(三) 数域与代数运算

1.数域

设 P 是有一些数组成的集合,其中包括 0 与 1,如果 P 中任意两个数的和、差、积、商(除数不为零)仍是 P 中的数,则称 P 为一个数域.

定理 2　任何数域都包含有理数域 $\mathbf{Q}$,在有理数域 $\mathbf{Q}$ 与实数域 $\mathbf{R}$ 之间存在无穷多个数域,在实数域 $\mathbf{R}$ 与复数域 $\mathbf{C}$ 之间不存在其他数域.

2.代数运算

设 A,B,C 是三个非空集合,$A \times B$ 到 C 的映射称为 A 与 B 到 C 的一个代数运算.特别地,$A \times A$ 到 A 的映射称为 A 的代数运算(二元运算).

(四) 线性空间

定义 4　设 V 是一个非空集合,P 是一个数域,如果在集合 V 中定义了一个二元运算(通常称为"加法"),即 V 中任意两个元素 $\boldsymbol{x},\boldsymbol{y}$ 经过这个运算后所得到的结果仍是集合 V 中一个唯一确定的元素,这个元素称为 $\boldsymbol{x}$ 与 $\boldsymbol{y}$ 的和,并记为 $\boldsymbol{x}+\boldsymbol{y}$.在集合 V 与数域 P 之间还定义了一种运算,叫作数量乘法,即 $\forall \lambda \in P, \boldsymbol{x} \in V$ 有 $\lambda \boldsymbol{x} \in V$.并且加法和数量乘法满足下列八条规则:

(1) 交换律　$\forall \boldsymbol{x},\boldsymbol{y} \in V, \boldsymbol{x}+\boldsymbol{y}=\boldsymbol{y}+\boldsymbol{x}$.

(2) 结合律　$\forall \boldsymbol{x},\boldsymbol{y},z \in V, (\boldsymbol{x}+\boldsymbol{y})+z=\boldsymbol{x}+(\boldsymbol{y}+z)$.

(3) V 中存在零元,记为 $\mathbf{0}$,对 $\forall \boldsymbol{x} \in V$,有 $\boldsymbol{x} + \mathbf{0} = \boldsymbol{x}$.

(4) 存在负元,即 $\forall \boldsymbol{x} \in V$,存在 $\boldsymbol{y} \in V$,使 $\boldsymbol{y} + \boldsymbol{x} = \mathbf{0}$,记 $\boldsymbol{y}$ 为 $-\boldsymbol{x}$.

(5) $\forall \boldsymbol{x} \in V, 1 \cdot \boldsymbol{x} = \boldsymbol{x}$.

设 $\boldsymbol{x}, \boldsymbol{y} \in V, \lambda, \mu \in P$,满足:

(6) $\lambda(\mu\boldsymbol{x}) = (\lambda\mu)\boldsymbol{x}$.

(7) $(\lambda + \mu)\boldsymbol{x} = \lambda\boldsymbol{x} + \mu\boldsymbol{x}$.

(8) $\lambda(\boldsymbol{x} + \boldsymbol{y}) = \lambda\boldsymbol{x} + \lambda\boldsymbol{y}$.

我们称集合 V 为数域 P 上的线性空间或向量空间,V 中的元素常称为向量,V 中的零元素称为零向量.

(五) 线性空间的简单性质

(1) 零元素是唯一的.

(2) 任一元素的负元素是唯一的.

(3) $0\boldsymbol{x} = \mathbf{0}, k\mathbf{0} = \mathbf{0}, (-1)\boldsymbol{x} = -\boldsymbol{x}$.

(4) 如果 $k\boldsymbol{x} = \mathbf{0}$,则 $k = 0$ 或 $\boldsymbol{x} = \mathbf{0}$.

(六) 一些常见的线性空间

(1) P^n:数域 P 上 n 维行(或列)向量的全体,按通常的向量加法和数与向量的乘法,构成数域 P 上的线性空间.

(2) $P^{m \times n}$:数域 P 上 $m \times n$ 矩阵的全体,按通常矩阵的加法和数与矩阵的乘法,构成数域 P 上的线性空间.

(3) $P[x]$:数域 P 上一元多项式的全体,按通常多项式加法和数与多项式的乘法,构成数域 P 上的线性空间.

(4) $P[x]_n$:数域 P 上次数小于 n 的多项式全体,再添上零多项式,按通常多项式的加法和数与多项式的乘法,构成数域 P 上的线性空间.

二、基、维数与坐标

(一) 线性组合与线性表出

定义 5　设 V 为数域 P 上的线性空间,$\boldsymbol{x}_1, \boldsymbol{x}_2, \cdots, \boldsymbol{x}_s, \boldsymbol{y}$ 是 V 中的一组向量,若存在 s 个

数 $k_1,k_2,\cdots,k_s$,使得 $\boldsymbol{y}=k_1\boldsymbol{x}_1+k_2\boldsymbol{x}_2+\cdots+k_s\boldsymbol{x}_s$,则称 $\boldsymbol{y}$ 是 $\boldsymbol{x}_1,\boldsymbol{x}_2,\cdots,\boldsymbol{x}_s$ 的一个线性组合,又称 $\boldsymbol{y}$ 可由 $\boldsymbol{x}_1,\boldsymbol{x}_2,\cdots,\boldsymbol{x}_s$ 线性表出(线性表示).

(二) 线性相关与线性无关

定义 6 对向量组 $\boldsymbol{x}_1,\boldsymbol{x}_2,\cdots,\boldsymbol{x}_s(s\geqslant 2)$,若其中某个向量可由其余 $s-1$ 向量线性表出,则称向量组 $\boldsymbol{x}_1,\boldsymbol{x}_2,\cdots,\boldsymbol{x}_s$ 线性相关.

定义 7 对向量组 $\boldsymbol{x}_1,\boldsymbol{x}_2,\cdots,\boldsymbol{x}_s(s\geqslant 2)$,若其中任一个向量都不能由其余 $s-1$ 个向量线性表出,则称向量组 $\boldsymbol{x}_1,\boldsymbol{x}_2,\cdots,\boldsymbol{x}_s$ 线性无关.

定理 3 设 $\boldsymbol{x}_1,\boldsymbol{x}_2,\cdots,\boldsymbol{x}_s$ 为 V 中的一组向量,则:

(1) 向量组 $\boldsymbol{x}_1,\boldsymbol{x}_2,\cdots,\boldsymbol{x}_s$ 线性相关的充要条件是存在不全为零的数 $k_1,k_2,\cdots,k_s$,使得 $k_1\boldsymbol{x}_1+k_2\boldsymbol{x}_2+\cdots+k_s\boldsymbol{x}_s=\boldsymbol{0}$.

(2) 向量组 $\boldsymbol{x}_1,\boldsymbol{x}_2,\cdots,\boldsymbol{x}_s$ 线性无关的充要条件是由等式 $k_1\boldsymbol{x}_1+k_2\boldsymbol{x}_2+\cdots+k_s\boldsymbol{x}_s=\boldsymbol{0}$ 必可推出 $k_1=k_2=\cdots=k_s=0$.

(三) 线性空间的基与维数

定义 8 设 V 是数域 P 上的线性空间,如果 V 中有 n 个线性无关的向量 $\boldsymbol{x}_1,\boldsymbol{x}_2,\cdots,\boldsymbol{x}_n$,但是没有更多数量的线性无关的向量,则称 V 是 n 维的线性空间,V 的维数记为 $\dim V$,称 $\boldsymbol{x}_1,\boldsymbol{x}_2,\cdots,\boldsymbol{x}_n$ 是 V 的一组基.如果在 V 中可以找到任意多个线性无关的元素,则称 V 为无限维线性空间.

定理 4 设 V 是数域 P 上 n 维线性空间,$\boldsymbol{e}_1,\boldsymbol{e}_2,\cdots,\boldsymbol{e}_n$ 是 V 的一组基,则 V 中任一向量 $\boldsymbol{x}$ 都可以表示为这组基的线性组合,且表示式是唯一的.

证明 因为 V 中 $n+1$ 个向量 $\boldsymbol{e}_1,\boldsymbol{e}_2,\cdots,\boldsymbol{e}_n,\boldsymbol{x}$ 线性相关,故数域 P 中存在 $n+1$ 个不全为 0 的数 $a_0,a_1,\cdots,a_n$,使得

$$a_0\boldsymbol{x}+a_1\boldsymbol{e}_1+a_2\boldsymbol{e}_2+\cdots+a_n\boldsymbol{e}_n=\boldsymbol{0}. \tag{1}$$

这里数 a_0 不为零,否则,由(1) 式可推出 $\boldsymbol{e}_1,\boldsymbol{e}_2,\cdots,\boldsymbol{e}_n$ 线性相关,矛盾.

因此,我们有

$$\boldsymbol{x}=-\frac{a_1}{a_0}\boldsymbol{e}_1-\frac{a_2}{a_0}\boldsymbol{e}_2-\cdots-\frac{a_n}{a_0}\boldsymbol{e}_n,$$

不妨设

$$\boldsymbol{x}=\xi_1\boldsymbol{e}_1+\xi_2\boldsymbol{e}_2+\cdots+\xi_n\boldsymbol{e}_n, \tag{2}$$

即 $\boldsymbol{x}$ 都可以表示为 $\boldsymbol{e}_1,\boldsymbol{e}_2,\cdots,\boldsymbol{e}_n$ 的线性组合.

如果 $\boldsymbol{x}$ 还有另一种表示方式,则设

$$\boldsymbol{x}=\eta_1\boldsymbol{e}_1+\eta_2\boldsymbol{e}_2+\cdots+\eta_n\boldsymbol{e}_n, \tag{3}$$

(2) - (3) 得

$$(\xi_1-\eta_1)\boldsymbol{e}_1+(\xi_2-\eta_2)\boldsymbol{e}_2+\cdots+(\xi_n-\eta_n)\boldsymbol{e}_n=\boldsymbol{0},$$

由于 $\boldsymbol{e}_1,\boldsymbol{e}_2,\cdots,\boldsymbol{e}_n$ 是一组基向量,故线性无关,所以 $\xi_1-\eta_1=0,\xi_2-\eta_2=0,\cdots,\xi_n-\eta_n=0$,从而 $\xi_i=\eta_i(i=1,2,\cdots,n)$,这说明表示式是唯一的.

定义 9 设 V 是数域 P 上 n 维线性空间,$\boldsymbol{e}_1,\boldsymbol{e}_2,\cdots,\boldsymbol{e}_n$ 是 V 的一组基,$\boldsymbol{x}$ 是 V 中任一向量,若 $\boldsymbol{x}=a_1\boldsymbol{e}_1+a_2\boldsymbol{e}_2+\cdots+a_n\boldsymbol{e}_n$,称系数 $a_1,a_2,\cdots,a_n$ 为 $\boldsymbol{x}$ 在基 $\boldsymbol{e}_1,\boldsymbol{e}_2,\cdots,\boldsymbol{e}_n$ 下的坐标,记为 $(a_1,a_2,\cdots,a_n)^{\mathrm{T}}$.

(四) 一些常见的线性空间的基与维数

(1) $P^n=\{(a_1,a_2,\cdots,a_n)\mid a_i\in P(i=1,2,\cdots,n)\}$ 是 n 维的线性空间,$\boldsymbol{\varepsilon}_1=(1,0,\cdots,0)$,$\boldsymbol{\varepsilon}_2=(0,1,\cdots,0),\cdots,\boldsymbol{\varepsilon}_n=(0,0,\cdots,1)$ 是 P^n 的一组基.

(2) $P^{m\times n}=\{A=(a_{ij})_{m\times n}\mid a_{ij}\in P(i=1,2,\cdots,m;j=1,2\cdots,n)\}$ 是 $m\times n$ 维的线性空间,$\boldsymbol{E}_{ij}(i=1,2,\cdots,m;j=1,2,\cdots,n)$ 是 $P^{m\times n}$ 的一组基($\boldsymbol{E}_{ij}$ 表示第 i 行第 j 列的元素是 1,其余元素全是 0 的矩阵).

(3) 数域 P 上一元多项式的全体 $P[x]$ 是无限维线性空间,因为对任意自然数 N,$P[x]$ 中元素组 $1,\boldsymbol{x},\boldsymbol{x}^2,\cdots,\boldsymbol{x}^N$ 都是线性无关的.

(4) $P[x]_n=\{a_0+a_1\boldsymbol{x}+\cdots+a_{n-1}\boldsymbol{x}^{n-1}\mid a_i\in P(i=0,1,2,\cdots,n-1)\}$ 是 n 维的线性空间,$1,\boldsymbol{x},\boldsymbol{x}^2,\cdots,\boldsymbol{x}^{n-1}$ 是 $P[x]_n$ 的一组基.

三、基变换与坐标变换

(一) 过渡矩阵

设 V 是数域 P 上 n 维的线性空间,$\boldsymbol{e}_1,\boldsymbol{e}_2,\cdots,\boldsymbol{e}_n$ 和 $\boldsymbol{e}'_1,\boldsymbol{e}'_2,\cdots,\boldsymbol{e}'_n$ 是 V 的两组基,它们之间的关系是

$$\boldsymbol{e}'_1=a_{11}\boldsymbol{e}_1+a_{21}\boldsymbol{e}_2+\cdots+a_{n1}\boldsymbol{e}_n,$$

$$\boldsymbol{e}'_2=a_{12}\boldsymbol{e}_1+a_{22}\boldsymbol{e}_2+\cdots+a_{n2}\boldsymbol{e}_n, \tag{1}$$

$$\cdots\cdots\cdots\cdots$$

$$\boldsymbol{e}'_n = a_{1n}\boldsymbol{e}_1 + a_{2n}\boldsymbol{e}_2 + \cdots + a_{nn}\boldsymbol{e}_n.$$

现设 $\boldsymbol{x} \in V$，在此两组基下

$$\boldsymbol{x} = \sum_{k=1}^{n} \xi_k \boldsymbol{e}_k \text{ 以及 } \boldsymbol{x} = \sum_{i=1}^{n} \xi'_i \boldsymbol{e}'_i,$$

记 $\boldsymbol{A} = \begin{pmatrix} a_{11} & a_{12} & \cdots & a_{1n} \\ a_{21} & a_{22} & \cdots & a_{2n} \\ \vdots & \vdots & & \vdots \\ a_{n1} & a_{n2} & \cdots & a_{nn} \end{pmatrix}$，则有 $(\boldsymbol{e}'_1, \boldsymbol{e}'_2, \cdots, \boldsymbol{e}'_n) = (\boldsymbol{e}_1, \boldsymbol{e}_2, \cdots, \boldsymbol{e}_n)\boldsymbol{A}$，我们称 $\boldsymbol{A}$ 为由基 $\boldsymbol{e}_1, \boldsymbol{e}_2, \cdots, \boldsymbol{e}_n$ 到基 $\boldsymbol{e}'_1, \boldsymbol{e}'_2, \cdots, \boldsymbol{e}'_n$ 的过渡矩阵.

易证过渡矩阵都是可逆的. 如果由基 $\boldsymbol{e}_1, \boldsymbol{e}_2, \cdots, \boldsymbol{e}_n$ 到基 $\boldsymbol{e}'_1, \boldsymbol{e}'_2, \cdots, \boldsymbol{e}'_n$ 的过渡矩阵是 $\boldsymbol{A}$，则由基 $\boldsymbol{e}'_1, \boldsymbol{e}'_2, \cdots, \boldsymbol{e}'_n$ 到基 $\boldsymbol{e}_1, \boldsymbol{e}_2, \cdots, \boldsymbol{e}_n$ 的过渡矩阵是 $\boldsymbol{A}^{-1}$.

（二）坐标变换公式

设 V 是数域 P 上 n 维的线性空间，$\boldsymbol{A}$ 是由基 $\boldsymbol{e}_1, \boldsymbol{e}_2, \cdots, \boldsymbol{e}_n$ 到基 $\boldsymbol{e}'_1, \boldsymbol{e}'_2, \cdots, \boldsymbol{e}'_n$ 的过渡矩阵，V 中元素 $\boldsymbol{x}$ 在这两组基下的坐标分别是 $(\xi_1, \xi_2, \cdots, \xi_n)^{\mathrm{T}}$ 和 $(\xi'_1, \xi'_2, \cdots, \xi'_n)^{\mathrm{T}}$.

由于 $\boldsymbol{x} = \sum_{i=1}^{n} \xi'_i \boldsymbol{e}'_i = \sum_{i=1}^{n} \xi'_1 \left(\sum_{k=1}^{n} a_{ki}\boldsymbol{e}_k\right) = \sum_{k=1}^{n}\left(\sum_{i=1}^{n} a_{ki}\xi'_1\right)\boldsymbol{e}_k$，而 $\boldsymbol{x} = \sum_{k=1}^{n} \xi_k \boldsymbol{e}_k$，所以 $\xi_k = \sum_{i=1}^{n} a_{ki}\xi'_i$.

$$\begin{pmatrix} \xi_1 \\ \xi_2 \\ \vdots \\ \xi_n \end{pmatrix} = \boldsymbol{A}\begin{pmatrix} \xi'_1 \\ \xi'_2 \\ \vdots \\ \xi'_n \end{pmatrix}, \text{或者} \begin{pmatrix} \xi'_1 \\ \xi'_2 \\ \vdots \\ \xi'_n \end{pmatrix} = \boldsymbol{A}^{-1}\begin{pmatrix} \xi_1 \\ \xi_2 \\ \vdots \\ \xi_n \end{pmatrix}, \text{称为坐标变换公式.}$$

第二节　线性子空间

一、线性子空间的概念

(一) 线性子空间的定义

定义 1　设 V 是数域 P 上的线性空间，W 是线性空间 V 的非空子集合，如果 W 对于 V 的两种运算也构成一个线性空间，则称 W 是 V 的线性子空间，简称子空间. V 本身与 $\{\mathbf{0}\}$ 都是 V 的子空间，称之为 V 的平凡子空间.

定理 1　设 W 是数域 P 上的线性空间 V 的非空子集合，则 W 是 V 的线性子空间的充要条件是：两种运算封闭，即 $\forall \boldsymbol{x},\boldsymbol{y} \in W$，有 $\boldsymbol{x}+\boldsymbol{y} \in W$；$\forall \lambda \in P,\boldsymbol{x} \in W$，有 $\lambda\boldsymbol{x} \in W$.

例 1　在 n 维的线性空间 P^n 中，子集 $W=\{\boldsymbol{x} \mid \boldsymbol{A}\boldsymbol{x}=\mathbf{0},\boldsymbol{x} \in P^n\}$ 构成 P^n 的一个 $n-r$ 维的子空间，r 是 $\boldsymbol{A} \in P^{m\times n}$ 的秩.

例 2　设 $\boldsymbol{x}_1,\boldsymbol{x}_2,\cdots,\boldsymbol{x}_s$ 是数域 P 上的线性空间 V 的 s 个向量，则 $\boldsymbol{x}_1,\boldsymbol{x}_2,\cdots,\boldsymbol{x}_s$ 的所有可能的线性组合构成的集合 $\{\lambda_1\boldsymbol{x}_1+\lambda_2\boldsymbol{x}_2+\cdots+\lambda_s\boldsymbol{x}_s \mid \lambda_1,\lambda_2,\cdots,\lambda_s \in P\}$ 构成 V 的一个子空间，称之为由 $\boldsymbol{x}_1,\boldsymbol{x}_2,\cdots,\boldsymbol{x}_s$ 生成的子空间，记为 $L(\boldsymbol{x}_1,\boldsymbol{x}_2,\cdots,\boldsymbol{x}_s)$.

(二) 线性子空间的有关结果

定理2　(1) 设(Ⅰ)$\boldsymbol{x}_1,\boldsymbol{x}_2,\cdots,\boldsymbol{x}_s$，(Ⅱ)$\boldsymbol{y}_1,\boldsymbol{y}_2,\cdots,\boldsymbol{y}_t$ 是线性空间 V 中的两个向量组，如果(Ⅰ)可由(Ⅱ)线性表出，则 $L(\boldsymbol{x}_1,\boldsymbol{x}_2,\cdots,\boldsymbol{x}_s) \subset L(\boldsymbol{y}_1,\boldsymbol{y}_2,\cdots,\boldsymbol{y}_t)$，而 $L(\boldsymbol{x}_1,\boldsymbol{x}_2,\cdots,\boldsymbol{x}_s)=L(\boldsymbol{y}_1,\boldsymbol{y}_2,\cdots,\boldsymbol{y}_t)$ 的充要条件是(Ⅰ)与(Ⅱ)等价.

(2) 设 $\boldsymbol{x}_1,\boldsymbol{x}_2,\cdots,\boldsymbol{x}_s$ 是 V 中的一组向量，则 $L(\boldsymbol{x}_1,\boldsymbol{x}_2,\cdots,\boldsymbol{x}_s)$ 的维数等于向量组 $\boldsymbol{x}_1,\boldsymbol{x}_2,\cdots,\boldsymbol{x}_s$ 的秩，且向量组 $\boldsymbol{x}_1,\boldsymbol{x}_2,\cdots,\boldsymbol{x}_s$ 的任一极大线性无关组都是 $L(\boldsymbol{x}_1,\boldsymbol{x}_2,\cdots,\boldsymbol{x}_s)$ 的基.

二、子空间的交与和

定理 3　设 V_1,V_2 是线性空间 V 的两个子空间，那么它们的交 $V_1 \cap V_2$ 也是 V 的子空间.

注意：两个子空间的并不一定是子空间.

定义2 设V_1,V_2是线性空间V的两个子空间,集合$W=\{x_1+x_2 \mid x_1\in V_1,x_2\in V_2\}$称为$V_1$与$V_2$的和,记为$V_1+V_2$.

定理4 设V_1,V_2是线性空间V的两个子空间,那么它们的和V_1+V_2也是V的子空间.

例3 在一个线性空间V中,有$L(x_1,x_2,\cdots,x_s)+L(y_1,y_2,\cdots,y_t)=L(x_1,x_2,\cdots,x_s,y_1,y_2,\cdots,y_t)$.

关于子空间的交与和的维数,有以下定理.

定理5(维数公式) 设V是数域P上的n维线性空间,V_1,V_2是V的两个子空间,那么

$$\dim V_1+\dim V_2=\dim(V_1+V_2)+\dim(V_1\cap V_2).$$

证明 设$\dim V_1=r,\dim V_2=s,\dim(V_1+V_2)=k,\dim(V_1\cap V_2)=t$.

现在$V_1\cap V_2$中选一组基$e_1,e_2,\cdots,e_t$,由于$V_1\cap V_2\subset V_1$,扩充$e_1,e_2,\cdots,e_t$,使r个线性无关向量$e_1,e_2,\cdots,e_t,e'_{t+1},\cdots,e'_r$成为$V_1$的一组基,同样使$s$个线性无关向量$e_1,e_2,\cdots,e_t,\varepsilon_{t+1},\cdots,\varepsilon_s$成为$V_2$的一组基.下面证明

$$e_1,e_2,\cdots,e_t,e'_{t+1},\cdots,e'_r,\varepsilon_{t+1},\cdots,\varepsilon_s \tag{1}$$

为V_1+V_2的一组基.

首先证明V_1+V_2中的任意向量可由(1)线性表出:设$\forall u\in V_1+V_2,x\in V_1,y\in V_2$,则有

$u=x+y=(\lambda_1e_1+\lambda_2e_2+\cdots+\lambda_te_t+\mu_{t+1}e'_{t+1}+\cdots+\mu_re'_r)+(\lambda'_1e_1+\lambda'_2e_2+\cdots+\lambda'_te_t+r_{t+1}\varepsilon_{t+1}+\cdots+r_s\varepsilon_s)=(\lambda_1+\lambda'_1)e_1+(\lambda_2+\lambda'_2)e_2+\cdots+(\lambda_t+\lambda'_t)e_t+\mu_{t+1}e'_{t+1}+\cdots+\mu_re'_r+r_{t+1}\varepsilon_{t+1}+\cdots+r_s\varepsilon_s$,

即u可由向量组(1)线性表出.

其次证明向量组(1)线性无关.

令$\lambda_1e_1+\lambda_2e_2+\cdots+\lambda_te_t+\mu_{t+1}e'_{t+1}+\cdots+\mu_re'_r+r_{t+1}\varepsilon_{t+1}+\cdots+r_s\varepsilon_s=\mathbf{0}$,

则可得

$$\lambda_1e_1+\lambda_2e_2+\cdots+\lambda_te_t+\mu_{t+1}e'_{t+1}+\cdots+\mu_re'_r=-r_{t+1}\varepsilon_{t+1}-\cdots-r_s\varepsilon_s. \tag{2}$$

令(2)式为v,则$v\in V_1,v\in V_2$,从而$v\in V_1\cap V_2$,故v可由$e_1,e_2,\cdots,e_t$表出,设

$$v=a_1e_1+a_2e_2+\cdots+a_te_t, \tag{3}$$

由(2)式、(3)式得,

$\boldsymbol{v} + (r_{t+1}\boldsymbol{\varepsilon}_{t+1} + \cdots + r_s\boldsymbol{\varepsilon}_s) = \boldsymbol{0}$,

即 $a_1\boldsymbol{e}_1 + a_2\boldsymbol{e}_2 + \cdots + a_t\boldsymbol{e}_t + r_{t+1}\boldsymbol{\varepsilon}_{t+1} + \cdots + r_s\boldsymbol{\varepsilon}_s = \boldsymbol{0}$,

由此,$a_1 = a_2 = \cdots = a_t = r_{t+1} = \cdots = r_s = 0$,代入(3) 式得 $\boldsymbol{v} = \boldsymbol{0}$,

而 $\boldsymbol{e}_1, \boldsymbol{e}_2, \cdots, \boldsymbol{e}_t, \boldsymbol{e}'_{t+1}, \cdots, \boldsymbol{e}'_r$线性无关,所以

$\lambda_1 = \lambda_2 = \cdots = \lambda_t = \mu_{t+1} = \cdots = \mu_\gamma = 0$,

即(1) 线性无关.

推论1　如果n维的线性空间V的两个子空间V_1, V_2的维数之和大于n,则V_1与V_2必含有非零的公共元素.

推论2　如果 n 维的线性空间 V 的两个子空间 V_1, V_2 满足 $V_1 \cap V_2 = \{\boldsymbol{0}\}$,

则 $\dim(V_1 + V_2) = \dim V_1 + \dim V_2$.

三、子空间的直和

下面介绍子空间的直和,它是子空间的特殊情况.

定义3　设 V_1, V_2 是线性空间 V 的两个子空间,如果 $V_1 + V_2$ 中每个元素的分解式都是唯一的,则称这个和是直和,记为 $V_1 \oplus V_2$.

例4　设 $\mathbf{R}^4$ 空间中,$V_1 = \{(a,b,0,0) \mid a,b \in \mathbf{R}\}$,$V_2 = \{(0,0,c,0) \mid c \in \mathbf{R}\}$,$V_3 = \{(0,d,e,0) \mid d,e \in \mathbf{R}\}$.则:

$T = V_1 + V_3$ 不是直和,因为 T 中有向量(1,1,1,0) 分解式不唯一,如(1,1,1,0) =(1,2,0,0) + (0, − 1,1,0) = (1,0,0,0) + (0,1,1,0);

$S = V_1 + V_2$ 是直和,因为对 $u \in S$,有 $u = (a,b,0,0) + (0,0,c,0) = (a,b,c,0)$.

定理6　线性空间 V 的两个子空间 V_1, V_2 的和 $V_1 + V_2$ 是直和的充要条件是$V_1 \cap V_2 = \{\boldsymbol{0}\}$.

证明　**必要性**　设 $V_1 + V_2$ 是直和,若 $V_1 \cap V_2$ 含有非零向量 $\boldsymbol{u}$,则由于 $\boldsymbol{u} + (-\boldsymbol{u}) = \boldsymbol{0} = \boldsymbol{0} + \boldsymbol{0}$ 可知,$\boldsymbol{0}$ 有两种不同的分解,矛盾.

充分性　设 $V_1 \cap V_2 = \{\boldsymbol{0}\}$,我们来证明 $V_1 + V_2$ 是直和.

若 $V_1 + V_2$ 不是直和,则 $V_1 + V_2$ 中至少有一个向量 $\boldsymbol{u}$,它有两种分解式,

设 $u = \boldsymbol{x} + \boldsymbol{y} = \boldsymbol{x}_1 + \boldsymbol{y}_1$　　(1)

$\boldsymbol{x}, \boldsymbol{x}_1 \in V_1, \boldsymbol{y}, \boldsymbol{y}_1 \in V_2$,这里 $\boldsymbol{x} \neq \boldsymbol{x}_1$ 或 $\boldsymbol{y} \neq \boldsymbol{y}_1$.

不妨设 $\boldsymbol{x} \neq \boldsymbol{x}_1$.(1) 式中两式相减,得 $\boldsymbol{x}-\boldsymbol{x}_1=-(\boldsymbol{y}-\boldsymbol{y}_1)$,而 $\boldsymbol{x}-\boldsymbol{x}_1 \in V_1$, $-(\boldsymbol{y}-\boldsymbol{y}_1) \in V_2$,所以 $\boldsymbol{0} \neq \boldsymbol{x}-\boldsymbol{x}_1 \in V_1 \cap V_2$,矛盾,故 V_1+V_2 是直和.

推论 1 线性空间 V 的两个子空间 V_1, V_2 的和 V_1+V_2 是直和的充分必要条件是零向量的分解式唯一.

推论 2 如果线性空间 V 的两个子空间 V_1, V_2 的和 V_1+V_2 是直和,那么

$\dim(V_1+V_2)=\dim V_1+\dim V_2$,

也可以写成 $\dim(V_1 \oplus V_2)=\dim V_1+\dim V_2$.

例 5 设 $\boldsymbol{A}$ 是数域 P 的 $n \times n$ 矩阵,V 是与 $\boldsymbol{A}$ 可交换的 $n \times n$ 矩阵的全体.

(1) 证明:V 对矩阵的加法和 P 中的数与矩阵的乘法,构成数域 P 上的线性空间.

(2) 若 $\boldsymbol{A}=\begin{pmatrix}1&1&0\\0&1&1\\0&0&1\end{pmatrix}$,求 V 的维数与一组基.

解 (1) 令 P 上所有 $n \times n$ 矩阵构成的线性空间为 W,V 是 W 的一个子集,由 $\boldsymbol{E}_n\boldsymbol{A}=\boldsymbol{A}\boldsymbol{E}_n$,知 $V \neq \varnothing$. $\forall \boldsymbol{B}, \boldsymbol{C} \in V$,有

$\boldsymbol{A}(\boldsymbol{B}+\boldsymbol{C})=\boldsymbol{AB}+\boldsymbol{AC}=\boldsymbol{BA}+\boldsymbol{CA}=(\boldsymbol{B}+\boldsymbol{C})\boldsymbol{A}$,

所以 $\boldsymbol{B}+\boldsymbol{C} \in V$, $\forall k \in P, \boldsymbol{B} \in V$,有

$\boldsymbol{A}(k\boldsymbol{B})=k(\boldsymbol{AB})=k(\boldsymbol{BA})=(k\boldsymbol{B})\boldsymbol{A}$,

所以 $k\boldsymbol{B} \in V$,即 V 关于矩阵的加法和 P 中的数与矩阵的乘法封闭,故 V 是 W 的一个子空间,因而也是 P 上的线性空间.

(2) 设 $\boldsymbol{B}=(b_{ij})_{3\times3} \in V$,由 $\boldsymbol{AB}=\boldsymbol{BA}$ 可得,$b_{11}=b_{22}=b_{33}=a, b_{21}=b_{31}=b_{32}=0, b_{12}=b_{23}=b, b_{13}=c$,于是 $\boldsymbol{B}=\begin{pmatrix}a&b&c\\0&a&b\\0&0&a\end{pmatrix}$, $a,b,c \in P$,

所以 $\boldsymbol{B}=\begin{pmatrix}a&b&c\\0&a&b\\0&0&a\end{pmatrix}=a\begin{pmatrix}1&0&0\\0&1&0\\0&0&1\end{pmatrix}+b\begin{pmatrix}0&1&0\\0&0&1\\0&0&0\end{pmatrix}+c\begin{pmatrix}0&0&1\\0&0&0\\0&0&0\end{pmatrix}$,

而 $\begin{pmatrix}1&0&0\\0&1&0\\0&0&1\end{pmatrix}, \begin{pmatrix}0&1&0\\0&0&1\\0&0&0\end{pmatrix}, \begin{pmatrix}0&0&1\\0&0&0\\0&0&0\end{pmatrix}$ 线性无关,故它们是 V 的一组基,$\dim V=3$.

例 6　设 P^4 的两个子空间，$W_1 = L(\boldsymbol{\alpha}_1,\boldsymbol{\alpha}_2)$，$W_2 = \{(x_1,x_2,x_3,x_4) \mid x_1 + 2x_2 - x_4 = 0\}$，其中 $\boldsymbol{\alpha}_1 = (1,-1,0,1)$，$\boldsymbol{\alpha}_2 = (1,0,2,3)$，求 $W_1 + W_2$ 与 $W_1 \cap W_2$ 的基与维数.

解　由 $W_2 = \{(x_1,x_2,x_3,x_4) \mid x_1 + 2x_2 - x_4 = 0\}$ 知，$x_1 + 2x_2 - x_4 = 0$ 的基础解系为

$$\boldsymbol{\beta}_1 = \begin{pmatrix} -2 \\ 1 \\ 0 \\ 0 \end{pmatrix},\boldsymbol{\beta}_2 = \begin{pmatrix} 0 \\ 0 \\ 1 \\ 0 \end{pmatrix},\boldsymbol{\beta}_3 = \begin{pmatrix} 1 \\ 0 \\ 0 \\ 1 \end{pmatrix}.$$

所以 $W_2 = L(\boldsymbol{\beta}_1,\boldsymbol{\beta}_2,\boldsymbol{\beta}_3)$.

由 $W_1 + W_2 = L(\boldsymbol{\alpha}_1,\boldsymbol{\alpha}_2,\boldsymbol{\beta}_1,\boldsymbol{\beta}_2,\boldsymbol{\beta}_3)$ 可求出，$\boldsymbol{\alpha}_1,\boldsymbol{\alpha}_2,\boldsymbol{\beta}_1,\boldsymbol{\beta}_2,\boldsymbol{\beta}_3$ 的秩为 4，且 $\boldsymbol{\alpha}_1,\boldsymbol{\alpha}_2,\boldsymbol{\beta}_1,\boldsymbol{\beta}_2$ 是一个极大线性无关组，从而 $\dim(W_1 + W_2) = 4$.

设 $\boldsymbol{\alpha} \in W_1 \cap W_2$，

即 $\boldsymbol{\alpha} = k_1\boldsymbol{\alpha}_1 + k_2\boldsymbol{\alpha}_2 = l_1\boldsymbol{\beta}_1 + l_2\boldsymbol{\beta}_2 + l_3\boldsymbol{\beta}_3$，

所以 $\dim(W_1 \cap W_2) = 1$，且 $(0,1,2,2)$ 是它的一组基.

例 7　设 V_1,V_2 是线性空间 V 的子空间，$\dim(V_1 + V_2) = \dim(V_1 \cap V_2) + 1$.证明：

$$\begin{cases} V_1 + V_2 = V_1, \\ V_1 \cap V_2 = V_2, \end{cases} \text{或} \begin{cases} V_1 + V_2 = V_2, \\ V_1 \cap V_2 = V_1. \end{cases}$$

证明　由维数公式 $\dim V_1 + \dim V_2 = \dim(V_1 + V_2) + \dim(V_1 \cap V_2)$，

所以 $\dim V_1 \geqslant \dim(V_1 \cap V_2)$，$\dim V_2 \geqslant \dim(V_1 \cap V_2)$，且 $\dim V_1 \leqslant \dim(V_1 + V_2)$，$\dim V_2 \leqslant \dim(V_1 + V_2)$，$|\dim V_1 - \dim V_2| \leqslant \dim(V_1 + V_2) - \dim(V_1 \cap V_2) = 1$.

若 $\dim V_1 = \dim V_2$，则 $\dim(V_1 + V_2) + \dim(V_1 \cap V_2) = 2\dim V_1$，为偶数，与题设矛盾，所以 $|\dim V_1 - \dim V_2| = 1$.

若 $\dim V_1 > \dim V_2$，则有 $2\dim V_2 + 1 = 2\dim(V_1 \cap V_2) + 1$，即 $\dim V_2 = \dim(V_1 \cap V_2)$，可得 $V_2 = V_1 \cap V_2$，$V_1 = V_1 + V_2$.

若 $\dim V_1 < \dim V_2$，则有 $V_1 = V_1 \cap V_2$，$V_2 = V_1 + V_2$.

例 8　设 V_1 与 V_2 分别是齐次方程组 $\boldsymbol{x}_1 + \boldsymbol{x}_2 + \cdots + \boldsymbol{x}_n = \boldsymbol{0}$ 和 $\boldsymbol{x}_1 = \boldsymbol{x}_2 = \cdots = \boldsymbol{x}_n$ 的解空间，证明：$P^n = V_1 \oplus V_2$.

证明　方程组 $\boldsymbol{x}_1 + \boldsymbol{x}_2 + \cdots + \boldsymbol{x}_n = 0$ 的解空间是 $n-1$ 维的，

基为 $\boldsymbol{\alpha}_1=\begin{pmatrix}-1\\1\\0\\\vdots\\0\end{pmatrix},\boldsymbol{\alpha}_2=\begin{pmatrix}-1\\0\\1\\\vdots\\0\end{pmatrix},\cdots,\boldsymbol{\alpha}_{n-1}=\begin{pmatrix}-1\\0\\0\\\vdots\\1\end{pmatrix}$.

由 $\boldsymbol{x}_1=\boldsymbol{x}_2=\cdots=\boldsymbol{x}_n$,即$\begin{cases}x_1-x_2=0,\\x_2-x_3=0,\\\cdots\cdots\cdots\cdots\\x_{n-1}-x_n=0\end{cases}$得基础解系为$\boldsymbol{\beta}=\begin{pmatrix}1\\1\\1\\\vdots\\1\end{pmatrix}$.

因为由 $\boldsymbol{\alpha}_1,\boldsymbol{\alpha}_2,\cdots,\boldsymbol{\alpha}_{n-1},\boldsymbol{\beta}$ 构成的矩阵为 $\boldsymbol{A}=(\boldsymbol{\alpha}_1,\boldsymbol{\alpha}_2,\cdots,\boldsymbol{\alpha}_{n-1},\boldsymbol{\beta})$,

满足 $|\boldsymbol{A}|=\begin{vmatrix}-1&-1&\cdots&-1&1\\1&0&\cdots&0&1\\0&1&\cdots&0&1\\\vdots&\vdots&&\vdots&\vdots\\0&0&\cdots&1&1\end{vmatrix}=(-1)^{n+1}n\neq0$,

所以 $\boldsymbol{\alpha}_1,\boldsymbol{\alpha}_2,\cdots,\boldsymbol{\alpha}_{n-1},\boldsymbol{\beta}$ 是 P^n 的一组基,从而 P^n 中的任意向量可由 $\boldsymbol{\alpha}_1,\boldsymbol{\alpha}_2,\cdots,\boldsymbol{\alpha}_{n-1},\boldsymbol{\beta}$ 线性表出,故 $P^n=V_1+V_2$,又 $\dim P^n=n=\dim V_1+\dim V_2$,所以 $P^n=V_1\oplus V_2$.

第三节 线性空间的同构

定义 1 设 V,V' 是数域 P 上的两个线性空间,如果可以建立由 V 到 V' 的一个双射 σ,使得 $\forall\boldsymbol{x},\boldsymbol{y}\in V$ 和 $\lambda\in P$,满足:

①$\sigma(\boldsymbol{x}+\boldsymbol{y})=\sigma(\boldsymbol{x})+\sigma(\boldsymbol{y})$;

②$\sigma(\lambda\boldsymbol{x})=\lambda\sigma(\boldsymbol{x})$,

则称 σ 为从 V 到 V' 的同构映射,而称线性空间 V 与 V' 同构.

定理 1 数域 P 上任意 n 维的线性空间 V 都与 P^n 同构,取定 V 的基 $\boldsymbol{e}_1,\boldsymbol{e}_2,\cdots,\boldsymbol{e}_n$ 后,

$\forall \boldsymbol{x} \in V$,有 $\boldsymbol{x}=a_1\boldsymbol{e}_1+a_2\boldsymbol{e}_2+\cdots+a_n\boldsymbol{e}_n$,则 $\sigma(\boldsymbol{x})=(a_1,a_2,\cdots,a_n)$ 就是 V 到 P^n 的一个同构映射.

由定义可以看出,同构映射 σ 具有下列性质:

设 σ 是数域 P 上线性空间 V 到 V' 的同构映射,$\boldsymbol{x}_1,\boldsymbol{x}_2,\cdots,\boldsymbol{x}_m \in V$,$\lambda_1,\lambda_2,\cdots,\lambda_m \in P$,则:

(1) $\sigma(\mathbf{0})=\mathbf{0}$,$\sigma(-\boldsymbol{x})=-\sigma(\boldsymbol{x})$.

(2) $\sigma\left(\sum_{i=1}^{m}\lambda_i\boldsymbol{x}_i\right)=\sum_{i=1}^{m}\lambda_i\sigma(\boldsymbol{x}_i)$.

(3) $\boldsymbol{x}_1,\boldsymbol{x}_2,\cdots,\boldsymbol{x}_m$ 线性无关的充要条件是 $\sigma(\boldsymbol{x}_1),\sigma(\boldsymbol{x}_2),\cdots,\sigma(\boldsymbol{x}_m)$ 线性无关.

(4) 如果 W 是线性空间 V 的一个子空间,则 $\sigma(W)=\{\sigma(\boldsymbol{x}) \mid \boldsymbol{x} \in W\}$ 是线性空间 $\sigma(V)$ 的一个子空间;

(5) 同构的线性空间具有反身性、对称性和传递性.

定理 2　数域 P 上的任意两个 n 维的线性空间 V 与 V' 都是同构的.

推论　数域 P 上两个有限维线性空间同构的充分必要条件是它们有相同的维数.

第四节　线性变换

一、线性变换的概念

定义 1　设 V 是数域 P 上的线性空间,$\mathscr{A}$ 是 V 的一个变换,如果 $\forall \boldsymbol{x},\boldsymbol{y} \in V$, $\forall \lambda \in P$,都有 $\mathscr{A}(\boldsymbol{x}+\boldsymbol{y})=\mathscr{A}(\boldsymbol{x})+\mathscr{A}(\boldsymbol{y})$,$\mathscr{A}(\lambda\boldsymbol{x})=\lambda\mathscr{A}(\boldsymbol{x})$,则称 $\mathscr{A}$ 是 V 的一个线性变换.

恒等变换 $\mathscr{T}(\boldsymbol{x})=\boldsymbol{x}$($\mathscr{T}$ 为线性空间的单位线性变换),$\forall \boldsymbol{x} \in V$;零变换 $\mathscr{O}(\boldsymbol{x})=\mathbf{0}$, $\forall \boldsymbol{x} \in V$.

显然,$\mathscr{A}$ 是线性变换当且仅当 $\mathscr{A}(\lambda\boldsymbol{x}+\mu\boldsymbol{y})=\lambda\mathscr{A}(\boldsymbol{x})+\mu\mathscr{A}(\boldsymbol{y})$.

我们把 $\mathscr{A}(\boldsymbol{x})$ 称为向量 $\boldsymbol{x} \in V$ 在线性变换 $\mathscr{A}$ 下的像,而 $\boldsymbol{x}$ 称为 $\mathscr{A}(\boldsymbol{x})$ 的原像,规定 V 的两个线性变换 $\mathscr{A}$ 与 $\mathscr{B}$ 相等当且仅当 $\forall \boldsymbol{x} \in V$,都有 $\mathscr{A}(\boldsymbol{x})=\mathscr{B}(\boldsymbol{x})$.

例 1　对每个 $\boldsymbol{x}=(\xi_1,\xi_2,\xi_3,\xi_4) \in \mathbf{R}^4$,由等式

$$\mathscr{A}(\boldsymbol{x})=(\xi_1+\xi_2-3\xi_3-\xi_4,3\xi_1-\xi_2-3\xi_3+4\xi_4,0,0)$$

定义的变换 $\mathscr{A}$ 是 $\mathbf{R}^4$ 的线性变换.

例 2 设 $\boldsymbol{B},\boldsymbol{C}$ 是 $\mathbf{R}^{n\times n}$ 的两个给定的矩阵,如果对任意 $X\in\mathbf{R}^{n\times n}$,定义 $\mathscr{A}:\mathscr{A}(X)=\boldsymbol{BXC}$,则 $\mathscr{A}$ 是线性空间 $\mathbf{R}^{n\times n}$ 的线性变换.

例 3 在多项式空间 $R[t]$ 中,由

$$\mathscr{A}(p(t))=\frac{\mathrm{d}}{\mathrm{d}t}p(t)\quad(p(t)\in R[t])$$

定义的变换(导数)$\mathscr{A}$ 是线性变换.

例 4 在由闭区间上全体连续函数构成的实线性空间中,

由 $$\mathscr{A}(f(t))=\int_a^t f(u)\,\mathrm{d}u\qquad(a<t\leqslant b)$$

定义的变换 $\mathscr{A}$ 也是线性变换.

由定义不难得到线性变换有如下性质.

设 V 是数域 P 上的线性空间,$\mathscr{A}$ 是 V 上一个线性变换,则:

(1) $\mathscr{A}(\mathbf{0})=\mathbf{0},\mathscr{A}(-\boldsymbol{x})=-\mathscr{A}(\boldsymbol{x})$.

(2) 线性变换保持线性组合与线性关系不变.

(3) 线性变换把线性相关的向量组变成线性相关的向量组.

二、线性变换的运算

设 V 是数域 P 上的线性空间,$\mathscr{A}_1,\mathscr{A}_2,\mathscr{A}_3$ 是 V 的三个线性变换.

(一) 线性运算

(1) 线性变换的和:对每个 $\boldsymbol{x}\in V$,则满足 $\mathscr{A}(\boldsymbol{x})=\mathscr{A}_1(\boldsymbol{x})+\mathscr{A}_2(\boldsymbol{x})$ 的变换 $\mathscr{A}$ 称为线性变换 $\mathscr{A}_1$ 与 $\mathscr{A}_2$ 的和,记作 $\mathscr{A}=\mathscr{A}_1+\mathscr{A}_2$,$\mathscr{A}_1+\mathscr{A}_2$ 也是 V 的线性变换.

(2) 线性变换的数量乘法:对每个 $\boldsymbol{x}\in V,\lambda\in P$,满足 $\mathscr{A}(\boldsymbol{x})=\lambda\mathscr{A}_1(\boldsymbol{x})$ 的变换 $\mathscr{A}$ 称为数 λ 与线性变换 $\mathscr{A}_1$ 的数量乘积,记作 $\mathscr{A}=\lambda\mathscr{A}_1$,$\lambda\mathscr{A}_1$ 也是 V 的线性变换.

(3) $(-1)\mathscr{A}_1$ 记为 $-\mathscr{A}_1$.

(4) V 中线性变换的加法满足交换律与结合律.

(5) 数量乘法满足以下关系式:

$(\lambda\mu)\mathscr{A}=\lambda(\mu\mathscr{A}),(\lambda+\mu)\mathscr{A}=\lambda\mathscr{A}+\mu\mathscr{A},\lambda(\mathscr{A}_1+\mathscr{A}_2)=\lambda\mathscr{A}_1+\lambda\mathscr{A}_2,1\mathscr{A}=\mathscr{A}$.
这里,$\lambda,\mu\in P,\mathscr{A}_1,\mathscr{A}_2$ 和 $\mathscr{A}$ 为 V 的任意线性变换.

(二) 线性变换的乘法

(1) 线性变换的乘法:对每个 $\boldsymbol{x}\in V$,满足 $\mathscr{A}(\boldsymbol{x})=\mathscr{A}_1(\mathscr{A}_2(\boldsymbol{x}))$ 的变换 $\mathscr{A}$ 称为线性变换 $\mathscr{A}_1$ 与 $\mathscr{A}_2$ 的乘积,记作 $\mathscr{A}=\mathscr{A}_1\mathscr{A}_2$.

(2) $\mathscr{A}_1\mathscr{A}_2$ 仍是线性变换.

证明　对任意 $\boldsymbol{x},\boldsymbol{y}\in V$ 及 $\lambda\in P$,我们有

$(\mathscr{A}_1\mathscr{A}_2)(\boldsymbol{x}+\boldsymbol{y})=\mathscr{A}_1(\mathscr{A}_2(\boldsymbol{x}+\boldsymbol{y}))=\mathscr{A}_1(\mathscr{A}_2(\boldsymbol{x}))+\mathscr{A}_1(\mathscr{A}_2(\boldsymbol{y}))=(\mathscr{A}_1\mathscr{A}_2)(\boldsymbol{x})+(\mathscr{A}_1\mathscr{A}_2)(\boldsymbol{y})$, $(\mathscr{A}_1\mathscr{A}_2)(\lambda\boldsymbol{x})=\mathscr{A}_1(\mathscr{A}_2(\lambda\boldsymbol{x}))=\mathscr{A}_1(\lambda\mathscr{A}_2(\boldsymbol{x}))=(\lambda\mathscr{A}_1)(\mathscr{A}_2(\boldsymbol{x}))=(\lambda\mathscr{A}_1\mathscr{A}_2)(\boldsymbol{x})$.

(3) $(\mathscr{A}_1\mathscr{A}_2)\mathscr{A}_3=\mathscr{A}_1(\mathscr{A}_2\mathscr{A}_3)$.

(4) $\mathscr{A}_1(\mathscr{A}_2+\mathscr{A}_3)=\mathscr{A}_1\mathscr{A}_2+\mathscr{A}_1\mathscr{A}_3$.

(5) $\lambda(\mathscr{A}_1\mathscr{A}_2)=(\lambda\mathscr{A}_1)\mathscr{A}_2=\mathscr{A}_1(\lambda\mathscr{A}_2)$.

注意:一般地,$\mathscr{A}_1\mathscr{A}_2=\mathscr{A}_2\mathscr{A}_1$ 不成立.

(三) 逆变换

定义 2　设 I 为线性空间 V 的单位线性变换,$\mathscr{A}$ 是 V 的线性变换,如果存在 V 的一个线性变换 $\mathscr{B}$,使得 $\mathscr{A}\mathscr{B}=\mathscr{B}\mathscr{A}=I$,则称线性变换 $\mathscr{A}$ 是可逆的,而 $\mathscr{B}$ 称为 $\mathscr{A}$ 的逆变换,记为 $\mathscr{A}^{-1}$.

例 5　设 $\mathscr{A}$ 是线性空间 V 的线性变换,则 $\mathscr{A}(V)=\{\mathscr{A}\boldsymbol{v}\mid \boldsymbol{v}\in V\}$ 是 V 的子空间,称为像子空间(或称为 V 的值域),$\mathscr{A}(V)$ 的维数叫作线性变换 $\mathscr{A}$ 的秩.

例 6　设 $\mathscr{A}$ 是线性空间 V 的线性变换,则集合 $K=\{\boldsymbol{v}\in V\mid \mathscr{A}\boldsymbol{v}=\boldsymbol{0}\}$ 是 V 的子空间,这个子空间称为线性变换 $\mathscr{A}$ 的核,记为 $\ker(\mathscr{A})$,或 $\mathscr{A}^{-1}(\boldsymbol{0})$.

注意:$\mathscr{A}^{-1}(\boldsymbol{0})$ 只表示 $\boldsymbol{0}$ 的原像的集合,不表示 $\mathscr{A}$ 可逆.

定理 1　设 $\mathscr{A}$ 是数域 P 上 n 维线性空间 V 的线性变换,则核与值域的维数有

$$\dim\mathscr{A}(V)+\dim\mathscr{A}^{-1}(\boldsymbol{0})=n.$$

证明　设 $\dim\mathscr{A}^{-1}(\boldsymbol{0})=s$,又 $\boldsymbol{e}_1,\boldsymbol{e}_2,\cdots,\boldsymbol{e}_s$ 为核 $\mathscr{A}^{-1}(\boldsymbol{0})$ 的一组基.

我们将它扩充,使 $\boldsymbol{e}_1,\boldsymbol{e}_2,\cdots,\boldsymbol{e}_s,\boldsymbol{\varepsilon}_1,\boldsymbol{\varepsilon}_2,\cdots,\boldsymbol{\varepsilon}_t$ 为 V 的一组基,显然 $s+t=n$,如果能证明

$\dim\mathscr{A}(V)=t$,定理便成立.

现设 $\boldsymbol{x}$ 是 V 的任一向量,则有 $\boldsymbol{x}=\sum\limits_{i=1}^{s}\xi_i\boldsymbol{e}_i+\sum\limits_{j=1}^{t}\eta_j\boldsymbol{\varepsilon}_j$.

由于 $\mathscr{A}(\boldsymbol{e}_i)=\boldsymbol{0}(i=1,2,\cdots,s)$,所以 $\mathscr{A}(\boldsymbol{x})=\sum\limits_{j=1}^{t}\eta_j\mathscr{A}(\boldsymbol{\varepsilon}_j)$.

又 $\mathscr{A}(\boldsymbol{x})\in\mathscr{A}(V)$,所以,$\mathscr{A}(V)$ 中任一向量都可由向量组

$$\mathscr{A}(\boldsymbol{\varepsilon}_1),\mathscr{A}(\boldsymbol{\varepsilon}_2),\cdots,\mathscr{A}(\boldsymbol{\varepsilon}_t) \tag{1}$$

线性表出.

下证 $\mathscr{A}(\boldsymbol{\varepsilon}_1),\mathscr{A}(\boldsymbol{\varepsilon}_2),\cdots,\mathscr{A}(\boldsymbol{\varepsilon}_t)$ 线性无关.

设
$$c_1\mathscr{A}(\boldsymbol{\varepsilon}_1)+c_2\mathscr{A}(\boldsymbol{\varepsilon}_2)+\cdots+c_t\mathscr{A}(\boldsymbol{\varepsilon}_t)=\boldsymbol{0}. \tag{2}$$

则有 $\mathscr{A}\left(\sum\limits_{i=1}^{t}c_i\boldsymbol{\varepsilon}_i\right)=\boldsymbol{0}$,所以 $\boldsymbol{y}=\sum\limits_{i=1}^{t}c_i\boldsymbol{\varepsilon}_i\in\mathscr{A}^{-1}(\boldsymbol{0})$,

从而 $\boldsymbol{y}$ 可由 $\mathscr{A}^{-1}(\boldsymbol{0})$ 的基 $\boldsymbol{e}_1,\boldsymbol{e}_2,\cdots,\boldsymbol{e}_s$ 线性表出,即 $\boldsymbol{y}=\sum\limits_{j=1}^{s}d_j\boldsymbol{e}_j$,

所以
$$\sum_{i=1}^{t}c_i\boldsymbol{\varepsilon}_i-\sum_{j=1}^{s}d_j\boldsymbol{e}_j=\boldsymbol{0}. \tag{3}$$

由于 $\boldsymbol{e}_1,\boldsymbol{e}_2,\cdots,\boldsymbol{e}_s,\boldsymbol{\varepsilon}_1,\boldsymbol{\varepsilon}_2,\cdots,\boldsymbol{\varepsilon}_t$ 是 V 的一组基,

所以 $c_1=c_2=\cdots=c_t=d_1=\cdots=d_s=0$,这证明了向量组(1)是线性无关的,

即 $\mathscr{A}(\boldsymbol{\varepsilon}_1),\mathscr{A}(\boldsymbol{\varepsilon}_2),\cdots,\mathscr{A}(\boldsymbol{\varepsilon}_t)$ 是 $\mathscr{A}(V)$ 的一组基,从而 $\mathscr{A}(V)$ 的维数为 t.

故定理 1 成立.

三、线性变换的矩阵表示

定理 2 设 V 是数域 P 上 n 维线性空间,$\boldsymbol{e}_1,\boldsymbol{e}_2,\cdots,\boldsymbol{e}_n$ 是它的一组基,又 $\boldsymbol{g}_1,\boldsymbol{g}_2,\cdots,\boldsymbol{g}_n$ 是 V 的任意 n 个向量,则存在唯一的一个线性变换 $\mathscr{A}$,使

$$\mathscr{A}\boldsymbol{e}_1=\boldsymbol{g}_1,\mathscr{A}\boldsymbol{e}_2=\boldsymbol{g}_2,\cdots,\mathscr{A}\boldsymbol{e}_n=\boldsymbol{g}_n.$$

设
$$\mathscr{A}(\boldsymbol{e}_1)=a_{11}\boldsymbol{e}_1+a_{21}\boldsymbol{e}_2+\cdots+a_{n1}\boldsymbol{e}_n,$$
$$\mathscr{A}(\boldsymbol{e}_2)=a_{12}\boldsymbol{e}_1+a_{22}\boldsymbol{e}_2+\cdots+a_{n2}\boldsymbol{e}_n,$$
$$\cdots\cdots\cdots\cdots$$
$$\mathscr{A}(\boldsymbol{e}_n)=a_{1n}\boldsymbol{e}_1+a_{2n}\boldsymbol{e}_2+\cdots+a_{nn}\boldsymbol{e}_n,$$

用矩阵形式表示为

$\mathscr{A}(\boldsymbol{e}_1,\boldsymbol{e}_2,\cdots,\boldsymbol{e}_n)=(\mathscr{A}\boldsymbol{e}_1,\mathscr{A}\boldsymbol{e}_2\cdots,\mathscr{A}\boldsymbol{e}_n)=(\boldsymbol{e}_1,\boldsymbol{e}_2,\cdots,\boldsymbol{e}_n)\boldsymbol{A}.$

其中

$$\boldsymbol{A}=\begin{pmatrix}a_{11}&a_{12}&\cdots&a_{1n}\\a_{21}&a_{22}&\cdots&a_{2n}\\\vdots&\vdots&&\vdots\\a_{n1}&a_{n2}&\cdots&a_{nn}\end{pmatrix},$$

称 $\boldsymbol{A}$ 为线性变换 $\mathscr{A}$ 在基 $\boldsymbol{e}_1,\boldsymbol{e}_2,\cdots,\boldsymbol{e}_n$ 下的矩阵.

定理 3　数域 P 上 n 维线性空间 V 的所有线性变换构成线性空间 $L(V)$，在取定 V 的一组基之下，它与数域 P 上一切 $n\times n$ 矩阵所构成的线性空间 $P^{n\times n}$ 是同构的.

推论　$\dim L(V)=\dim P^{n\times n}=n^2$.

定理4　设 $\mathscr{A}$，$\mathscr{B}$ 是数域 P 上 n 维线性空间 V 的两个线性变换，它们在基 $\boldsymbol{e}_1,\boldsymbol{e}_2,\cdots,\boldsymbol{e}_n$ 下的矩阵分别为 $\boldsymbol{A},\boldsymbol{B}$，则：

(1) $\mathscr{A}+\mathscr{B}$ 在基 $\boldsymbol{e}_1,\boldsymbol{e}_2,\cdots,\boldsymbol{e}_n$ 下的矩阵为 $\boldsymbol{A}+\boldsymbol{B}$；

(2) $k\mathscr{A}$ 在基 $\boldsymbol{e}_1,\boldsymbol{e}_2,\cdots,\boldsymbol{e}_n$ 下的矩阵为 $k\boldsymbol{A}$；

(3) $\mathscr{A}\mathscr{B}$ 在基 $\boldsymbol{e}_1,\boldsymbol{e}_2,\cdots,\boldsymbol{e}_n$ 下的矩阵为 $\boldsymbol{AB}$；

(4) $\mathscr{A}^{-1}$ 在基 $\boldsymbol{e}_1,\boldsymbol{e}_2,\cdots,\boldsymbol{e}_n$ 下的矩阵为 $\boldsymbol{A}^{-1}$；

(5) 设 $\boldsymbol{x}\in V$，$\boldsymbol{x}$ 及其像 $\mathscr{A}(\boldsymbol{x})$ 在基 $\boldsymbol{e}_1,\boldsymbol{e}_2,\cdots,\boldsymbol{e}_n$ 下的坐标分别是 $(\xi_1,\xi_2,\cdots,\xi_n)^{\mathrm{T}}$ 和 $(\xi'_1,\xi'_2,\cdots,\xi'_n)^{\mathrm{T}}$，则有 $\begin{pmatrix}\xi'_1\\\xi'_2\\\vdots\\\xi'_n\end{pmatrix}=\boldsymbol{A}\begin{pmatrix}\xi_1\\\xi_2\\\vdots\\\xi_n\end{pmatrix}$.

定理5　设 V 是数域 P 上的 n 维线性空间，$\boldsymbol{e}_1,\boldsymbol{e}_2,\cdots,\boldsymbol{e}_n$ 及 $\boldsymbol{e}'_1,\boldsymbol{e}'_2,\cdots,\boldsymbol{e}'_n$ 是 V 的两组基，由 $\boldsymbol{e}_1,\boldsymbol{e}_2,\cdots,\boldsymbol{e}_n$ 到 $\boldsymbol{e}'_1,\boldsymbol{e}'_2,\cdots,\boldsymbol{e}'_n$ 的过渡矩阵是 $\boldsymbol{C}$，又设 $\mathscr{A}$ 是 V 的一个线性变换，$\mathscr{A}$ 在这两组基下的矩阵分别是 $\boldsymbol{A}$ 和 $\boldsymbol{B}$，则有 $\boldsymbol{B}=\boldsymbol{C}^{-1}\boldsymbol{AC}$.

例 7　在线性空间 $\mathbf{R}^3$ 中，已知线性变换 σ_1 在基 $\boldsymbol{\varepsilon}_1=\begin{pmatrix}1\\0\\0\end{pmatrix}$，$\boldsymbol{\varepsilon}_2=\begin{pmatrix}1\\2\\0\end{pmatrix}$，$\boldsymbol{\varepsilon}_3=\begin{pmatrix}1\\2\\3\end{pmatrix}$ 下有

$\sigma_1(\boldsymbol{\varepsilon}_1)=3\boldsymbol{\varepsilon}_1+\boldsymbol{\varepsilon}_2-2\boldsymbol{\varepsilon}_3,\sigma_1(\boldsymbol{\varepsilon}_2)=2\boldsymbol{\varepsilon}_1-\boldsymbol{\varepsilon}_2+\boldsymbol{\varepsilon}_3,\sigma_1(\boldsymbol{\varepsilon}_3)=-\boldsymbol{\varepsilon}_1+\boldsymbol{\varepsilon}_3$，线性变换 σ_2 在基 $\boldsymbol{\eta}_1=\begin{pmatrix}1\\0\\-1\end{pmatrix},\boldsymbol{\eta}_2=\begin{pmatrix}0\\1\\1\end{pmatrix},\boldsymbol{\eta}_3=\begin{pmatrix}-1\\1\\1\end{pmatrix}$ 下的矩阵是 $\begin{pmatrix}1&1&1\\-1&0&1\\1&2&0\end{pmatrix}$，求线性变换 $\sigma_1+\sigma_2$ 在基 $\boldsymbol{\varepsilon}_1,\boldsymbol{\varepsilon}_2,\boldsymbol{\varepsilon}_3$ 下的矩阵.

解 由已知 $\sigma_1(\boldsymbol{\varepsilon}_1,\boldsymbol{\varepsilon}_2,\boldsymbol{\varepsilon}_3)=(\boldsymbol{\varepsilon}_1,\boldsymbol{\varepsilon}_2,\boldsymbol{\varepsilon}_3)\begin{pmatrix}3&2&-1\\1&-1&0\\-2&1&1\end{pmatrix}$，

$$\sigma_2(\boldsymbol{\eta}_1,\boldsymbol{\eta}_2,\boldsymbol{\eta}_3)=(\boldsymbol{\eta}_1,\boldsymbol{\eta}_2,\boldsymbol{\eta}_3)\begin{pmatrix}1&1&1\\-1&0&1\\1&2&0\end{pmatrix}.$$

令 $\boldsymbol{A}=\begin{pmatrix}3&2&-1\\1&-1&0\\-2&1&1\end{pmatrix},\boldsymbol{B}=\begin{pmatrix}1&1&1\\-1&0&1\\1&2&0\end{pmatrix}$，则有

$$\begin{pmatrix}1&1&1\\0&2&2\\0&0&3\end{pmatrix}=\begin{pmatrix}1&0&-1\\0&1&1\\-1&1&1\end{pmatrix}\boldsymbol{T},$$

由基 $\boldsymbol{\eta}_1,\boldsymbol{\eta}_2,\boldsymbol{\eta}_3$ 到基 $\boldsymbol{\varepsilon}_1,\boldsymbol{\varepsilon}_2,\boldsymbol{\varepsilon}_3$ 的过渡矩阵为 $\boldsymbol{T}$，

由于 $\sigma_2(\boldsymbol{\varepsilon}_1,\boldsymbol{\varepsilon}_2,\boldsymbol{\varepsilon}_3)=\sigma_2(\eta_1,\eta_2,\eta_3)\boldsymbol{T}=(\eta_1,\eta_2,\eta_3)\boldsymbol{BT}=(\boldsymbol{\varepsilon}_1,\boldsymbol{\varepsilon}_2,\boldsymbol{\varepsilon}_3)\boldsymbol{T}^{-1}\boldsymbol{BT}$，

所以

$$\begin{aligned}(\sigma_1+\sigma_2)(\boldsymbol{\varepsilon}_1,\boldsymbol{\varepsilon}_2,\boldsymbol{\varepsilon}_3)&=\sigma_1(\boldsymbol{\varepsilon}_1,\boldsymbol{\varepsilon}_2,\boldsymbol{\varepsilon}_3)+\sigma_2(\boldsymbol{\varepsilon}_1,\boldsymbol{\varepsilon}_2,\boldsymbol{\varepsilon}_3)\\&=(\boldsymbol{\varepsilon}_1,\boldsymbol{\varepsilon}_2,\boldsymbol{\varepsilon}_3)\boldsymbol{A}+(\boldsymbol{\varepsilon}_1,\boldsymbol{\varepsilon}_2,\boldsymbol{\varepsilon}_3)\boldsymbol{T}^{-1}\boldsymbol{BT}\\&=(\boldsymbol{\varepsilon}_1,\boldsymbol{\varepsilon}_2,\boldsymbol{\varepsilon}_3)(\boldsymbol{A}+\boldsymbol{T}^{-1}\boldsymbol{BT})\end{aligned}$$

$$\boldsymbol{T}=\begin{pmatrix}0&2&-1\\1&1&4\\-1&1&-2\end{pmatrix},\boldsymbol{T}^{-1}=\frac{1}{6}\begin{pmatrix}6&-3&-9\\2&1&1\\-2&2&2\end{pmatrix},$$

故 $\sigma_1+\sigma_2$ 在基 $\boldsymbol{\varepsilon}_1,\boldsymbol{\varepsilon}_2,\boldsymbol{\varepsilon}_3$ 下的矩阵为

$$(\boldsymbol{A}+\boldsymbol{T}^{-1}\boldsymbol{B}\boldsymbol{T})=\begin{pmatrix}\frac{1}{2} & \frac{1}{2} & -10\\ \frac{7}{6} & \frac{5}{6} & \frac{4}{3}\\ -\frac{5}{3} & \frac{2}{3} & \frac{8}{3}\end{pmatrix}.$$

例 8　设 V 是数域 P 上全体 2 阶矩阵构成的线性空间，取定矩阵 $\boldsymbol{A}=\begin{pmatrix}1 & 2\\ -2 & -4\end{pmatrix}\in V$，定义 V 上线性变换 $\sigma:\boldsymbol{X}\to\boldsymbol{AX}$. 求 V 的一组基使 σ 在该基下的矩阵是对角矩阵.

解　线性变换 $\sigma:\boldsymbol{X}\to\boldsymbol{AX}$，在基 $\boldsymbol{E}_{11},\boldsymbol{E}_{12},\boldsymbol{E}_{21},\boldsymbol{E}_{22}$ 下的矩阵为

$$\boldsymbol{B}=\begin{pmatrix}1 & 0 & 2 & 0\\ 0 & 1 & 0 & 2\\ -2 & 0 & -4 & 0\\ 0 & -2 & 0 & -4\end{pmatrix}，则 |\lambda\boldsymbol{E}-\boldsymbol{B}|=\begin{vmatrix}\lambda-1 & 0 & -2 & 0\\ 0 & \lambda-1 & 0 & -2\\ 2 & 0 & \lambda+4 & 0\\ 0 & 2 & 0 & \lambda+4\end{vmatrix}=\lambda^2(\lambda+3)^2,$$

$\boldsymbol{B}$ 的特征值为 $0,0,-3,-3$，$\boldsymbol{B}$ 属于 0 的线性无关特征向量为 $\begin{pmatrix}2\\0\\-1\\0\end{pmatrix},\begin{pmatrix}0\\2\\0\\-1\end{pmatrix}$；

$\boldsymbol{B}$ 属于 -3 的线性无关特征向量为 $\begin{pmatrix}1\\0\\-2\\0\end{pmatrix},\begin{pmatrix}0\\1\\0\\-2\end{pmatrix}$；

基为 $\begin{pmatrix}1 & 0\\ -2 & 0\end{pmatrix},\begin{pmatrix}0 & 1\\ 0 & -2\end{pmatrix},\begin{pmatrix}2 & 0\\ -1 & 0\end{pmatrix},\begin{pmatrix}0 & 2\\ 0 & -1\end{pmatrix}$，$\sigma:\boldsymbol{X}\to\boldsymbol{AX}$ 在该基下的矩阵为

$$\begin{pmatrix}-3 & & & \\ & -3 & & \\ & & 0 & \\ & & & 0\end{pmatrix}.$$

例9　设 $\mathbf{R}^2$ 中线性变换 $\mathscr{A}_1$ 对基 $\boldsymbol{\alpha}_1=(1,2)$, $\boldsymbol{\alpha}_2=(2,1)$ 的矩阵为 $\begin{pmatrix}1&2\\2&3\end{pmatrix}$,线性变换 $\mathscr{A}_2$ 对基 $\boldsymbol{\beta}_1=(1,1)$, $\boldsymbol{\beta}_2=(1,2)$ 的矩阵为 $\begin{pmatrix}3&3\\2&4\end{pmatrix}$.求:

(1) $\mathscr{A}_1+\mathscr{A}_2$ 对基 $\boldsymbol{\beta}_1,\boldsymbol{\beta}_2$ 的矩阵;

(2) $\mathscr{A}_1\mathscr{A}_2$ 对基 $\boldsymbol{\alpha}_1,\boldsymbol{\alpha}_2$ 的矩阵;

(3) 设 $\boldsymbol{\xi}=(3,3)$,求 $\mathscr{A}_1\boldsymbol{\xi}$ 在基 $\boldsymbol{\alpha}_1,\boldsymbol{\alpha}_2$ 下的坐标;

(4) 求 $\mathscr{A}_2\boldsymbol{\xi}$ 在基 $\boldsymbol{\beta}_1,\boldsymbol{\beta}_2$ 下的坐标.

解　(1) 由已知

$\mathscr{A}_1(\boldsymbol{\alpha}_1,\boldsymbol{\alpha}_2)=(\boldsymbol{\alpha}_1,\boldsymbol{\alpha}_2)\boldsymbol{A}$, $\mathscr{A}_2(\boldsymbol{\beta}_1,\boldsymbol{\beta}_2)=(\boldsymbol{\beta}_1,\boldsymbol{\beta}_2)\boldsymbol{B}$,

其中 $\boldsymbol{A}=\begin{pmatrix}1&2\\2&3\end{pmatrix}$, $\boldsymbol{B}=\begin{pmatrix}3&3\\2&4\end{pmatrix}$, $(\boldsymbol{\beta}_1,\boldsymbol{\beta}_2)=(\boldsymbol{\alpha}_1,\boldsymbol{\alpha}_2)\mathscr{A}$,则 $\begin{pmatrix}1&1\\1&2\end{pmatrix}=\begin{pmatrix}1&2\\2&1\end{pmatrix}\mathscr{A}$,

$$\mathscr{A}=\begin{pmatrix}1&2\\2&1\end{pmatrix}^{-1}\begin{pmatrix}1&1\\1&1\end{pmatrix}=\begin{pmatrix}\frac{1}{3}&1\\\frac{1}{3}&0\end{pmatrix},$$

$$\mathscr{A}_1(\boldsymbol{\beta}_1,\boldsymbol{\beta}_2)=(\boldsymbol{\beta}_1,\boldsymbol{\beta}_2)\mathscr{A}^{-1}\boldsymbol{A}\mathscr{A}=(\boldsymbol{\beta}_1,\boldsymbol{\beta}_2)\begin{pmatrix}5&6\\-\frac{2}{3}&-1\end{pmatrix},$$

即 $(\mathscr{A}_1+\mathscr{A}_2)(\boldsymbol{\beta}_1,\boldsymbol{\beta}_2)=(\boldsymbol{\beta}_1,\boldsymbol{\beta}_2)\left(\begin{pmatrix}5&6\\-\frac{2}{3}&-1\end{pmatrix}+\begin{pmatrix}3&3\\2&4\end{pmatrix}\right)=(\boldsymbol{\beta}_1,\boldsymbol{\beta}_2)\begin{pmatrix}8&9\\\frac{4}{3}&3\end{pmatrix}$,

故 $\mathscr{A}_1+\mathscr{A}_2$ 在基 $\boldsymbol{\beta}_1,\boldsymbol{\beta}_2$ 下的矩阵为 $\begin{pmatrix}8&9\\\frac{4}{3}&3\end{pmatrix}$.

(2) 同样, $\mathscr{A}_2(\boldsymbol{\alpha}_1,\boldsymbol{\alpha}_2)=(\boldsymbol{\alpha}_1,\boldsymbol{\alpha}_2)\mathscr{A}\boldsymbol{B}\mathscr{A}^{-1}=(\boldsymbol{\alpha}_1,\boldsymbol{\alpha}_2)\begin{pmatrix}5&4\\1&2\end{pmatrix}$,

$$\mathscr{A}_1\mathscr{A}_2(\boldsymbol{\alpha}_1,\boldsymbol{\alpha}_2)=(\boldsymbol{\alpha}_1,\boldsymbol{\alpha}_2)\boldsymbol{A}\begin{pmatrix}5&4\\1&2\end{pmatrix}=(\boldsymbol{\alpha}_1,\boldsymbol{\alpha}_2)\begin{pmatrix}7&8\\13&14\end{pmatrix}.$$

(3) 设 $\boldsymbol{\xi}=x_1\boldsymbol{\alpha}_1+x_2\boldsymbol{\alpha}_2=(\boldsymbol{\alpha}_1,\boldsymbol{\alpha}_2)\begin{pmatrix}x_1\\x_2\end{pmatrix}$,则 $\begin{pmatrix}x_1\\x_2\end{pmatrix}=\begin{pmatrix}1&2\\2&1\end{pmatrix}^{-1}\begin{pmatrix}3\\3\end{pmatrix}=\begin{pmatrix}1\\1\end{pmatrix}$,

$$\mathscr{A}_1\boldsymbol{\xi}=\mathscr{A}_1\left((\boldsymbol{\alpha}_1,\boldsymbol{\alpha}_2)\begin{pmatrix}1\\1\end{pmatrix}\right)=(\boldsymbol{\alpha}_1,\boldsymbol{\alpha}_2)\boldsymbol{A}\begin{pmatrix}1\\1\end{pmatrix}=(\boldsymbol{\alpha}_1,\boldsymbol{\alpha}_2)\left(\begin{pmatrix}1&2\\2&3\end{pmatrix}\begin{pmatrix}1\\1\end{pmatrix}\right)=(\boldsymbol{\alpha}_1,\boldsymbol{\alpha}_2)\begin{pmatrix}3\\5\end{pmatrix},$$

故 $\mathscr{A}_1\boldsymbol{\xi}$ 在基 $\boldsymbol{\alpha}_1,\boldsymbol{\alpha}_2$ 下的坐标为(3,5).

(4) 因为 $\boldsymbol{\xi}=(\boldsymbol{\alpha}_1,\boldsymbol{\alpha}_2)\begin{pmatrix}1\\1\end{pmatrix}=(\boldsymbol{\beta}_1,\boldsymbol{\beta}_2)\left(\mathscr{A}^{-1}\begin{pmatrix}1\\1\end{pmatrix}\right)=(\boldsymbol{\beta}_1,\boldsymbol{\beta}_2)\begin{pmatrix}3\\0\end{pmatrix}$,

所以 $\mathscr{A}_2\boldsymbol{\xi}=\mathscr{A}_2(\boldsymbol{\beta}_1,\boldsymbol{\beta}_2)\begin{pmatrix}3\\0\end{pmatrix}=(\boldsymbol{\beta}_1,\boldsymbol{\beta}_2)\left(\boldsymbol{B}\begin{pmatrix}3\\0\end{pmatrix}\right)=(\boldsymbol{\beta}_1,\boldsymbol{\beta}_2)\left(\begin{pmatrix}3&3\\2&4\end{pmatrix}\begin{pmatrix}3\\0\end{pmatrix}\right)=(\boldsymbol{\beta}_1,\boldsymbol{\beta}_2)\begin{pmatrix}9\\6\end{pmatrix}$,

故 $\mathscr{A}_2\boldsymbol{\xi}$ 在基 $\boldsymbol{\beta}_1,\boldsymbol{\beta}_2$ 下的坐标为(9,6).

例 10　设 V 是数域 P 上 2 阶矩阵全体构成的线性空间,定义 V 的一个线性变换 $\mathscr{A}$ 如下:$\mathscr{A}(\boldsymbol{X})=\begin{pmatrix}1&-1\\-1&1\end{pmatrix}\boldsymbol{X},\boldsymbol{X}\in V$.

(1) 证明:$\mathscr{A}$ 是线性变换;

(2) 求 $\mathscr{A}$ 在基 $\boldsymbol{E}_{11},\boldsymbol{E}_{12},\boldsymbol{E}_{21},\boldsymbol{E}_{22}$ 下的矩阵;

(3) 求 $\mathscr{A}$ 的值域 $\mathscr{A}(V)$,给出它的维数及一组基;

(4) 求 $\mathscr{A}$ 的核 N,给出 N 的维数及一组基.

证明　(1) 令 $\boldsymbol{A}=\begin{pmatrix}1&-1\\-1&1\end{pmatrix}$,则

$\mathscr{A}(\boldsymbol{X})=\boldsymbol{AX},\forall\boldsymbol{X},\boldsymbol{Y}\in V,\forall k\in P$,

$\mathscr{A}(\boldsymbol{X}+\boldsymbol{Y})=\mathscr{A}\boldsymbol{X}+\mathscr{A}\boldsymbol{Y}=\boldsymbol{AX}+\boldsymbol{AY},\mathscr{A}(k\boldsymbol{X})=\boldsymbol{A}(k\boldsymbol{X})=k\boldsymbol{AX}=k\boldsymbol{AX}$,

所以 $\mathscr{A}$ 是线性变换.

(2) $\mathscr{A}\boldsymbol{E}_{11}=\mathscr{A}\boldsymbol{E}_{11}=\begin{pmatrix}1&0\\-1&0\end{pmatrix}=(\boldsymbol{E}_{11},\boldsymbol{E}_{12},\boldsymbol{E}_{21},\boldsymbol{E}_{22})\begin{pmatrix}1\\0\\-1\\0\end{pmatrix}$,

$$\mathscr{A}(\boldsymbol{E}_{11},\boldsymbol{E}_{12},\boldsymbol{E}_{21},\boldsymbol{E}_{22})=(\boldsymbol{E}_{11},\boldsymbol{E}_{12},\boldsymbol{E}_{21},\boldsymbol{E}_{22})\begin{pmatrix}1&0&-1&0\\0&1&0&-1\\-1&0&1&0\\0&-1&0&1\end{pmatrix},$$

故 $\mathscr{A}$ 在基 $\boldsymbol{E}_{11},\boldsymbol{E}_{12},\boldsymbol{E}_{21},\boldsymbol{E}_{22}$ 下的矩阵是 $\boldsymbol{B}=\begin{pmatrix}1&0&-1&0\\0&1&0&-1\\-1&0&1&0\\0&-1&0&1\end{pmatrix}$.

(3) 令 $\boldsymbol{B}=\begin{pmatrix}1&0&-1&0\\0&1&0&-1\\-1&0&1&0\\0&-1&0&1\end{pmatrix}=(\boldsymbol{\beta}_1,\boldsymbol{\beta}_2,\boldsymbol{\beta}_3,\boldsymbol{\beta}_4)$.

由于 $r(\boldsymbol{B})=2$，且 $\boldsymbol{\beta}_1,\boldsymbol{\beta}_2$ 是 $\boldsymbol{\beta}_1,\boldsymbol{\beta}_2,\boldsymbol{\beta}_3,\boldsymbol{\beta}_4$ 的一个极大线性无关组，$\dim(\mathscr{A}V)=2$，$\mathscr{A}(V)=L(\boldsymbol{B}_1,\boldsymbol{B}_2)$，

其中 $\boldsymbol{B}_1=(\boldsymbol{E}_{11},\boldsymbol{E}_{12},\boldsymbol{E}_{21},\boldsymbol{E}_{22})\begin{pmatrix}-1\\0\\1\\0\end{pmatrix}=\begin{pmatrix}-1&0\\1&0\end{pmatrix}$，$\boldsymbol{B}_2=(\boldsymbol{E}_{11},\boldsymbol{E}_{12},\boldsymbol{E}_{21},\boldsymbol{E}_{22})\begin{pmatrix}0\\-1\\0\\1\end{pmatrix}=\begin{pmatrix}0&-1\\0&1\end{pmatrix}$，

且 $\boldsymbol{B}_1,\boldsymbol{B}_2$ 为 $\mathscr{A}(V)$ 的一组基.

(4) $\dim N=4-\dim(\mathscr{A}V)=2$，令 $\boldsymbol{B}\begin{pmatrix}x_1\\x_2\\x_3\\x_4\end{pmatrix}=\begin{pmatrix}0\\0\\0\\0\end{pmatrix}$，$\begin{cases}x_1-x_3=0,\\x_2-x_4=0,\end{cases}$ $\boldsymbol{\varepsilon}_1=\begin{pmatrix}1\\0\\1\\0\end{pmatrix}$，$\boldsymbol{\varepsilon}_2=\begin{pmatrix}0\\1\\0\\1\end{pmatrix}$，$\boldsymbol{B}_3=(\boldsymbol{E}_{11},\boldsymbol{E}_{12},\boldsymbol{E}_{21},\boldsymbol{E}_{22})\boldsymbol{\varepsilon}_1=\begin{pmatrix}1&0\\1&0\end{pmatrix}$，$\boldsymbol{B}_4=(\boldsymbol{E}_{11},\boldsymbol{E}_{12},\boldsymbol{E}_{21},\boldsymbol{E}_{22})\boldsymbol{\varepsilon}_2=\begin{pmatrix}0&1\\0&1\end{pmatrix}$，$\boldsymbol{B}_3,\boldsymbol{B}_4$ 为 N 的一组基，$N=L(\boldsymbol{B}_3,\boldsymbol{B}_4)$.

第五节　不变子空间

这一节我们来介绍一个关于线性变换的重要概念——不变子空间.

定义1　设$\mathscr{A}$是数域P上线性空间V上的线性变换,W是V的子空间,$\forall \boldsymbol{\alpha} \in W$,都有$\mathscr{A}(\boldsymbol{\alpha}) \in W$,则称$W$是$\mathscr{A}$的不变子空间,简称$\mathscr{A}$-子空间.

下面列出一些常见的不变子空间.

设$\mathscr{A}$是数域P上线性空间V上的线性变换,则:

(1)V与$\{\boldsymbol{0}\}$都是$\mathscr{A}$的不变子空间.

(2)$\mathscr{A}$的值域$\mathscr{A}(V)$与核$\mathscr{A}^{-1}(\boldsymbol{0})$都是$\mathscr{A}$的不变子空间.

(3)$\mathscr{A}$的特征子空间$V_\lambda = \{\boldsymbol{\alpha} \mid \mathscr{A}(\boldsymbol{\alpha}) = \lambda\boldsymbol{\alpha}, \boldsymbol{\alpha} \in V\}$是$\mathscr{A}$的不变子空间.

(4)$\mathscr{A}$的不变子空间的交与和还是$\mathscr{A}$的不变子空间.

例1　设$\mathscr{A}$是数域P上n维线性空间V的一个线性变换,并且满足$\mathscr{A}^2 = \mathscr{A}$,证明:

(1)$V = V_0 \oplus V_1$(此处V_0, V_1分别是$\mathscr{A}$的属于特征值0和1的特征子空间).

(2)如果$\mathscr{B}$也是V的一个线性变换,那么V_0和V_1都是$\mathscr{B}$的不变子空间的充要条件为$\mathscr{A}\mathscr{B} = \mathscr{B}\mathscr{A}$.

证明　(1)由$\mathscr{A}^2 = \mathscr{A}$可知,$\mathscr{A}$的特征值是0或1,且$V_0 = \mathscr{A}^{-1}(0)$,$V_1 = (\mathscr{A} - \boldsymbol{E})^{-1}(\boldsymbol{0})$.

设$\mathscr{A}$在V的一组基$\boldsymbol{\varepsilon}_1, \boldsymbol{\varepsilon}_2, \cdots, \boldsymbol{\varepsilon}_n$下的矩阵为$\boldsymbol{A}$,可以证明$r(\boldsymbol{A}) + r(\boldsymbol{A} - \boldsymbol{E}) = n$.

由于$r(\boldsymbol{A} - \boldsymbol{E}) = r(\boldsymbol{E} - \boldsymbol{A})$,$r(\boldsymbol{A}) + r(\boldsymbol{A} - \boldsymbol{E}) = r(\boldsymbol{A}) + r(\boldsymbol{E} - \boldsymbol{A}) \geqslant r(\boldsymbol{A} + \boldsymbol{E} - \boldsymbol{A}) = n$

另一方面,由$\boldsymbol{A}(\boldsymbol{A} - \boldsymbol{E}) = \boldsymbol{A}^2 - \boldsymbol{A} = \boldsymbol{O}$,知$r(\boldsymbol{A}) + r(\boldsymbol{A} - \boldsymbol{E}) \leqslant n$,

所以$r(\boldsymbol{A}) + r(\boldsymbol{A} - \boldsymbol{E}) = n$.

由于$\dim V_0 = n - r(\boldsymbol{A})$,$\dim V_1 = n - r(\boldsymbol{E} - \boldsymbol{A})$,$V_0 + V_1$是$V$的子空间,且$V_0 \cap V_1 = \{\boldsymbol{0}\}$(属于不同特征值的特征向量是线性无关的),所以$V_0 + V_1 = V_0 \oplus V_1$.

又由上述证明,$\dim V_0 + \dim V_1 = n$,所以$V = V_0 \oplus V_1$.

(2) **必要性**　设V_0和V_1都是$\mathscr{B}$的不变子空间,$\forall \boldsymbol{\alpha} \in V$,都有$\boldsymbol{\alpha} = \boldsymbol{\alpha}_0 + \boldsymbol{\alpha}_1$,$\boldsymbol{\alpha}_0 \in V_0$,$\boldsymbol{\alpha}_1 \in V_1$,于是$(\mathscr{A}\mathscr{B})\boldsymbol{\alpha} = \mathscr{A}\mathscr{B}(\boldsymbol{\alpha}_0 + \boldsymbol{\alpha}_1) = \mathscr{A}(\mathscr{B}\boldsymbol{\alpha}_0 + \mathscr{B}\boldsymbol{\alpha}_1) = \mathscr{B}\boldsymbol{\alpha}_1$,$\mathscr{B}\boldsymbol{\alpha}_0 \in V_0$,$\mathscr{B}\boldsymbol{\alpha}_1 \in V_1$,

$(\mathscr{B}\mathscr{A})\boldsymbol{\alpha}=\mathscr{B}(\mathscr{A}\boldsymbol{\alpha}_0+\mathscr{A}\boldsymbol{\alpha}_1)=\mathscr{B}(0\cdot\boldsymbol{\alpha}_0+1\cdot\boldsymbol{\alpha}_1)=\mathscr{B}\boldsymbol{\alpha}_1$,所以 $\mathscr{A}\mathscr{B}=\mathscr{B}\mathscr{A}$.

充分性 设 $\mathscr{A}\mathscr{B}=\mathscr{B}\mathscr{A}$, $\forall\boldsymbol{\alpha}\in V_0$ 都有 $\mathscr{A}(\mathscr{B}\boldsymbol{\alpha})=\mathscr{B}(\mathscr{A}\boldsymbol{\alpha})=\mathscr{B}\boldsymbol{O}=\mathscr{B}(0\boldsymbol{\alpha})=0(\mathscr{B}\boldsymbol{\alpha})$,所以$\mathscr{B}\boldsymbol{\alpha}\in V_0$.

若$\boldsymbol{\alpha}\in V_1$,就有$\mathscr{A}(\mathscr{B}\boldsymbol{\alpha})=\mathscr{B}(\mathscr{A}\boldsymbol{\alpha})=\mathscr{B}\boldsymbol{\alpha}=1\cdot(\mathscr{B}\boldsymbol{\alpha})$,所以$\mathscr{B}\boldsymbol{\alpha}\in V_1$,故$V_0$和$V_1$都是$\mathscr{B}$的不变子空间.

例 2 设V是复数域上的n维线性空间,$\mathscr{A}$,$\mathscr{B}$是V上线性变换,且$\mathscr{A}\mathscr{B}=\mathscr{B}\mathscr{A}$,证明:$\mathscr{A}$,$\mathscr{B}$有公共的特征向量,且$\mathscr{A}\mathscr{B}$有一个特征值是$\mathscr{A}$的一个特征值和$\mathscr{B}$的特征值之积.

证明 因为V是复数域上的线性空间,所以$\mathscr{A}$在V上有特征值,任取$\mathscr{A}$的一个特征值$\boldsymbol{\lambda}_0$,记V_{λ_0}为$\mathscr{A}$的特征子空间,又$\mathscr{A}\mathscr{B}=\mathscr{B}\mathscr{A}$,所以$V_{\lambda_0}$是$\mathscr{B}$-不变的,所以在复数域上子空间$V_{\lambda_0}$上,$\mathscr{B}|V_{\lambda_0}$也有特征值,任取一个为$\mu_0$,存在$\boldsymbol{0}\neq\boldsymbol{\alpha}\in V_{\lambda_0}$,有$\mathscr{B}\boldsymbol{\alpha}=\mu_0\boldsymbol{\alpha}$,此时$\mathscr{A}\boldsymbol{\alpha}=\boldsymbol{\lambda}_0$,所以$\boldsymbol{\alpha}$是$\mathscr{A}$,$\mathscr{B}$的公共特征向量,又$(\mathscr{A}\mathscr{B})\boldsymbol{\alpha}=\mathscr{A}(\mu_0\boldsymbol{\alpha})=\mu_0\boldsymbol{\alpha}\boldsymbol{\lambda}_0$,$\mu_0\boldsymbol{\lambda}_0$是$\mathscr{A}\mathscr{B}$的一个特征值.

习　题

1. 判断以下集合对于所给的线性运算是否构成实数域上的线性空间：

(1) 设$\boldsymbol{A}$是3阶实数矩阵，$\boldsymbol{A}$的实系数多项式$f(\boldsymbol{A})$的全体，对于矩阵的加法和数与矩阵乘法.

(2) 平面上不平行于某一向量的全体向量所组成的集合，对于通常向量的加法和数与向量的乘法.

2. 在线性空间$\mathbf{R}^4$中，求由基$\boldsymbol{\alpha}_1,\boldsymbol{\alpha}_2,\boldsymbol{\alpha}_3,\boldsymbol{\alpha}_4$到基$\boldsymbol{\beta}_1,\boldsymbol{\beta}_2,\boldsymbol{\beta}_3,\boldsymbol{\beta}_4$的过渡矩阵，并求向量$\boldsymbol{\alpha}$在指定基下的坐标：

(1)$\boldsymbol{\alpha}=(1,0,0,0)$在$\boldsymbol{\alpha}_1,\boldsymbol{\alpha}_2,\boldsymbol{\alpha}_3,\boldsymbol{\alpha}_4$下的坐标；

(2)$\boldsymbol{\alpha}=(1,0,0,-1)$在$\boldsymbol{\beta}_1,\boldsymbol{\beta}_2,\boldsymbol{\beta}_3,\boldsymbol{\beta}_4$下的坐标.

3. 证明：线性空间的任一非平凡子空间的补子空间不是唯一的.

4. 在线性空间$\mathbf{R}^4$中求分别由向量$\boldsymbol{\alpha}_1=(1,-2,-1,2)$，$\boldsymbol{\alpha}_2=(2,1,1,1)$，$\boldsymbol{\alpha}_3=(-1,-3,-2,0)$与$\boldsymbol{\beta}_1=(2,-4,-2,3)$，$\boldsymbol{\beta}_2=(1,7,0,5)$生成的子空间$L(\boldsymbol{\alpha}_1,\boldsymbol{\alpha}_2,\boldsymbol{\alpha}_3)$，$L(\boldsymbol{\beta}_1,\boldsymbol{\beta}_2)$的和空间与交空间的基以及维数.

5. 设V是数域P上的线性空间，已知V中的向量$\boldsymbol{\alpha}_1,\boldsymbol{\alpha}_2,\boldsymbol{\alpha}_3,\boldsymbol{\alpha}_4$线性无关，向量$\boldsymbol{\beta}_1=\boldsymbol{\alpha}_1+\boldsymbol{\alpha}_2$，$\boldsymbol{\beta}_2=\boldsymbol{\alpha}_2+\boldsymbol{\alpha}_3$，$\boldsymbol{\beta}_3=\boldsymbol{\alpha}_3+\boldsymbol{\alpha}_4$，$\boldsymbol{\beta}_4=\boldsymbol{\alpha}_4+\boldsymbol{\alpha}_1$，求子空间$W=L(\boldsymbol{\beta}_1,\boldsymbol{\beta}_2,\boldsymbol{\beta}_3,\boldsymbol{\beta}_4)$的维数.

6. 设$V=P^{2\times 2}$是数域P上的线性空间，$\boldsymbol{\alpha}_1=\begin{pmatrix}1&2\\1&0\end{pmatrix}$，$\boldsymbol{\alpha}_2=\begin{pmatrix}-1&1\\1&1\end{pmatrix}$，$\boldsymbol{\beta}_1=\begin{pmatrix}2&-1\\0&1\end{pmatrix}$，$\boldsymbol{\beta}_2=\begin{pmatrix}1&-1\\3&7\end{pmatrix}$. 令$V$的子空间$W_1=L(\boldsymbol{\alpha}_1,\boldsymbol{\alpha}_2)$，$W_2=L(\boldsymbol{\beta}_1,\boldsymbol{\beta}_2)$，求$W_1+W_2$的维数.

7. 设$\boldsymbol{A}$是n阶实矩阵，$\mathbf{R}^n$为实数域上n元列向量空间，$W=\{\boldsymbol{Y}\in\mathbf{R}^n \mid \boldsymbol{X}^{\mathrm{T}}\boldsymbol{A}\boldsymbol{Y}=0$对一切$\boldsymbol{X}\in\mathbf{R}^n$均成立$\}$，则$W$为$\mathbf{R}^n$的子空间，且$W$的维数与$\boldsymbol{A}$的秩之和为$n$.

8. 设$V=P^{n\times n}$为数域P上全体n阶矩阵构成的线性空间，W_1为V中全体对称矩阵构成的子空间，W_2为V中全体反对称矩阵构成的子空间，证明：$V=W_1\oplus W_2$.

9. 设$\boldsymbol{A},\boldsymbol{B}$是数域$P$上的$n$阶方阵且设齐次线性方程组$\boldsymbol{AX}=\boldsymbol{0}$与$\boldsymbol{BX}=\boldsymbol{0}$的解空间分别为$W_1$与$W_2$，证明：

(1) 若 $\boldsymbol{AB}=\boldsymbol{O}$,则 $\dim W_1+\dim W_2\geqslant n$.

(2) $W_1=W_2$ 当且仅当存在 n 阶方阵 $\boldsymbol{P},\boldsymbol{Q}$,使得 $\boldsymbol{A}=\boldsymbol{PQ},\boldsymbol{B}=\boldsymbol{QA}$.

10. 设 $\boldsymbol{A},\boldsymbol{B}$ 分别为 $n\times m$ 和 $m\times n$ 矩阵,n 维行向量 $\boldsymbol{X}$ 满足 $\boldsymbol{XAB}=\boldsymbol{0}$,令 $V=\{\boldsymbol{Y}\mid \boldsymbol{Y}=\boldsymbol{XA},\boldsymbol{XAB}=\boldsymbol{0}\}$,证明:$\dim V=r(\boldsymbol{A})-r(\boldsymbol{AB})$.

11. 设 V 是数域 P 上的所有 n 阶对称矩阵关于矩阵的加法与数乘运算构成的线性空间,令 $U=\{\boldsymbol{A}\in V\mid \mathrm{tr}\boldsymbol{A}=0\}$,$W=\{\lambda\boldsymbol{E}\mid\lambda\in P\}$.

(1) 证明:U 与 W 为 V 的子空间;

(2) 分别求 U 与 W 的一组基与维数;

(3) 证明:$V=U\oplus W$.

12. 设 V 是数域 P 上一个 n 维线性空间,$\boldsymbol{\alpha}_1,\boldsymbol{\alpha}_2,\cdots,\boldsymbol{\alpha}_n$ 是 V 的一组基,用 V_1 表示由 $\boldsymbol{\alpha}_1+\boldsymbol{\alpha}_2+\cdots+\boldsymbol{\alpha}_n$ 生成的子空间,令 $V_2=\left\{\sum\limits_{i=1}^{n}k_i\boldsymbol{\alpha}_i \mid \sum\limits_{i=1}^{n}k_i=0,k_i\in P\right\}$,证明:

(1) V_2 为 V 的子空间;

(2) $V=V_1\oplus V_2$.

13. 判断下面所定义的变换,哪些是线性变换,哪些不是线性变换:

(1) 在线性空间 V 中,$\mathscr{A}(\boldsymbol{\xi})=\boldsymbol{\xi}+\boldsymbol{\alpha}$,其中 $\boldsymbol{\alpha}$ 是 V 中一固定向量.

(2) 在 $\mathbf{R}^3$ 中 $\mathscr{A}(\boldsymbol{x}_1,\boldsymbol{x}_2,\boldsymbol{x}_3)=(\boldsymbol{x}_1^2,\boldsymbol{x}_2+\boldsymbol{x}_3,\boldsymbol{x}_3^2)$.

(3) 在 $P[x]$ 中,$\mathscr{A}f(\boldsymbol{x})=f(\boldsymbol{x}_0)$,其中 $\boldsymbol{x}_0\in P$,是一固定的数.

14. 已知线性空间 $\mathbf{R}^3$ 中,线性变换 $\mathscr{A}$ 在基 $\boldsymbol{\eta}_1=(-1,1,1)$,$\boldsymbol{\eta}_2=(1,0,-1)$,$\boldsymbol{\eta}_3=(0,1,1)$ 下的矩阵为 $\boldsymbol{A}=\begin{pmatrix}1&0&1\\1&1&0\\-1&2&1\end{pmatrix}$,求 $\mathscr{A}$ 在基 $\boldsymbol{\varepsilon}_1=(1,0,0)$,$\boldsymbol{\varepsilon}_2=(0,1,0)$,$\boldsymbol{\varepsilon}_3=(0,0,1)$ 下的矩阵 $\boldsymbol{B}$.

15. 设 E 为有理数域上的三维向量空间,$\mathscr{A}$ 为 $\boldsymbol{E}$ 到 $\boldsymbol{E}$ 的线性变换,若对 $\boldsymbol{x}\neq\boldsymbol{0},\boldsymbol{y},\boldsymbol{z}\in\boldsymbol{E}$,有 $\mathscr{A}\boldsymbol{x}=\boldsymbol{y}$,$\mathscr{A}\boldsymbol{y}=\boldsymbol{z}$,$\mathscr{A}\boldsymbol{z}=\boldsymbol{x}+\boldsymbol{y}$,证明:$\boldsymbol{x},\boldsymbol{y},\boldsymbol{z}$ 线性无关.

16. 设 $\mathscr{A},\mathscr{B}$ 是线性空间 V 上的线性变换,$\mathscr{A}^2=\mathscr{A}$,$\mathscr{B}^2=\mathscr{B}$,$\mathscr{A}\mathscr{B}=\mathscr{B}\mathscr{A}=\mathscr{O}$,证明:$(\mathscr{A}+\mathscr{B})V=\mathscr{A}(V)\oplus\mathscr{B}(V)$.

17. 设 V 是实数域 $\mathbf{R}$ 上 2 阶矩阵全体构成的线性空间,设 $\boldsymbol{P}=\begin{pmatrix}1&0\\2&1\end{pmatrix}$,定义 V 的一个变

换 $\mathscr{A}$ 如下：

$$\mathscr{A}(\boldsymbol{X}) = \boldsymbol{PXP}^{-1}, \boldsymbol{X} \in V.$$

(1) 证明：$\mathscr{A}$ 是线性变换.

(2) 求 $\mathscr{A}$ 在基 $\boldsymbol{E}_{11}, \boldsymbol{E}_{12}, \boldsymbol{E}_{21}, \boldsymbol{E}_{22}$ 下的矩阵.

(3) 求 $\mathscr{A}$ 的特征值与特征向量.

18. 设 $\mathscr{A}$ 是数域 $\boldsymbol{P}$ 上 n 维线性空间 V 的一个线性变换，并且满足 $\mathscr{A}^2 = \mathscr{A}$，而 $\mathscr{A}$ 在 V 的某组基下的矩阵为 $\boldsymbol{A}$，又设 $V_1 = \{\mathscr{A}\boldsymbol{\alpha} \mid \boldsymbol{\alpha} \in V\}, V_2 = \{\boldsymbol{\alpha} - \mathscr{A}\boldsymbol{\alpha} \mid \boldsymbol{\alpha} \in V\}$. 证明：

(1) $V = V_1 \oplus V_2$；

(2) $\boldsymbol{A}$ 和一个对角矩阵相似；

(3) $\boldsymbol{A} + \boldsymbol{E}$ 是非退化矩阵.

19. 设 $\mathscr{A}, \mathscr{B}$ 是 n 维线性空间 V 中的线性变换，且 $\mathscr{A}^2 = \mathscr{A}, \mathscr{B}^2 = \mathscr{B}$，证明：$\mathscr{A}$ 与 $\mathscr{B}$ 有相同的值域当且仅当 $\mathscr{A}\mathscr{B} = \mathscr{B}, \mathscr{B}\mathscr{A} = \mathscr{A}$.

20. 设 $\mathscr{A}$ 是线性空间 V 的线性变换，证明：$r(\mathscr{A}^2) = r(\mathscr{A})$ 的充要条件是 $\mathscr{A}$ 的值域与核之交为零空间，即 $\mathscr{A}(V) \cap \mathscr{A}^{-1}(\boldsymbol{0}) = \{\boldsymbol{0}\}$.

21. 设 $\mathscr{A}$ 是数域 $\boldsymbol{P}$ 上 n 维线性空间 V 的一个线性变换，并且满足 $\mathscr{A}^2 = \mathscr{A}$，证明：

(1) $V = V_0 \oplus V_1$（此处 V_0, V_1 分别是 $\mathscr{A}$ 的属于特征值 0 及 1 的特征子空间）；

(2) $V = \mathscr{A}(V) \oplus \mathrm{Ker}\mathscr{A}$（其中 $\mathscr{A}(V), \mathrm{Ker}\mathscr{A}$ 分别是 $\mathscr{A}$ 的值域与核）.

第三章　内积空间

第一节　内积空间的概念

在线性空间中,向量的基本运算只有加法和数乘两种.而对于解析几何中讨论过的三维向量空间 $\mathbf{R}^3$,很容易看到这也是线性空间,但是 $\mathbf{R}^3$ 中的向量除了加法和数乘这两个运算之外,还有数量积和向量积,此外还有向量的长度,两向量的夹角等度量概念,而这些概念在线性空间的理论中并没有得到反映.为了将这些度量概念引入到线性空间中,我们先引入类似于数量积的概念:内积.

一、内积与内积空间

定义 1　设 V 是实数域 $\mathbf{R}$ 上的线性空间,如果对 V 中任意两个元素 $\boldsymbol{x},\boldsymbol{y}$,有一个确定的实数[记为$(\boldsymbol{x},\boldsymbol{y})$]与它们对应,且满足:

(1) $(\boldsymbol{x},\boldsymbol{y})=(\boldsymbol{y},\boldsymbol{x})$,

(2) $(\lambda\boldsymbol{x},\boldsymbol{y})=\lambda(\boldsymbol{x},\boldsymbol{y}),\lambda\in\mathbf{R}$,

(3) $(\boldsymbol{x}+\boldsymbol{y},\boldsymbol{z})=(\boldsymbol{x},\boldsymbol{z})+(\boldsymbol{y},\boldsymbol{z}),\boldsymbol{z}\in V$,

(4) $(\boldsymbol{x},\boldsymbol{x})\geqslant 0$ 当且仅当 $\boldsymbol{x}=\mathbf{0}$,时 $(\boldsymbol{x},\boldsymbol{x})=0$,

则称$(\boldsymbol{x},\boldsymbol{y})$ 为 $\boldsymbol{x}$ 与 $\boldsymbol{y}$ 的内积.定义了内积的线性空间称为实内积空间,简称内积空间或欧氏空间.

从内积的定义可看出,向量的内积与向量的加法和数乘是完全无关的运算,从而一个线性空间中不论如何定义内积,都不会影响线性空间的维数.

对于同一个线性空间,可以定义出不同的内积,从而构造出不同的内积空间.

例 1　在三维向量空间 $\mathbf{R}^3$ 中,对于实向量 $\boldsymbol{x}=(\xi_1,\xi_2,\xi_3)$,$\boldsymbol{y}=(\eta_1,\eta_2,\eta_3)$,可令

$$(\boldsymbol{x},\boldsymbol{y})=2\xi_1\eta_1+3\xi_2\eta_2+4\xi_3\eta_3.$$

不难验证,$(\boldsymbol{x},\boldsymbol{y})$ 满足内积的四个条件,故这样定义内积后 $\mathbf{R}^3$ 就是内积空间.此外,$\mathbf{R}^3$ 中

的数量积也满足内积的四个条件,故数量积也是一种内积.

下面我们来列举一些常见的内积空间.

例 2　设$\mathbf{R}^n$为n维向量空间,对于实向量$\boldsymbol{x}=(\xi_1,\xi_2,\cdots,\xi_n)$,$\boldsymbol{y}=(\eta_1,\eta_2,\cdots,\eta_n)$,令

$$(\boldsymbol{x},\boldsymbol{y})=\boldsymbol{x}\boldsymbol{y}^{\mathrm{T}}=\xi_1\eta_1+\xi_2\eta_2+\cdots+\xi_n\eta_n.$$

可验证$(\boldsymbol{x},\boldsymbol{y})$是内积,故这样定义内积后$\mathbf{R}^n$为内积空间,是$n$维内积空间.以后对于$\mathbf{R}^n$,如果不加说明的话,我们通常默认内积为此标准内积.

例 3　在$m\times n$维线性空间$\mathbf{R}^{m\times n}$中,对于实矩阵$\boldsymbol{A}=(a_{ij})_{m\times n}$,$\boldsymbol{B}=(b_{ij})_{m\times n}$,规定

$$(\boldsymbol{A},\boldsymbol{B})=\sum_{i=1}^{m}\sum_{j=1}^{n}a_{ij}b_{ij},$$

显然也满足内积的四个条件,故$\mathbf{R}^{m\times n}$(矩阵空间)是$m\times n$维内积空间.

例 4　设$P[x]$为所有实系数多项式构成的集合,加法和数乘就是多项式的加法和数与多项式的乘积,显然是实线性空间.对于实系数多项式$f(x)$,$g(x)$,规定

$$(f(x),g(x))=\int_0^1 f(x)g(x)\mathrm{d}x,\text{或}(f(x),g(x))=\int_{-1}^{1} f(x)g(x)\mathrm{d}x.$$

由定积分的性质易验证$(f(x),g(x))$满足内积的四个条件,故$P[x]$是内积空间,是无限维内积空间.

根据内积的定义,很容易得到内积的如下性质.

(1)$(\boldsymbol{x},\lambda\boldsymbol{y})=\lambda(\boldsymbol{x},\boldsymbol{y})$.

(2)$(\boldsymbol{x},\boldsymbol{y}+z)=(\boldsymbol{x},\boldsymbol{y})+(\boldsymbol{x},z)$.

(3)$(\boldsymbol{x},\boldsymbol{0})=(\boldsymbol{0},\boldsymbol{y})=0$.

(4)$\left(\sum_{i=1}^{n}a_i\boldsymbol{x}_i,\sum_{j=1}^{n}b_j\boldsymbol{y}_j\right)=\sum_{i,j=1}^{n}a_ib_j(\boldsymbol{x}_i,\boldsymbol{y}_j)$.

事实上,$(\boldsymbol{x},\lambda\boldsymbol{y})=(\lambda\boldsymbol{y},\boldsymbol{x})=\lambda(\boldsymbol{y},\boldsymbol{x})=\lambda(\boldsymbol{x},\boldsymbol{y})$,性质(1)得证.

而$(\boldsymbol{x},\boldsymbol{y}+z)=(\boldsymbol{y}+z,\boldsymbol{x})=(\boldsymbol{y},\boldsymbol{x})+(z,\boldsymbol{x})=(\boldsymbol{x},\boldsymbol{y})+(\boldsymbol{x},z)$,这就得到了性质(2).

$(\boldsymbol{x},\boldsymbol{0})=(\boldsymbol{x},0\boldsymbol{y})=0(\boldsymbol{x},\boldsymbol{y})=0$,同理$(\boldsymbol{0},\boldsymbol{y})=0$,从而性质(3)成立.

利用数学归纳法也不难证明性质(4),读者可自行验证.

下面我们来证明柯西 - 施瓦茨(Cauchy - Schwarz)不等式.

定理 1　设V是内积空间,$\boldsymbol{x}$,$\boldsymbol{y}$是V中任意两个向量,则有

$$(\boldsymbol{x},\boldsymbol{y})^2\leqslant(\boldsymbol{x},\boldsymbol{x})(\boldsymbol{y},\boldsymbol{y}),$$

当且仅当 $\boldsymbol{x},\boldsymbol{y}$ 线性相关等号成立.

证明 设 t 为任意实数,显然 $\boldsymbol{x}-t\boldsymbol{y}\in V$.则 $(\boldsymbol{x}-t\boldsymbol{y},\boldsymbol{x}-t\boldsymbol{y})\geqslant 0$,故

$$(\boldsymbol{y},\boldsymbol{y})t^2-2(\boldsymbol{x},\boldsymbol{y})t+(\boldsymbol{x},\boldsymbol{x})\geqslant 0, \tag{*}$$

当 $\boldsymbol{y}=\boldsymbol{0}$ 时,不等式 $(\boldsymbol{x},\boldsymbol{y})^2\leqslant(\boldsymbol{x},\boldsymbol{x})(\boldsymbol{y},\boldsymbol{y})$ 显然成立;

当 $\boldsymbol{y}\neq\boldsymbol{0}$ 时,$(\boldsymbol{y},\boldsymbol{y})>0$.把(*)式看作是 t 的二次多项式,若对任意实数 t,此二次多项式都大于等于零,那么必有

$$\Delta=[-2(\boldsymbol{x},\boldsymbol{y})]^2-4(\boldsymbol{y},\boldsymbol{y})(\boldsymbol{x},\boldsymbol{x})\leqslant 0,$$

即 $(\boldsymbol{x},\boldsymbol{y})^2\leqslant(\boldsymbol{x},\boldsymbol{x})(\boldsymbol{y},\boldsymbol{y})$.

若等号成立,即 $\Delta=0$,此时二次多项式 $(\boldsymbol{y},\boldsymbol{y})t^2-2(\boldsymbol{x},\boldsymbol{y})t+(\boldsymbol{x},\boldsymbol{x})=0$ 有重根 $t=t_0$,故有 $(\boldsymbol{x}-t_0\boldsymbol{y},\boldsymbol{x}-t_0\boldsymbol{y})=0$,由内积的定义可知,$\boldsymbol{x}-t_0\boldsymbol{y}=\boldsymbol{0}$,故 $\boldsymbol{x}=t_0\boldsymbol{y}$.从而 $\boldsymbol{x},\boldsymbol{y}$ 线性相关.

若 $\boldsymbol{x},\boldsymbol{y}$ 线性相关,不妨设 $\boldsymbol{y}=\lambda\boldsymbol{x}$($\lambda$ 是实数),则

$(\boldsymbol{x},\boldsymbol{y})^2=(\boldsymbol{x},\lambda\boldsymbol{x})^2=[\lambda(\boldsymbol{x},\boldsymbol{x})]^2=(\boldsymbol{x},\boldsymbol{x})(\lambda\boldsymbol{x},\lambda\boldsymbol{x})=(\boldsymbol{x},\boldsymbol{x})(\boldsymbol{y},\boldsymbol{y})$,

即 $(\boldsymbol{x},\boldsymbol{y})^2=(\boldsymbol{x},\boldsymbol{x})(\boldsymbol{y},\boldsymbol{y})$.

二、长度与夹角

利用向量的内积,可定义向量的长度和两向量的夹角.

定义 2 在内积空间 V 中,我们称非负实数 $\sqrt{(\boldsymbol{x},\boldsymbol{x})}$ 为 V 中向量 $\boldsymbol{x}$ 的长度,记为 $|\boldsymbol{x}|=\sqrt{(\boldsymbol{x},\boldsymbol{x})}$.

例如,在 n 维内积空间 $\mathbf{R}^n$ 中,向量 $\boldsymbol{x}=(\xi_1,\xi_2,\cdots,\xi_n)$ 的长度为

$$|\boldsymbol{x}|=\sqrt{\xi_1^2+\xi_2^2+\cdots+\xi_n^2}.$$

定理 2 设 V 是内积空间,V 中向量 $\boldsymbol{x}$ 的长度 $|\boldsymbol{x}|$ 有以下性质:

(1) $|\boldsymbol{x}|\geqslant 0$, $|\boldsymbol{x}|=0$ 当且仅当 $\boldsymbol{x}$ 是零向量;

(2) $|k\boldsymbol{x}|=|k||\boldsymbol{x}|$,其中 k 为任意实数;

(3) $|(\boldsymbol{x},\boldsymbol{y})|\leqslant|\boldsymbol{x}||\boldsymbol{y}|$; (Cauchy - Schwarz 不等式)

(4) $|\boldsymbol{x}+\boldsymbol{y}|\leqslant|\boldsymbol{x}|+|\boldsymbol{y}|$, $|\boldsymbol{x}-\boldsymbol{y}|\geqslant|\boldsymbol{x}|-|\boldsymbol{y}|$. (三角不等式)

证明 (1) 和(2) 利用长度和内积的定义很容易推出,把定理 1 的结论用长度的符号来表示就是性质(3).下面我们来证明性质(4):

$$|x+y|^2=(x+y,x+y)=(x,x)+2(x,y)+(y,y)\leqslant(x,x)+2|x||y|+(y,y)$$
$$=|x|^2+2|x||y|+|y|^2=(|x|+|y|)^2,$$

由此即得

$$|x+y|\leqslant|x|+|y|.$$

又由 $x=(x-y)+y$,得

$$|x|=|(x-y)+y|\leqslant|x-y|+|y|,$$

因此有　$|x-y|\geqslant|x|-|y|$.

证毕.

若考虑平面 $\mathbf{R}^2$ 中的向量,显然性质(4) 表明三角形中两边之和大于第三边,故性质(4) 也称为是三角不等式.

长度为 1 的向量称为单位向量.对于非零向量 x,显然 $\frac{1}{|x|}x$ 是单位向量,由 x 得到 $\frac{1}{|x|}x$ 的过程称为单位化.

此外,Cauchy - Schwarz 不等式有很重要的应用.

例如,在 n 维内积空间 $\mathbf{R}^n$ 中,记 $x=(\xi_1,\xi_2,\cdots,\xi_n)$,$y=(\eta_1,\eta_2,\cdots,\eta_n)$,则有

$$|\xi_1\eta_1+\xi_2\eta_2+\cdots+\xi_n\eta_n|\leqslant\sqrt{\xi_1^2+\xi_2^2+\cdots+\xi_n^2}\sqrt{\eta_1^2+\eta_2^2+\cdots+\eta_n^2}.$$

而当 x,y 都不是零向量时,可得 $\frac{|(x,y)|}{|x||y|}\leqslant 1$.

从而可有如下定义:

定义 3　内积空间 V 中非零向量 x,y 的夹角 $<x,y>$,规定为

$$<x,y>=\arccos\frac{(x,y)}{|x||y|},0\leqslant<x,y>\leqslant\pi.$$

当 x 或 y 为零向量时,约定向量 x 与 y 的夹角任意.

定义 4　对于内积空间 V 中的两个向量 x,y,如果有 $(x,y)=0$,则称 x 与 y 是正交的,且记为 $x\perp y$.

由定义可知,如果 x 与 y 正交,则 y 与 x 也是正交的.零向量与任意向量都正交.

例 5　设 V 是由闭区间 $[-\pi,\pi]$ 上的所有连续函数构成的集合,规定加法和数乘就是函数的加法和常数与函数的乘积,显然也是一个线性空间.对于任意两个连续函数

$f(\boldsymbol{x}),g(\boldsymbol{x})$,若规定$(f(\boldsymbol{x}),g(\boldsymbol{x}))=\int_{-\pi}^{\pi}f(\boldsymbol{x})g(\boldsymbol{x})\mathrm{d}\boldsymbol{x}$,那么 V 是内积空间.由正交的定义及定积分的计算可知,三角函数组

$$1,\sin \boldsymbol{x},\cos \boldsymbol{x},\sin 2\boldsymbol{x},\cos 2\boldsymbol{x},\cdots,\sin n\boldsymbol{x},\cos n\boldsymbol{x},\cdots$$

中任意两个函数正交.

有了正交的概念之后,我们可看到内积空间中有类似于直角三角形的勾股定理的结论.

定理 3 若向量 $\boldsymbol{x}$ 与 $\boldsymbol{y}$ 正交,则 $|\boldsymbol{x}+\boldsymbol{y}|^2=|\boldsymbol{x}|^2+|\boldsymbol{y}|^2$.

证明 $|\boldsymbol{x}+\boldsymbol{y}|^2=(\boldsymbol{x}+\boldsymbol{y},\boldsymbol{x}+\boldsymbol{y})=(\boldsymbol{x},\boldsymbol{x})+(\boldsymbol{x},\boldsymbol{y})+(\boldsymbol{y},\boldsymbol{x})+(\boldsymbol{y},\boldsymbol{y})$,

由于 $\boldsymbol{x}$ 与 $\boldsymbol{y}$ 正交,故$(\boldsymbol{x},\boldsymbol{y})=(\boldsymbol{y},\boldsymbol{x})=0$.从而有

$|\boldsymbol{x}+\boldsymbol{y}|^2=(\boldsymbol{x},\boldsymbol{x})+(\boldsymbol{y},\boldsymbol{y})=|\boldsymbol{x}|^2+|\boldsymbol{y}|^2$.

此结论可推广到多个向量的情况:如果向量组 $\boldsymbol{x}_1,\boldsymbol{x}_2,\cdots,\boldsymbol{x}_m$ 中任意两个向量正交,则有

$$|\boldsymbol{x}_1+\boldsymbol{x}_2+\cdots+\boldsymbol{x}_m|^2=|\boldsymbol{x}_1|^2+|\boldsymbol{x}_2|^2+\cdots+|\boldsymbol{x}_m|^2.$$

三、从另一个角度看线性方程组

设 $\boldsymbol{A}$ 是实齐次线性方程组$\begin{cases}a_{11}x_1+a_{12}x_2+\cdots+a_{1n}x_n=0,\\a_{21}x_1+a_{22}x_2+\cdots+a_{2n}x_n=0,\\\cdots\cdots\cdots\cdots\\a_{m1}x_1+a_{m2}x_2+\cdots+a_{mn}x_n=0\end{cases}$的系数矩阵,$\boldsymbol{\beta}=(c_1,c_2,\cdots,c_n)^{\mathrm{T}}$ 为方程组的解向量,则有

$$a_{i1}c_1+a_{i2}c_2+\cdots+a_{in}c_n=0 \qquad (*)$$

令 $\boldsymbol{\alpha}_i=(a_{i1},a_{i2},\cdots,a_{in})^{\mathrm{T}}$ 为 $\boldsymbol{A}$ 的第 i 行的转置,$(*)$式说明 $\boldsymbol{\beta}$ 与 $\boldsymbol{\alpha}_i$ 正交.

例 6 设 $\boldsymbol{\alpha}_1,\boldsymbol{\alpha}_2,\cdots,\boldsymbol{\alpha}_{n-1}$ 为线性无关的 n 维实列向量,$\boldsymbol{\beta}_1,\boldsymbol{\beta}_2$ 与 $\boldsymbol{\alpha}_1,\boldsymbol{\alpha}_2,\cdots,\boldsymbol{\alpha}_{n-1}$ 中的每个向量都正交,证明:$\boldsymbol{\beta}_1,\boldsymbol{\beta}_2$ 线性相关.

证明 设 $\boldsymbol{\alpha}_i=(a_{i1},a_{i2},\cdots,a_{in})^{\mathrm{T}}$.

作齐次线性方程组 $\begin{cases} a_{11}x_1 + a_{12}x_2 + \cdots + a_{1n}x_n = 0, \\ a_{21}x_1 + a_{22}x_2 + \cdots + a_{2n}x_n = 0, \\ \cdots\cdots\cdots\cdots \\ a_{n-1,1}x_1 + a_{n-1,2}x_2 + \cdots + a_{n-1,n}x_n = 0. \end{cases}$

则 $\boldsymbol{\beta}_1,\boldsymbol{\beta}_2$ 是解向量,而 $r(A)=n-1$,基础解系只含一个向量,所以 $\boldsymbol{\beta}_1,\boldsymbol{\beta}_2$ 线性相关.

例 7　设 $\boldsymbol{\alpha}_i=(a_{i1},a_{i2},\cdots,a_{in})^{\mathrm{T}}$ 是 n 维实列向量,$i=1,2,\cdots,r,r<n$,且 $\boldsymbol{\alpha}_1,\boldsymbol{\alpha}_2,\cdots,\boldsymbol{\alpha}_r$ 线性无关,实向量 $\boldsymbol{\beta}=(b_1,b_2,\cdots,b_n)^{\mathrm{T}}$ 是方程组

$\begin{cases} a_{11}x_1 + a_{12}x_2 + \cdots + a_{1n}x_n = 0, \\ a_{21}x_1 + a_{22}x_2 + \cdots + a_{2n}x_n = 0, \\ \cdots\cdots\cdots\cdots \\ a_{r1}x_1 + a_{r2}x_2 + \cdots + a_{rn}x_n = 0 \end{cases}$ 的非零解,证明:$\boldsymbol{\alpha}_1,\boldsymbol{\alpha}_2,\cdots,\boldsymbol{\alpha}_r,\boldsymbol{\beta}$ 线性无关.

证明　由题意可知,$\boldsymbol{\beta}$ 与 $\boldsymbol{\alpha}_1,\boldsymbol{\alpha}_2,\cdots,\boldsymbol{\alpha}_r$ 都正交,所以 $\boldsymbol{\beta}^{\mathrm{T}}\boldsymbol{\alpha}_i=0$,

令 $k_1\boldsymbol{\alpha}_1+k_2\boldsymbol{\alpha}_2+\cdots+k_r\boldsymbol{\alpha}_r+l\boldsymbol{\beta}=\mathbf{0}$,

两边左乘 $\boldsymbol{\beta}^{\mathrm{T}}$,得 $l(\boldsymbol{\beta}^{\mathrm{T}}\boldsymbol{\beta})=0$,因为 $\boldsymbol{\beta}^{\mathrm{T}}\boldsymbol{\beta}=b_1^2+\cdots+b_n^2>0$,所以 $l=0$,

又 $\boldsymbol{\alpha}_1,\boldsymbol{\alpha}_2,\cdots,\boldsymbol{\alpha}_r$ 线性无关,所以 $k_1=k_2=\cdots=k_r=l=0$,

即 $\boldsymbol{\alpha}_1,\boldsymbol{\alpha}_2,\cdots,\boldsymbol{\alpha}_r,\boldsymbol{\beta}$ 线性无关.

第二节　正交基及子空间的正交关系

一、正交基与标准正交基

定义 1　设 V 是欧氏空间,如果 V 中的一组非零向量 $\boldsymbol{x}_1,\boldsymbol{x}_2,\cdots,\boldsymbol{x}_m$ 两两正交,也就是说满足 $(\boldsymbol{x}_i,\boldsymbol{x}_j)=0(i\neq j;i,j=1,2,\cdots,m)$,则称 $\boldsymbol{x}_1,\boldsymbol{x}_2,\cdots,\boldsymbol{x}_m$ 为正交向量组.

上节例 5 中的三角函数组就是正交向量组.

定理 1　设 $\boldsymbol{x}_1,\boldsymbol{x}_2,\cdots,\boldsymbol{x}_m$ 为内积空间 V 的正交向量组,则 $\boldsymbol{x}_1,\boldsymbol{x}_2,\cdots,\boldsymbol{x}_m$ 线性无关.

证明　假设存在关系式 $k_1\boldsymbol{x}_1+k_2\boldsymbol{x}_2+\cdots+k_m\boldsymbol{x}_m=\mathbf{0}$,要证明 $\boldsymbol{x}_1,\boldsymbol{x}_2,\cdots,\boldsymbol{x}_m$ 线性无关,

只需证明$k_1,k_2,\cdots,k_m$均为零.为此,用每一个$\boldsymbol{x}_i$与上式两端作内积,可得$k_i(\boldsymbol{x}_i,\boldsymbol{x}_i)=0$.由于$\boldsymbol{x}_i$是非零向量,故$(\boldsymbol{x}_i,\boldsymbol{x}_i)>0$,从而必有$k_i=0(i=1,2,\cdots,m)$.得证.

对于n维内积空间V,由此定理可知,正交向量组中向量的个数不能超过n.

定义 2 设V是n维欧氏空间,若$\boldsymbol{x}_1,\boldsymbol{x}_2,\cdots,\boldsymbol{x}_n\in V$是正交向量组,则称$\boldsymbol{x}_1,\boldsymbol{x}_2,\cdots,\boldsymbol{x}_n$为$V$的一组正交基.

定义 3 设V是n维欧氏空间,若$\boldsymbol{e}_1,\boldsymbol{e}_2,\cdots,\boldsymbol{e}_n\in V$,满足$(\boldsymbol{e}_i,\boldsymbol{e}_j)=\begin{cases}1, i=j,\\0, i\neq j,\end{cases}$则称$\boldsymbol{e}_1,\boldsymbol{e}_2,\cdots,\boldsymbol{e}_n$为$V$的一组标准正交基.

显然标准正交基中的每个向量都是单位向量.

定理 2 任一n维欧氏空间V都存在标准正交基.

证明 设$\boldsymbol{x}_1,\boldsymbol{x}_2,\cdots,\boldsymbol{x}_n$为$V$的一组基.

作向量
$$\boldsymbol{y}_1=\boldsymbol{x}_1,$$
$$\boldsymbol{y}_2=\boldsymbol{x}_2-\frac{(\boldsymbol{x}_2,\boldsymbol{y}_1)}{(\boldsymbol{y}_1,\boldsymbol{y}_1)}\boldsymbol{y}_1,$$
$$\cdots\cdots\cdots\cdots$$
$$\boldsymbol{y}_n=\boldsymbol{x}_n-\frac{(\boldsymbol{x}_n,\boldsymbol{y}_1)}{(\boldsymbol{y}_1,\boldsymbol{y}_1)}\boldsymbol{y}_1-\frac{(\boldsymbol{x}_n,\boldsymbol{y}_2)}{(\boldsymbol{y}_2,\boldsymbol{y}_2)}\boldsymbol{y}_2-\cdots-\frac{(\boldsymbol{x}_n,\boldsymbol{y}_{n-1})}{(\boldsymbol{y}_{n-1},\boldsymbol{y}_{n-1})}\boldsymbol{y}_{n-1}.$$

容易验证$\boldsymbol{y}_1,\boldsymbol{y}_2,\cdots,\boldsymbol{y}_n$是正交向量组.再单位化
$$z_1=\frac{\boldsymbol{y}_1}{|\boldsymbol{y}_1|},z_2=\frac{\boldsymbol{y}_2}{|\boldsymbol{y}_2|},\cdots,z_n=\frac{\boldsymbol{y}_n}{|\boldsymbol{y}_n|},$$
则$z_1,z_2,\cdots,z_n$为V的一组标准正交基.

上述正交化的过程叫作施密特正交化过程.

二、度量矩阵

定义 4 设$\boldsymbol{x}_1,\boldsymbol{x}_2,\cdots,\boldsymbol{x}_n$是$n$维欧氏空间$V$的一组基向量,

称$\boldsymbol{A}=\begin{pmatrix}(\boldsymbol{x}_1,\boldsymbol{x}_1) & (\boldsymbol{x}_1,\boldsymbol{x}_2) & \cdots & (\boldsymbol{x}_1,\boldsymbol{x}_n)\\(\boldsymbol{x}_2,\boldsymbol{x}_1) & (\boldsymbol{x}_2,\boldsymbol{x}_2) & \cdots & (\boldsymbol{x}_2,\boldsymbol{x}_n)\\\vdots & \vdots & & \vdots\\(\boldsymbol{x}_n,\boldsymbol{x}_1) & (\boldsymbol{x}_n,\boldsymbol{x}_2) & \cdots & (\boldsymbol{x}_n,\boldsymbol{x}_n)\end{pmatrix}\in\mathbf{R}^{n\times n}$

为基 $\boldsymbol{x}_1,\boldsymbol{x}_2,\cdots,\boldsymbol{x}_n$ 的度量矩阵.

度量矩阵具有如下性质：

(1) 正交基的度量矩阵是对角阵，主对角元素都大于 0；

(2) 标准正交基的度量矩阵是单位矩阵；

(3) 度量矩阵是正定的；

(4) 不同基的度量矩阵是合同的.

证明　性质(1) 和(2) 利用正交基和标准正交基的定义很容易得到.

(3) 假设 $\boldsymbol{x}_1,\boldsymbol{x}_2,\cdots,\boldsymbol{x}_n$ 是 n 维欧氏空间 V 的一组基，$\boldsymbol{A}$ 为基 $\boldsymbol{x}_1,\boldsymbol{x}_2,\cdots,\boldsymbol{x}_n$ 的度量矩阵，由于 $(\boldsymbol{x}_i,\boldsymbol{x}_j)=(\boldsymbol{x}_j,\boldsymbol{x}_i)$，故度量矩阵 $\boldsymbol{A}$ 为对称矩阵.

对于任意非零向量 $(a_1,a_2,\cdots,a_n)$，令 $\boldsymbol{x}=a_1\boldsymbol{x}_1+a_2\boldsymbol{x}_2+\cdots+a_n\boldsymbol{x}_n$，显然为 V 中非零向量.

由内积的运算性质有

$$(\boldsymbol{x},\boldsymbol{x})=(a_1\boldsymbol{x}_1+a_2\boldsymbol{x}_2+\cdots+a_n\boldsymbol{x}_n,a_1\boldsymbol{x}_1+a_2\boldsymbol{x}_2+\cdots+a_n\boldsymbol{x}_n)$$

$$=\sum_{i,j=1}^{n}a_ia_j(\boldsymbol{x}_i,\boldsymbol{x}_j)>0,$$

用矩阵表示就有

$$(\boldsymbol{x},\boldsymbol{x})=(a_1,a_2,\cdots,a_n)\boldsymbol{A}(a_1,a_2,\cdots,a_n)^{\mathrm{T}}.$$

这说明度量矩阵 $\boldsymbol{A}$ 是正定的.

(4) 设 $\boldsymbol{y}_1,\boldsymbol{y}_2,\cdots,\boldsymbol{y}_n$ 是 n 维欧氏空间 V 的另一组基，$\boldsymbol{B}$ 为基 $\boldsymbol{y}_1,\boldsymbol{y}_2,\cdots,\boldsymbol{y}_n$ 的度量矩阵，不妨设 $(\boldsymbol{y}_1,\boldsymbol{y}_2,\cdots,\boldsymbol{y}_n)=(\boldsymbol{x}_1,\boldsymbol{x}_2,\cdots,\boldsymbol{x}_n)\boldsymbol{C}$，其中 $\boldsymbol{C}$ 为过渡矩阵，则有

$$\boldsymbol{y}_i=c_{1i}\boldsymbol{x}_1+c_{2i}\boldsymbol{x}_2+\cdots+c_{ni}\boldsymbol{x}_n(i=1,2,\cdots,n),$$

从而

$$(\boldsymbol{y}_i,\boldsymbol{y}_j)=(c_{1i},c_{2i},\cdots,c_{ni})\boldsymbol{A}(c_{1j},c_{2j},\cdots,c_{nj})^{\mathrm{T}}.$$

故 $\boldsymbol{B}=\boldsymbol{C}^{\mathrm{T}}\boldsymbol{A}\boldsymbol{C}$，即不同基的度量矩阵是合同的.

例 1　设 $\boldsymbol{\alpha}_1,\boldsymbol{\alpha}_2,\cdots,\boldsymbol{\alpha}_n$ 是欧氏空间 V 的 n 个向量，用 V 中的内积定义如下的矩阵：

$$\boldsymbol{A}=\begin{pmatrix}(\boldsymbol{\alpha}_1,\boldsymbol{\alpha}_1) & (\boldsymbol{\alpha}_1,\boldsymbol{\alpha}_2) & \cdots & (\boldsymbol{\alpha}_1,\boldsymbol{\alpha}_n)\\(\boldsymbol{\alpha}_2,\boldsymbol{\alpha}_1) & (\boldsymbol{\alpha}_2,\boldsymbol{\alpha}_2) & \cdots & (\boldsymbol{\alpha}_2,\boldsymbol{\alpha}_n)\\ \vdots & \vdots & & \vdots\\(\boldsymbol{\alpha}_n,\boldsymbol{\alpha}_1) & (\boldsymbol{\alpha}_n,\boldsymbol{\alpha}_2) & \cdots & (\boldsymbol{\alpha}_n,\boldsymbol{\alpha}_n)\end{pmatrix}.$$

则 $\boldsymbol{\alpha}_1,\boldsymbol{\alpha}_2,\cdots,\boldsymbol{\alpha}_n$ 线性无关当且仅当 $|\boldsymbol{A}|\neq 0$.

证明 若 $\boldsymbol{\alpha}_1,\boldsymbol{\alpha}_2,\cdots,\boldsymbol{\alpha}_n$ 线性无关,则 $V_1=L(\boldsymbol{\alpha}_1,\boldsymbol{\alpha}_2\cdots,\boldsymbol{\alpha}_n)$ 是 n 维欧氏空间,矩阵 $\boldsymbol{A}$ 恰为基 $\boldsymbol{\alpha}_1,\boldsymbol{\alpha}_2,\cdots,\boldsymbol{\alpha}_n$ 的度量矩阵.由于 V_1 是 n 维欧氏空间,从而 V_1 必有一组标准正交基,此标准正交基的度量矩阵为单位阵.又因为不同基的度量矩阵是合同的,从而必存在可逆矩阵 $\boldsymbol{C}$,使得 $\boldsymbol{A}=\boldsymbol{C}^{\mathrm{T}}\boldsymbol{C}$.故 $|\boldsymbol{A}|=|\boldsymbol{C}|^2\neq 0$.

反过来,若 $|\boldsymbol{A}|\neq 0$,用反证法.假设 $\boldsymbol{\alpha}_1,\boldsymbol{\alpha}_2,\cdots,\boldsymbol{\alpha}_n$ 线性相关,则存在不全为零的实数 $k_1,k_2,\cdots,k_n$,使得 $k_1\boldsymbol{\alpha}_1+k_2\boldsymbol{\alpha}_2+\cdots+k_n\boldsymbol{\alpha}_n=\boldsymbol{0}$,分别用 $\boldsymbol{\alpha}_i(1\leqslant i\leqslant n)$ 与之作内积可得

$$\begin{cases}k_1(\boldsymbol{\alpha}_1,\boldsymbol{\alpha}_1)+k_2(\boldsymbol{\alpha}_1,\boldsymbol{\alpha}_2)+\cdots+k_n(\boldsymbol{\alpha}_1,\boldsymbol{\alpha}_n)=0,\\ k_1(\boldsymbol{\alpha}_2,\boldsymbol{\alpha}_1)+k_2(\boldsymbol{\alpha}_2,\boldsymbol{\alpha}_2)+\cdots+k_n(\boldsymbol{\alpha}_2,\boldsymbol{\alpha}_n)=0,\\ \cdots\cdots\cdots\cdots\\ k_1(\boldsymbol{\alpha}_n,\boldsymbol{\alpha}_1)+k_2(\boldsymbol{\alpha}_n,\boldsymbol{\alpha}_2)+\cdots+k_n(\boldsymbol{\alpha}_n,\boldsymbol{\alpha}_n)=0.\end{cases}$$

将之看作是齐次线性方程组,则此线性方程组有非零解,而方程组的系数矩阵恰为 $\boldsymbol{A}$.利用线性方程组的知识可知必有 $|\boldsymbol{A}|=0$.矛盾.

从而假设不成立,故有 $\boldsymbol{\alpha}_1,\boldsymbol{\alpha}_2,\cdots,\boldsymbol{\alpha}_n$ 线性无关.

得证.

三、正交矩阵

定义 5 设 $\boldsymbol{A}$ 是实 n 阶矩阵,若 $\boldsymbol{A}^{\mathrm{T}}\boldsymbol{A}=\boldsymbol{A}\boldsymbol{A}^{\mathrm{T}}=\boldsymbol{E}$,则称 $\boldsymbol{A}$ 为正交矩阵.

由定义可知,$\boldsymbol{A}$ 正交 $\Leftrightarrow\boldsymbol{A}^{\mathrm{T}}=\boldsymbol{A}^{-1}$.

正交矩阵具有如下性质:

(1) 正交矩阵是可逆的,且 $|\boldsymbol{A}|=\pm 1$;

(2) 正交矩阵的实特征值为 ± 1(正交矩阵不一定有实特征值);

(3) 如果 $\boldsymbol{A}$ 为正交矩阵,则 $\boldsymbol{A}^{\mathrm{T}},\boldsymbol{A}^{-1},\boldsymbol{A}^*,\boldsymbol{A}^k$ 均为正交矩阵;

(4) 如果 $\boldsymbol{A},\boldsymbol{B}$ 是 n 阶正交矩阵,则 $\boldsymbol{AB}$ 也是正交矩阵.

证明 其中性质(1)(3)(4) 利用定义很容易得出,下证性质(2):

设 $\boldsymbol{A}$ 是 n 阶实正交矩阵,λ 为 $\boldsymbol{A}$ 的实特征值,$\boldsymbol{\alpha}$ 为 $\boldsymbol{A}$ 的属于 λ 的特征向量,则 $\boldsymbol{A\alpha}=\lambda\boldsymbol{\alpha}$.

两边同时取转置,可得 $\boldsymbol{\alpha}^{\mathrm{T}}\boldsymbol{A}^{\mathrm{T}}=\lambda\boldsymbol{\alpha}^{\mathrm{T}}$,故 $\boldsymbol{\alpha}^{\mathrm{T}}\boldsymbol{A}^{\mathrm{T}}\boldsymbol{A\alpha}=\boldsymbol{\alpha}^{\mathrm{T}}\boldsymbol{\alpha}=\lambda^2\boldsymbol{\alpha}^{\mathrm{T}}\boldsymbol{\alpha}$.

由于 $\boldsymbol{\alpha}$ 为非零向量,故 $\boldsymbol{\alpha}^{\mathrm{T}}\boldsymbol{\alpha}>0$,从而有 $\lambda^2=1$,可得 $\lambda=\pm 1$.得证.

定理 3　$\boldsymbol{A}$ 为实正交矩阵当且仅当 $\boldsymbol{A}$ 的行(列)向量是两两正交的单位向量.

证明　设 $\boldsymbol{A}=(\boldsymbol{\alpha}_1,\boldsymbol{\alpha}_2,\cdots,\boldsymbol{\alpha}_n)$ 是实 n 阶矩阵,其中 $\boldsymbol{\alpha}_i$ 为 $\boldsymbol{A}$ 的列向量,则

$$\boldsymbol{A}^{\mathrm{T}}\boldsymbol{A}=\begin{pmatrix}\boldsymbol{\alpha}_1^{\mathrm{T}}\\ \boldsymbol{\alpha}_2^{\mathrm{T}}\\ \vdots\\ \boldsymbol{\alpha}_n^{\mathrm{T}}\end{pmatrix}(\boldsymbol{\alpha}_1,\boldsymbol{\alpha}_2,\cdots,\boldsymbol{\alpha}_n)=\begin{pmatrix}\boldsymbol{\alpha}_1^{\mathrm{T}}\boldsymbol{\alpha}_1 & \boldsymbol{\alpha}_1^{\mathrm{T}}\boldsymbol{\alpha}_2 & \cdots & \boldsymbol{\alpha}_1^{\mathrm{T}}\boldsymbol{\alpha}_n\\ \boldsymbol{\alpha}_2^{\mathrm{T}}\boldsymbol{\alpha}_1 & \boldsymbol{\alpha}_2^{\mathrm{T}}\boldsymbol{\alpha}_2 & \cdots & \boldsymbol{\alpha}_2^{\mathrm{T}}\boldsymbol{\alpha}_n\\ \vdots & \vdots & & \vdots\\ \boldsymbol{\alpha}_n^{\mathrm{T}}\boldsymbol{\alpha}_1 & \boldsymbol{\alpha}_n^{\mathrm{T}}\boldsymbol{\alpha}_2 & \cdots & \boldsymbol{\alpha}_n^{\mathrm{T}}\boldsymbol{\alpha}_n\end{pmatrix},$$

而 $\boldsymbol{\alpha}_i^{\mathrm{T}}\boldsymbol{\alpha}_j=(\boldsymbol{\alpha}_i,\boldsymbol{\alpha}_j)$,故 $\boldsymbol{A}^{\mathrm{T}}\boldsymbol{A}=\boldsymbol{E}\Leftrightarrow\boldsymbol{A}$ 的列向量是两两正交的单位向量.

同理可得 $\boldsymbol{A}\boldsymbol{A}^{\mathrm{T}}=\boldsymbol{E}\Leftrightarrow\boldsymbol{A}$ 的行向量是两两正交的单位向量.

故得证.

四、正交子空间与正交补

定义 6　设 V_1,V_2 是欧氏空间 V 的两个子空间,如果 $\boldsymbol{x}\in V$,且对任意 $\boldsymbol{y}\in V_1$,恒有 $(\boldsymbol{x},\boldsymbol{y})=0$,则称 $\boldsymbol{x}$ 与子空间 V_1 正交,记为 $\boldsymbol{x}\perp V_1$.如果对任意 $\boldsymbol{x}\in V_1,\boldsymbol{y}\in V_2$,都有 $(\boldsymbol{x},\boldsymbol{y})=0$,则称 V_1 与 V_2 正交,记为 $V_1\perp V_2$;如果 $V_1\perp V_2$ 且 $V=V_1+V_2$,则称 V_2 是 V_1 的正交补,记为 $V_1^{\perp}$.

定理 4　如果欧氏空间 V 的子空间 V_1,V_2 正交,则 V_1+V_2 是直和.

证明　这只需证明 V_1+V_2 的零向量表示方法唯一.

由于 $\boldsymbol{0}=\boldsymbol{0}+\boldsymbol{0}$,如果还有 $\boldsymbol{x}\in V_1,\boldsymbol{y}\in V_2$,使得 $\boldsymbol{x}+\boldsymbol{y}=\boldsymbol{0}$,

则有 $0=(\boldsymbol{0},\boldsymbol{x})=(\boldsymbol{x}+\boldsymbol{y},\boldsymbol{x})=(\boldsymbol{x},\boldsymbol{x})+(\boldsymbol{y},\boldsymbol{x})=(\boldsymbol{x},\boldsymbol{x})$,(因为 $(\boldsymbol{y},\boldsymbol{x})=0$)

于是 $\boldsymbol{x}=\boldsymbol{0}$.同理 $\boldsymbol{y}=\boldsymbol{0}$.故零向量表示方法唯一.

注意:对于多个子空间两两正交的情况,利用定理 4 的证明方法,很容易得到多个子空间的和仍然是直和.

为了进一步研究正交补,我们先证明正交具有如下的性质.

性质:若向量组 $\boldsymbol{x}_1,\boldsymbol{x}_2,\cdots,\boldsymbol{x}_m$ 中的每一个向量都与向量 $\boldsymbol{y}$ 正交,则 $\boldsymbol{x}_1,\boldsymbol{x}_2,\cdots,\boldsymbol{x}_m$ 的任意线性组合也与 $\boldsymbol{y}$ 正交.

证明　对于任意的 m 个数 $k_1,k_2,\cdots,k_m$,有

$$(k_1\boldsymbol{x}_1+k_2\boldsymbol{x}_2+\cdots+k_m\boldsymbol{x}_m,\boldsymbol{y})=\sum_{i=1}^{m}k_i(\boldsymbol{x}_i,\boldsymbol{y})=0,$$

故 $k_1\boldsymbol{x}_1+k_2\boldsymbol{x}_2+\cdots+k_m\boldsymbol{x}_m$ 与 $\boldsymbol{y}$ 正交.

下面我们来证明正交补的存在唯一性.

定理5 n 维欧氏空间 V 的每一个子空间 V_1 都有唯一的正交补.

证明 首先证明正交补的存在性.

令 $W=\{\boldsymbol{\alpha}\mid\boldsymbol{\alpha}\in V,\boldsymbol{\alpha}\perp V_1\}$,显然 $\boldsymbol{0}\in W$,故 W 非空.

设 $\boldsymbol{x}\in W,\boldsymbol{y}\in W,z\in V_1,k$ 为实数,则有

$$(\boldsymbol{x}+\boldsymbol{y},z)=(\boldsymbol{x},z)+(\boldsymbol{y},z)=0,(k\boldsymbol{x},z)=k(\boldsymbol{x},z)=0,$$

即 $\boldsymbol{x}+\boldsymbol{y}\in W,k\boldsymbol{x}\in W$,因此 W 是一个子空间.

由 W 的定义可知,$W\perp V_1$,从而要证明 W 是 V_1 的正交补,只需要证明 $V=W+V_1$.

若 $V_1=\{\boldsymbol{0}\}$,则 $W=V$,此时显然有 $V=W+V_1$.

若 $V_1\neq\{\boldsymbol{0}\}$,则 V_1 也是欧氏空间(内积即为 V 中定义的内积),

故有一组标准正交基 $\boldsymbol{x}_1,\boldsymbol{x}_2,\cdots,\boldsymbol{x}_m(1\leqslant m\leqslant n)$.

对任意的 $\boldsymbol{\alpha}\in V$,令

$$\boldsymbol{x}=(\boldsymbol{\alpha},\boldsymbol{x}_1)\boldsymbol{x}_1+(\boldsymbol{\alpha},\boldsymbol{x}_2)\boldsymbol{x}_2+\cdots+(\boldsymbol{\alpha},\boldsymbol{x}_m)\boldsymbol{x}_m,\boldsymbol{y}=\boldsymbol{\alpha}-\boldsymbol{x},$$

显然 $\boldsymbol{x}\in V_1$,而

$(\boldsymbol{y},\boldsymbol{x}_i)=(\boldsymbol{\alpha},\boldsymbol{x}_i)-(\boldsymbol{x},\boldsymbol{x}_i)=0(1\leqslant i\leqslant m)$,

即 $\boldsymbol{y}$ 与每个 $\boldsymbol{x}_i$ 都正交.

由上述性质可知,$\boldsymbol{y}$ 与 $\boldsymbol{x}_1,\boldsymbol{x}_2,\cdots,\boldsymbol{x}_m$ 的任意线性组合都正交,

即 $\boldsymbol{y}\perp V_1$,故 $\boldsymbol{y}\in W$,从而 $\boldsymbol{\alpha}\subset W+V_1$,故有 $V\subset W+V_1$,这就证明了 $V=W+V_1$.

最后证唯一性.

设 W_1 和 W_2 都是 V_1 的正交补,对任意的 $\boldsymbol{\alpha}\in W_1\subset V$,必有 $\boldsymbol{\alpha}=\boldsymbol{x}+\boldsymbol{y}_2$,其中 $\boldsymbol{x}\in V_1,\boldsymbol{y}_2\in W_2$.由于 W_1 和 W_2 都是 V_1 的正交补,故$(\boldsymbol{\alpha},\boldsymbol{x})=0,(\boldsymbol{y}_2,\boldsymbol{x})=0$.而

$$(\boldsymbol{\alpha},\boldsymbol{x})=(\boldsymbol{x}+\boldsymbol{y}_2,\boldsymbol{x})=(\boldsymbol{x},\boldsymbol{x})+(\boldsymbol{y}_2,\boldsymbol{x})=(\boldsymbol{x},\boldsymbol{x}),$$

由内积的定义可知,必有 $\boldsymbol{x}=\boldsymbol{0}$,从而 $\boldsymbol{\alpha}=\boldsymbol{y}_2\in W_2$.

由 $\boldsymbol{\alpha}$ 的任意性可知,有 $W_1\subset W_2$.

同理可证 $W_2\subset W_1$,故有 $W_1=W_2$.得证.

可证明:若欧氏空间 V 是无限维的,那么 V 的任一有限维子空间仍有唯一的正交补.

对于有限维欧氏空间来说,其任意子空间的正交补构造如下:在 n 维欧氏空间 V 的子空间 W 中取一组正交基(或标准正交基)$\boldsymbol{\varepsilon}_1,\boldsymbol{\varepsilon}_2,\cdots,\boldsymbol{\varepsilon}_r(0<r<n)$,将其扩充成 V 的正交基(或标准正交基)$\boldsymbol{\varepsilon}_1,\boldsymbol{\varepsilon}_2,\cdots,\boldsymbol{\varepsilon}_r,\boldsymbol{\varepsilon}_{r+1},\cdots,\boldsymbol{\varepsilon}_n$,则 $W^{\perp}=L(\boldsymbol{\varepsilon}_{r+1},\cdots,\boldsymbol{\varepsilon}_n)$.

由此即得如下推论.

推论　设 W 是欧氏空间 V 的子空间,则:

(1) $(W^{\perp})^{\perp}=W$;

(2) $\dim V=\dim W+\dim W^{\perp}$.

例 2　设 V 是 n 维欧氏空间,$\boldsymbol{\alpha}$ 为 V 中一个取定的非零向量,证明:

(1) $V_1=\{\boldsymbol{x}\mid(\boldsymbol{x},\boldsymbol{\alpha})=0,\boldsymbol{x}\in V\}$ 是 V 的子空间;

(2) $\dim V_1=n-1$.

证明　(1) 因为 $(\boldsymbol{0},\boldsymbol{\alpha})=0$,故 $\boldsymbol{0}\in V_1$,V_1 非空,且对 V_1 中的任意向量 $\boldsymbol{x},\boldsymbol{y}$ 及实数 k,l,都有

$$(k\boldsymbol{x}+l\boldsymbol{y},\boldsymbol{\alpha})=k(\boldsymbol{x},\boldsymbol{\alpha})+l(\boldsymbol{y},\boldsymbol{\alpha})=0,$$

从而 $k\boldsymbol{x}+l\boldsymbol{y}\in V_1$,因此 V_1 是 V 的子空间.

(2) 设 $V_2=L(\boldsymbol{\alpha})$,由于 $\boldsymbol{\alpha}\neq\boldsymbol{0}$,故 $V_2=L(\boldsymbol{\alpha})$ 是一维的,显然 $V_1=V_2^{\perp}$,所以 $\dim V_1=n-1$.

例 3　设 V_1,V_2 是 n 维欧氏空间 V 的两个子空间,证明:$V_1+V_2=(V_1^{\perp}\cap V_2^{\perp})^{\perp}$.

证明　$\forall\boldsymbol{\alpha}\in(V_1+V_2)^{\perp}$,则 $\boldsymbol{\alpha}\perp(V_1+V_2)$,

$\forall\boldsymbol{\beta}_1\in V_1,\boldsymbol{\beta}_2\in V_2$,由于 $\boldsymbol{\beta}_1\in V_1+V_2,\boldsymbol{\beta}_2\in V_1+V_2$,

因此有 $(\boldsymbol{\alpha},\boldsymbol{\beta}_1)=(\boldsymbol{\alpha},\boldsymbol{\beta}_2)=0$,

所以 $\boldsymbol{\alpha}\in V_1^{\perp},\boldsymbol{\alpha}\in V_2^{\perp}$,亦即 $\boldsymbol{\alpha}\in V_1^{\perp}\cap V_2^{\perp}$.

反之,$\forall\boldsymbol{\alpha}\in V_1^{\perp}\cap V_2^{\perp}$,由 $\boldsymbol{\alpha}\in V_1^{\perp},\boldsymbol{\alpha}\in V_2^{\perp}$,$\forall\boldsymbol{\beta}_1\in V_1,\boldsymbol{\beta}_2\in V_2$,都有

$(\boldsymbol{\alpha},\boldsymbol{\beta}_1)=(\boldsymbol{\alpha},\boldsymbol{\beta}_2)=0$,

即有 $\boldsymbol{\alpha}\in(V_1+V_2)^{\perp}$,故

$(V_1+V_2)^{\perp}=V_1^{\perp}\cap V_2^{\perp}$,

亦即
$$V_1+V_2=(V_1^{\perp}\cap V_2^{\perp})^{\perp}.$$

例 4 求齐次线性方程组

$$\begin{cases} x_1 - 2x_2 + 3x_3 - 4x_4 = 0, \\ x_1 + 5x_2 + 3x_3 + 3x_4 = 0 \end{cases}$$

的解空间 V,并写出 V 在 $\mathbf{R}^4$ 中的正交补 $V^{\perp}$ 及 $\dim V^{\perp}$.

解 $\begin{pmatrix} 1 & -2 & 3 & -4 \\ 1 & 5 & 3 & 3 \end{pmatrix} \to \begin{pmatrix} 1 & -2 & 3 & -4 \\ 0 & 7 & 0 & 7 \end{pmatrix} \to \begin{pmatrix} 1 & 0 & 3 & -2 \\ 0 & 1 & 0 & 1 \end{pmatrix}$,

基础解系为 $\boldsymbol{\alpha}_1 = (-3,0,1,0)^{\mathrm{T}}, \boldsymbol{\alpha}_2 = (2,-1,0,1)^{\mathrm{T}}$.

$V = L(\boldsymbol{\alpha}_1, \boldsymbol{\alpha}_2)$,设 $\boldsymbol{\beta} = (y_1, y_2, y_3, y_4)^{\mathrm{T}} \in V^{\perp}$,则 $\boldsymbol{\beta}$ 与 $\boldsymbol{\alpha}_1, \boldsymbol{\alpha}_2$ 都正交,

所以有 $\begin{cases} -3y_1 + y_3 = 0, \\ 2y_1 - y_2 + y_4 = 0. \end{cases}$

解之得 $\boldsymbol{\beta}_1 = (1,2,3,0)^{\mathrm{T}}, \boldsymbol{\beta}_2 = (0,1,0,1)^{\mathrm{T}}$.

所以 $V^{\perp} = L(\boldsymbol{\beta}_1, \boldsymbol{\beta}_2)$, $\dim V^{\perp} = 2$.

第三节 内积空间的同构

在线性空间中,我们可以讨论两个线性空间的同构,而内积空间就是定义了内积的线性空间,从而很自然有如下的定义.

定义 1 设 V, V' 是数域 $\mathbf{R}$ 上的两个内积空间,如果可以建立由 V 到 V' 的一个一一对应 σ,使得对任意 $\boldsymbol{x}, \boldsymbol{y} \in V$ 和 $\lambda \in \mathbf{R}$,满足:

(1) $\sigma(\boldsymbol{x} + \boldsymbol{y}) = \sigma(\boldsymbol{x}) + \sigma(\boldsymbol{y})$,

(2) $\sigma(\lambda \boldsymbol{x}) = \lambda \sigma(\boldsymbol{x})$,

(3) $(\sigma(\boldsymbol{x}), \sigma(\boldsymbol{y})) = (\boldsymbol{x}, \boldsymbol{y})$,

则称 σ 为从 V 到 V' 的同构映射,而称内积空间 V 与 V' 同构.

显然内积空间的同构映射首先是线性空间的同构,其次此同构映射保持内积不变.

容易证明内积空间的同构是等价关系,即满足自反性、对称性、传递性.

定理 1 所有 n 维欧氏空间都是同构的.

证明　设V是n维欧氏空间,$\boldsymbol{e}_1,\boldsymbol{e}_2,\cdots,\boldsymbol{e}_n$为$V$的一组标准正交基,则对任意$\boldsymbol{x}\in V$,可表示为$\boldsymbol{x}=\xi_1\boldsymbol{e}_1+\xi_2\boldsymbol{e}_2+\cdots+\xi_n\boldsymbol{e}_n$,现由$\sigma(\boldsymbol{x})=(\xi_1,\xi_2,\cdots,\xi_n)\in\mathbf{R}^n$定义了一个从$V$到$\mathbf{R}^n$的映射$\sigma$,则易知$\sigma$是一个一一对应,且可以验证定义1中的(1)(2)都满足.下证(3)也满足:

任取$\boldsymbol{y}\in V$,可表示为$\boldsymbol{y}=\xi_1\boldsymbol{e}_1+\eta_2\boldsymbol{e}_2+\cdots+\eta_n\boldsymbol{e}_n$,

由σ的定义,$\sigma(\boldsymbol{y})=(\eta_1,\eta_2,\cdots,\eta_n)\in\mathbf{R}^n$.

由$\mathbf{R}^n$中向量内积的定义,有$(\sigma(\boldsymbol{x}),\sigma(\boldsymbol{y}))=\xi_1\eta_1+\xi_2\eta_2+\cdots+\xi_n\eta_n$,而$V$中向量$\boldsymbol{x},\boldsymbol{y}$的内积$(\boldsymbol{x},\boldsymbol{y})=\left(\sum_{i=1}^{n}\xi_i\boldsymbol{e}_i,\sum_{j=1}^{n}\eta_j\boldsymbol{e}_j\right)=\xi_1\eta_1+\xi_2\eta_2+\cdots+\xi_n\eta_n$,因此有$(\sigma(\boldsymbol{x}),\sigma(\boldsymbol{y}))=(\boldsymbol{x},\boldsymbol{y})$.

从而可知,任意n维欧氏空间V都与$\mathbf{R}^n$同构,又由于内积空间的同构具有传递性,从而得证所有n维欧氏空间都是同构的.

第四节　正交变换

下面我们来讨论内积空间中的一类特殊的线性变换,保持内积不变的线性变换.

定义1　设$\mathscr{A}$是欧氏空间V的线性变换,如果$\mathscr{A}$保持内积不变,即对任意$\boldsymbol{x},\boldsymbol{y}\in V$,都有$(\mathscr{A}(\boldsymbol{x}),\mathscr{A}(\boldsymbol{y}))=(\boldsymbol{x},\boldsymbol{y})$,则称$\mathscr{A}$是$V$的正交变换.

对于正交变换,我们有如下等价描述.

定理1　设$\mathscr{A}$是n维欧氏空间V的线性变换,则下列条件等价.

①$\mathscr{A}$是V的正交变换;

②$\mathscr{A}$保持向量的长度不变,即$|\mathscr{A}(\boldsymbol{x})|=|\boldsymbol{x}|,\forall\boldsymbol{x}\in V$;

③若$\boldsymbol{e}_1,\boldsymbol{e}_2,\cdots,\boldsymbol{e}_n$是$V$的标准正交基,则$\mathscr{A}(\boldsymbol{e}_1),\mathscr{A}(\boldsymbol{e}_2),\cdots,\mathscr{A}(\boldsymbol{e}_n)$也是标准正交基;

④$\mathscr{A}$在V的任一标准正交基下的矩阵为正交矩阵.

证明　①⇔②:

若$\mathscr{A}$是正交变换,则有$(\mathscr{A}(\boldsymbol{x}),\mathscr{A}(\boldsymbol{x}))=(\boldsymbol{x},\boldsymbol{x})$,两边开平方即得$|\mathscr{A}(\boldsymbol{x})|=|\boldsymbol{x}|$.

反之,$\mathscr{A}$保持向量的长度不变,即

$|\mathscr{A}(\boldsymbol{x})|=\sqrt{(\mathscr{A}(\boldsymbol{x}),\mathscr{A}(\boldsymbol{x}))}=|\boldsymbol{x}|=\sqrt{(\boldsymbol{x},\boldsymbol{x})}$，$|\mathscr{A}(\boldsymbol{y})|=\sqrt{(\mathscr{A}(\boldsymbol{y}),\mathscr{A}(\boldsymbol{y}))}=|\boldsymbol{y}|=\sqrt{(\boldsymbol{y},\boldsymbol{y})}$.

因此
$$\begin{cases}(\mathscr{A}(\boldsymbol{x}),\mathscr{A}(\boldsymbol{x}))=(\boldsymbol{x},\boldsymbol{x}),\\(\mathscr{A}(\boldsymbol{y}),\mathscr{A}(\boldsymbol{y}))=(\boldsymbol{y},\boldsymbol{y}).\end{cases}\qquad(*)$$

同样有$(\mathscr{A}(\boldsymbol{x}+\boldsymbol{y}),\mathscr{A}(\boldsymbol{x}+\boldsymbol{y}))=(\boldsymbol{x}+\boldsymbol{y},\boldsymbol{x}+\boldsymbol{y})$，

上式左边 $=(\mathscr{A}(\boldsymbol{x})+\mathscr{A}(\boldsymbol{y}),\mathscr{A}(\boldsymbol{x})+\mathscr{A}(\boldsymbol{y}))=(\mathscr{A}(\boldsymbol{x}),\mathscr{A}(\boldsymbol{x}))+2(\mathscr{A}(\boldsymbol{x}),\mathscr{A}(\boldsymbol{y}))+(\mathscr{A}(\boldsymbol{y}),\mathscr{A}(\boldsymbol{y}))$，

右边 $=(\boldsymbol{x},\boldsymbol{x})+2(\boldsymbol{x},\boldsymbol{y})+(\boldsymbol{y},\boldsymbol{y})$.

由(*)式可得$(\mathscr{A}(\boldsymbol{x}),\mathscr{A}(\boldsymbol{y}))=(\boldsymbol{x},\boldsymbol{y})$，即$\mathscr{A}$是正交变换.

①⇔③：

设$\mathscr{A}$是正交变换，对V的任一组标准正交基$\boldsymbol{e}_1,\boldsymbol{e}_2,\cdots,\boldsymbol{e}_n$，

都有$(\mathscr{A}\boldsymbol{e}_i,\mathscr{A}\boldsymbol{e}_j)=(\boldsymbol{e}_i,\boldsymbol{e}_j)=\begin{cases}1,i=j,\\0,i\neq j,\end{cases}\quad i,j=1,2,\cdots,n.$

因此$\mathscr{A}\boldsymbol{e}_1,\mathscr{A}\boldsymbol{e}_2,\cdots,\mathscr{A}\boldsymbol{e}_n$也是一组标准正交基.

反之，如果当$\mathscr{A}(\boldsymbol{e}_1),\mathscr{A}(\boldsymbol{e}_2),\cdots,\mathscr{A}(\boldsymbol{e}_n)$是一组标准正交基时，$\boldsymbol{e}_1,\boldsymbol{e}_2,\cdots,\boldsymbol{e}_n$也是一组标准正交基.则对$V$中的任意两个向量$\boldsymbol{x},\boldsymbol{y}$有

$$\boldsymbol{x}=\xi_1\boldsymbol{e}_1+\xi_2\boldsymbol{e}_2+\cdots+\xi_n\boldsymbol{e}_n,\boldsymbol{y}=\eta_1\boldsymbol{e}_1+\eta_2\boldsymbol{e}_2+\cdots+\eta_n\boldsymbol{e}_n,$$

有$\mathscr{A}(\boldsymbol{x})=\xi_1\mathscr{A}(\boldsymbol{e}_1)+\xi_2\mathscr{A}(\boldsymbol{e}_2)+\cdots+\xi_n\mathscr{A}(\boldsymbol{e}_n)$，$\mathscr{A}(\boldsymbol{y})$

$$=\eta_1\mathscr{A}(\boldsymbol{e}_1)+\eta_2\mathscr{A}(\boldsymbol{e}_2)+\cdots+\eta_n\mathscr{A}(\boldsymbol{e}_n),$$

因此$(\mathscr{A}(\boldsymbol{x}),\mathscr{A}(\boldsymbol{y}))=\xi_1\eta_1+\xi_2\eta_2+\cdots+\xi_n\eta_n=(\boldsymbol{x},\boldsymbol{y})$，从而$\mathscr{A}$是正交变换.

③⇔④：

设$\mathscr{A}$在标准正交基$\boldsymbol{e}_1,\boldsymbol{e}_2,\cdots,\boldsymbol{e}_n$下的矩阵为$\boldsymbol{A}$，

即$\mathscr{A}(\boldsymbol{e}_i)=\sum\limits_{k=1}^{n}a_{ki}\boldsymbol{e}_k,i=1,2,\cdots,n$，

如果$\mathscr{A}(\boldsymbol{e}_1),\mathscr{A}(\boldsymbol{e}_2),\cdots,\mathscr{A}(\boldsymbol{e}_n)$是标准正交基，则这两组标准正交基的度量矩阵都是单位阵.而$\boldsymbol{A}$可看成由标准正交基$\boldsymbol{e}_1,\boldsymbol{e}_2,\cdots,\boldsymbol{e}_n$到标准正交基$\mathscr{A}\boldsymbol{e}_1,\mathscr{A}\boldsymbol{e}_2,\cdots,\mathscr{A}\boldsymbol{e}_n$的过渡矩阵，由于不同基的度量矩阵是合同的，故有$\boldsymbol{A}^{\mathrm{T}}\boldsymbol{A}=\boldsymbol{E}$，从而$\boldsymbol{A}$是正交矩阵.

反之，若$\boldsymbol{A}$是正交矩阵，则$\boldsymbol{A}$的列向量是两两正交的单位向量，故

$$(\mathscr{A}\boldsymbol{e}_i,\mathscr{A}\boldsymbol{e}_j)=\left(\sum_{k=1}^{n}a_{ki}\boldsymbol{e}_k,\sum_{k=1}^{n}a_{kj}\boldsymbol{e}_k\right)=\sum_{k=1}^{n}a_{ki}a_{kj}=\begin{cases}1,i=j,\\0,i\neq j,\end{cases}\quad i,j=1,2,\cdots,n,$$

所以 $\mathscr{A}\boldsymbol{e}_1,\mathscr{A}\boldsymbol{e}_2,\cdots,\mathscr{A}\boldsymbol{e}_n$ 是标准正交基.证毕.

例1　设 $\mathscr{A}$ 是欧氏空间 $\mathbf{R}^3$ 的线性变换,$\mathscr{A}(\xi_1,\xi_2,\xi_3)=(\xi_2,\xi_3,\xi_1)$,对任意 $(\xi_1,\xi_2,\xi_3)\in\mathbf{R}^3$ 成立,证明:$\mathscr{A}$ 是正交变换.

证明　设 $\boldsymbol{x}=(\xi_1,\xi_2,\xi_3)\in\mathbf{R}^3$,由定理1,我们只需证明 $|\mathscr{A}(\boldsymbol{x})|=|\boldsymbol{x}|$.

由于 $(\mathscr{A}(\boldsymbol{x}),\mathscr{A}(\boldsymbol{x}))=((\xi_2,\xi_3,\xi_1),(\xi_2,\xi_3,\xi_1))=\xi_1^2+\xi_2^2+\xi_3^2=(\boldsymbol{x},\boldsymbol{x})$,

由此 $|\mathscr{A}(\boldsymbol{x})|=|\boldsymbol{x}|$.

例2　(1) 设 $\mathscr{A}$ 是内积空间 V 的一个线性变换,证明:$\mathscr{A}$ 是正交变换的充要条件是 $\mathscr{A}$ 保持任意两向量 $\boldsymbol{x},\boldsymbol{y}$ 的距离不变,即 $|\mathscr{A}(\boldsymbol{x})-\mathscr{A}(\boldsymbol{y})|=|\boldsymbol{x}-\boldsymbol{y}|$.

(2) 问:内积空间的保持任意两向量 $\boldsymbol{x},\boldsymbol{y}$ 的距离不变的变换是否一定是线性变换?

证明　(1) 设 $\mathscr{A}$ 是正交变换,则 $\mathscr{A}$ 保持向量的长度不变,

从而 $|\mathscr{A}(\boldsymbol{x})-\mathscr{A}(\boldsymbol{y})|=|\mathscr{A}(\boldsymbol{x}-\boldsymbol{y})|=|\boldsymbol{x}-\boldsymbol{y}|$.

反之,设对任意两向量 $\boldsymbol{x},\boldsymbol{y}$ 有

$|\mathscr{A}(\boldsymbol{x})-\mathscr{A}(\boldsymbol{y})|=|\boldsymbol{x}-\boldsymbol{y}|$,

取 $\boldsymbol{y}=\mathbf{0}$,则有 $|\mathscr{A}(\boldsymbol{x})|=|\boldsymbol{x}|$,

所以 $\mathscr{A}$ 是正交变换.

(2) 不一定.设 $\boldsymbol{x}_0$ 为 V 中某一固定非零向量,又令 $\mathscr{A}(\boldsymbol{x})=\boldsymbol{x}+\boldsymbol{x}_0$,(对任意 $\boldsymbol{x}\in V$),则 $\mathscr{A}$ 是 V 的一个变换,并保持任意两向量 $\boldsymbol{x},\boldsymbol{y}$ 的距离不变,有

$$|\mathscr{A}(\boldsymbol{x})-\mathscr{A}(\boldsymbol{y})|=|(\boldsymbol{x}+\boldsymbol{x}_0)-(\boldsymbol{y}+\boldsymbol{x}_0)|=|\boldsymbol{x}-\boldsymbol{y}|.$$

但 $\mathscr{A}$ 不是线性变换(加法和数乘都不保持),当然也就不是正交变换了.

例3　设 $\mathscr{A}$ 是内积空间 V 的一个变换,证明:如果 $\mathscr{A}$ 保持向量的内积不变,即对任意 $\boldsymbol{x},\boldsymbol{y}\in V$,都有 $(\mathscr{A}(\boldsymbol{x}),\mathscr{A}(\boldsymbol{y}))=(\boldsymbol{x},\boldsymbol{y})$,则 $\mathscr{A}$ 一定是线性变换,从而是正交变换.

证明　先证 $\mathscr{A}(\boldsymbol{x}+\boldsymbol{y})=\mathscr{A}(\boldsymbol{x})+\mathscr{A}(\boldsymbol{y})$.

由于 $(\mathscr{A}(\boldsymbol{x}+\boldsymbol{y})-\mathscr{A}(\boldsymbol{x})-\mathscr{A}(\boldsymbol{y}),\mathscr{A}(\boldsymbol{x}+\boldsymbol{y})-\mathscr{A}(\boldsymbol{x})-\mathscr{A}(\boldsymbol{y}))$

$=(\mathscr{A}(\boldsymbol{x}+\boldsymbol{y}),\mathscr{A}(\boldsymbol{x}+\boldsymbol{y}))-2(\mathscr{A}(\boldsymbol{x}+\boldsymbol{y}),\mathscr{A}(\boldsymbol{x}))-2(\mathscr{A}(\boldsymbol{x}+\boldsymbol{y}),\mathscr{A}(\boldsymbol{y}))+(\mathscr{A}(\boldsymbol{x}),\mathscr{A}(\boldsymbol{x}))+(\mathscr{A}(\boldsymbol{y}),\mathscr{A}(\boldsymbol{y}))+2(\mathscr{A}(\boldsymbol{x}),\mathscr{A}(\boldsymbol{y}))=(\boldsymbol{x}+\boldsymbol{y},\boldsymbol{x}+\boldsymbol{y})-2(\boldsymbol{x}+\boldsymbol{y},\boldsymbol{x})-$

$2(\boldsymbol{x}+\boldsymbol{y},\boldsymbol{y})+(\boldsymbol{x},\boldsymbol{x})+(\boldsymbol{y},\boldsymbol{y})+2(\boldsymbol{x},\boldsymbol{y})=0$,

因此 $\mathscr{A}(\boldsymbol{x}+\boldsymbol{y})-\mathscr{A}(\boldsymbol{x})-\mathscr{A}(\boldsymbol{y})=\boldsymbol{0}$,

从而 $\mathscr{A}(\boldsymbol{x}+\boldsymbol{y})=\mathscr{A}(\boldsymbol{x})+\mathscr{A}(\boldsymbol{y})$.

同样,利用$(\mathscr{A}(\lambda\boldsymbol{x})-\lambda\mathscr{A}(\boldsymbol{x}),\mathscr{A}(\lambda\boldsymbol{x})-\lambda\mathscr{A}(\boldsymbol{x}))=0$,可得 $\mathscr{A}(\lambda\boldsymbol{x})=\lambda\mathscr{A}(\boldsymbol{x})$.

故 $\mathscr{A}$ 是线性变换,从而是正交变换.

第五节　点到子空间的距离与最小二乘法

一、向量的距离

定义 1　设 V 是欧氏空间,对 $\boldsymbol{x},\boldsymbol{y}\in V$,称向量 $\boldsymbol{x}-\boldsymbol{y}$ 的长度 $|\boldsymbol{x}-\boldsymbol{y}|$ 为向量 $\boldsymbol{x}$ 与 $\boldsymbol{y}$ 的距离,并记为 $d(\boldsymbol{x},\boldsymbol{y})$.

向量的距离具有如下性质:

(1) $d(\boldsymbol{x},\boldsymbol{y})=d(\boldsymbol{y},\boldsymbol{x})$;

(2) $d(\boldsymbol{x},\boldsymbol{z})\leqslant d(\boldsymbol{x},\boldsymbol{y})+d(\boldsymbol{y},\boldsymbol{z})$;

(3) $d(\boldsymbol{x},\boldsymbol{y})\geqslant 0$,等号成立当且仅当 $\boldsymbol{x}=\boldsymbol{y}$.

这些性质利用长度的定义及性质很容易得出.

在解析几何中,我们都知道点到平面中所有点的距离中以垂线最短,下面我们将看到一个固定向量与一个子空间中各向量间的距离也是以"垂线"最短.

设 $W=L(\boldsymbol{x}_1,\boldsymbol{x}_2,\cdots,\boldsymbol{x}_k)$,$\boldsymbol{x}\in V$ 为一指定向量,设向量 $\boldsymbol{y}\in W$ 且满足 $\boldsymbol{x}-\boldsymbol{y}\perp W$,则对任意向量 $\boldsymbol{z}\in W$,都有 $\boldsymbol{x}-\boldsymbol{z}=(\boldsymbol{x}-\boldsymbol{y})+(\boldsymbol{y}-\boldsymbol{z})$,由于 W 为 V 的子空间,故 $\boldsymbol{y}-\boldsymbol{z}\in W$,从而向量 $\boldsymbol{x}-\boldsymbol{y}$ 与 $\boldsymbol{y}-\boldsymbol{z}$ 也正交,由内积空间的勾股定理可知

$$|\boldsymbol{x}-\boldsymbol{z}|^2=|\boldsymbol{x}-\boldsymbol{y}|^2+|\boldsymbol{y}-\boldsymbol{z}|^2,$$

从而 $|\boldsymbol{x}-\boldsymbol{y}|\leqslant|\boldsymbol{x}-\boldsymbol{z}|$,即,向量 $\boldsymbol{x}$ 到 W 的各向量间的距离以垂线 $|\boldsymbol{x}-\boldsymbol{y}|$ 最短.

二、最小二乘法与最小二乘解

设方程组 $\boldsymbol{Ax}=\boldsymbol{b}$ 为不相容方程组,

其中 $\boldsymbol{A}=(a_{ij})_{n\times s}$，$\boldsymbol{b}=(b_1,b_2,\cdots,b_n)^{\mathrm{T}}$，$\boldsymbol{x}=(x_1,x_2,\cdots,x_s)^{\mathrm{T}}$（$\boldsymbol{x}_i$ 为实数）.

由于方程组无解，那么我们设法去求出方程组的一组近似解$(x_1^0,x_2^0,\cdots,x_s^0)$，使得平方偏差 $\delta=\sum\limits_{i=1}^{n}(a_{i1}\boldsymbol{x}_1+a_{i2}\boldsymbol{x}_2+\cdots+a_{is}\boldsymbol{x}_s-b_i)^2$ 最小的近似解称为方程 $\boldsymbol{Ax}=\boldsymbol{b}$ 的最小二乘解，这种求近似解的方法称为最小二乘法.

令 $\boldsymbol{y}=\boldsymbol{Ax}$，$\boldsymbol{y}$ 是 n 维列向量，$\delta=\sum\limits_{i=1}^{n}(a_{i1}\boldsymbol{x}_1+a_{i2}\boldsymbol{x}_2+\cdots+a_{is}\boldsymbol{x}_s-b_i)^2$ 也就是 $|\boldsymbol{y}-\boldsymbol{b}|^2$，而最小二乘解就是找一组数 $\boldsymbol{x}_1^0,\boldsymbol{x}_2^0,\cdots,\boldsymbol{x}_s^0$，使 $\boldsymbol{y}$ 与 $\boldsymbol{b}$ 的距离最小.

设 $\boldsymbol{A}=(\boldsymbol{\alpha}_1,\boldsymbol{\alpha}_2,\cdots,\boldsymbol{\alpha}_s)$，则

$$\boldsymbol{y}=\boldsymbol{x}_1\boldsymbol{\alpha}_1+\boldsymbol{x}_2\boldsymbol{\alpha}_2+\cdots+\boldsymbol{x}_s\boldsymbol{\alpha}_s. \tag{1}$$

显然，$\boldsymbol{y}\in L(\boldsymbol{\alpha}_1,\boldsymbol{\alpha}_2,\cdots,\boldsymbol{\alpha}_s)$，故最小二乘法可叙述为：

求 $\boldsymbol{x}$，使 $|\boldsymbol{y}-\boldsymbol{b}|^2$ 最小，即在 $W=L(\boldsymbol{\alpha}_1,\boldsymbol{\alpha}_2,\cdots,\boldsymbol{\alpha}_s)$ 中找一向量 $\boldsymbol{y}$，使得向量 b 到它的距离比到子空间 W 中其他向量的距离都短.

要想使得 $\boldsymbol{b}$ 到 $\boldsymbol{y}$ 的距离最短，那么必须有 $\boldsymbol{b}-\boldsymbol{y}\perp W$.这样的向量 $\boldsymbol{y}$ 总是存在的.

事实上，由于 W 为 $\mathbf{R}^n$ 的子空间，故 W 必有正交补 $W^{\perp}$.

从而对 $\boldsymbol{b}\in\mathbf{R}^n$，一定存在 $\boldsymbol{y}\in W$，$\boldsymbol{c}\in W^{\perp}$，使得 $\boldsymbol{b}=\boldsymbol{y}+\boldsymbol{c}$.故 $\boldsymbol{c}=\boldsymbol{b}-\boldsymbol{y}\perp W$.

若(1)式的 $\boldsymbol{y}$ 为所求的向量，则 $\boldsymbol{c}=\boldsymbol{b}-\boldsymbol{y}=\boldsymbol{b}-\boldsymbol{Ax}$.

而 $\boldsymbol{c}=\boldsymbol{b}-\boldsymbol{y}\perp W$ 必须且只需 $(\boldsymbol{c},\boldsymbol{\alpha}_1)=(\boldsymbol{c},\boldsymbol{\alpha}_2)=\cdots=(\boldsymbol{c},\boldsymbol{\alpha}_s)=0$，

即 $\boldsymbol{\alpha}_1^{\mathrm{T}}\boldsymbol{c}=0,\boldsymbol{\alpha}_2^{\mathrm{T}}\boldsymbol{c}=0,\cdots,\boldsymbol{\alpha}_s^{\mathrm{T}}\boldsymbol{c}=0$，

这相当于 $\boldsymbol{A}^{\mathrm{T}}(\boldsymbol{b}-\boldsymbol{Ax})=\boldsymbol{0}$，即 $\boldsymbol{A}^{\mathrm{T}}\boldsymbol{Ax}=\boldsymbol{A}^{\mathrm{T}}\boldsymbol{b}$.

因而求不相容方程组 $\boldsymbol{Ax}=\boldsymbol{b}$ 的最小二乘解等价于求解方程组 $\boldsymbol{A}^{\mathrm{T}}\boldsymbol{Ax}=\boldsymbol{A}^{\mathrm{T}}\boldsymbol{b}$，这个线性方程组总是有解的.

例 1　设 $\boldsymbol{A}$ 为 $m\times n$ 实矩阵，证明：线性方程组 $(\boldsymbol{A}^{\mathrm{T}}\boldsymbol{A})\boldsymbol{X}=\boldsymbol{A}^{\mathrm{T}}\boldsymbol{b}$ 有解，$\boldsymbol{b}$ 是任意 m 维实列向量.

证明　系数矩阵为 $\boldsymbol{A}^{\mathrm{T}}\boldsymbol{A}$，增广矩阵为 $(\boldsymbol{A}^{\mathrm{T}}\boldsymbol{A},\boldsymbol{A}^{\mathrm{T}}\boldsymbol{b})$，有

$$r(\boldsymbol{A}^{\mathrm{T}}\boldsymbol{A},\boldsymbol{A}^{\mathrm{T}}\boldsymbol{b})=r[\boldsymbol{A}^{\mathrm{T}}(\boldsymbol{A},\boldsymbol{b})]\leqslant r(\boldsymbol{A}^{\mathrm{T}}),$$

而 $r(\boldsymbol{A}^{\mathrm{T}})=r(\boldsymbol{A})=r(\boldsymbol{A}^{\mathrm{T}}\boldsymbol{A})$，

所以 $r(\boldsymbol{A}^{\mathrm{T}}\boldsymbol{A},\boldsymbol{A}^{\mathrm{T}}\boldsymbol{b})=r(\boldsymbol{A}^{\mathrm{T}}\boldsymbol{A})$，

故 $(\boldsymbol{A}^{\mathrm{T}}\boldsymbol{A})\boldsymbol{X}=\boldsymbol{A}^{\mathrm{T}}\boldsymbol{b}$ 总有解.

例 2 用最小二乘法解方程组$\begin{cases}x_1+x_2=1,\\x_1+x_3=2,\\x_1+x_2+x_3=0,\\x_1+2x_2-x_3=-1.\end{cases}$

解 由于

$$\boldsymbol{A}=\begin{pmatrix}1&1&0\\1&0&1\\1&1&1\\1&2&-1\end{pmatrix},\text{则 }\boldsymbol{A}^{\mathrm{T}}=\begin{pmatrix}1&1&1&1\\1&0&1&2\\0&1&1&-1\end{pmatrix},\text{又 }\boldsymbol{b}=\begin{pmatrix}1\\2\\0\\-1\end{pmatrix},$$

所以 $\boldsymbol{A}^{\mathrm{T}}\boldsymbol{A}\boldsymbol{x}=\begin{pmatrix}4&4&1\\4&6&-1\\1&-1&3\end{pmatrix}\begin{pmatrix}x_1\\x_2\\x_3\end{pmatrix}=\begin{pmatrix}2\\-1\\3\end{pmatrix}=\boldsymbol{A}^{\mathrm{T}}\boldsymbol{b}$,

于是求得最小二乘解为 $x_1=\dfrac{17}{6},x_2=-\dfrac{13}{6},x_3=-\dfrac{2}{3}$.

第六节 复内积空间(酉空间)

复内积空间是实内积空间的推广,复内积空间上的许多概念与性质与实内积空间相类似.

一、复内积空间

定义 1 设 V 是复数域 $\mathbf{C}$ 上的线性空间,如果对 V 中任意两个向量 $\boldsymbol{x},\boldsymbol{y}$,有一个确定的复数[记为 $(\boldsymbol{x},\boldsymbol{y})$] 与它们对应,且满足:

(1) $(\boldsymbol{x},\boldsymbol{y})=\overline{(\boldsymbol{y},\boldsymbol{x})}$, $\overline{(\boldsymbol{y},\boldsymbol{x})}$ 表示 $(\boldsymbol{y},\boldsymbol{x})$ 的共轭复数,

(2) $(\lambda\boldsymbol{x},\boldsymbol{y})=\lambda(\boldsymbol{x},\boldsymbol{y}),\lambda\in\mathbf{C}$,

(3) $(\boldsymbol{x}+\boldsymbol{y},\boldsymbol{z})=(\boldsymbol{x},\boldsymbol{z})+(\boldsymbol{y},\boldsymbol{z}),\boldsymbol{z}\in V$,

(4) $(\boldsymbol{x},\boldsymbol{x})\geqslant 0$,当且仅当 $\boldsymbol{x}=\mathbf{0}$ 时,$(\boldsymbol{x},\boldsymbol{x})=0$,

则称 V 为复内积空间,或酉空间.

这里的条件(1) 保证了$(\boldsymbol{x},\boldsymbol{x})$ 为实数,从而条件(4) 是合理的.

例 1　在 n 维线性空间 $\mathbf{C}^n$ 中,如果对 $\mathbf{C}^n$ 中任意两个向量 $\boldsymbol{x}=(\xi_1,\xi_2,\cdots,\xi_n)$,$\boldsymbol{y}=(\eta_1,\eta_2,\cdots,\eta_n)$,定义:

$$(\boldsymbol{x},\boldsymbol{y})=\xi_1\overline{\eta_1}+\xi_2\overline{\eta_2}+\cdots+\xi_n\overline{\eta_n}.$$

易证$(\boldsymbol{x},\boldsymbol{y})$ 满足复内积空间中内积定义的条件,从而 $\mathbf{C}^n$ 构成酉空间.

注意:酉空间 $\mathbf{C}^n$ 的上述内积定义可以写成:

$(\boldsymbol{x},\boldsymbol{y})=\xi_1\overline{\eta_1}+\xi_2\overline{\eta_2}+\cdots+\xi_n\overline{\eta_n}=\boldsymbol{x}\boldsymbol{y}^H$.

这里 $\boldsymbol{x}$ 与 $\boldsymbol{y}$ 均为行向量,$\boldsymbol{y}^H$ 表示 $\boldsymbol{y}$ 的共轭转置.若 $\boldsymbol{x}$ 与 $\boldsymbol{y}$ 为列向量,则$(\boldsymbol{x},\boldsymbol{y})=\boldsymbol{y}^H\boldsymbol{x}$.

例如:$\boldsymbol{x}=(1+\mathrm{i},\mathrm{i})$,$\boldsymbol{y}=(1+\mathrm{i},2\mathrm{i})$.

则$(\boldsymbol{x},\boldsymbol{y})=\boldsymbol{x}\boldsymbol{y}^H=(1+\mathrm{i},\mathrm{i})\begin{pmatrix}1-\mathrm{i}\\-2\mathrm{i}\end{pmatrix}=4$.

复内积空间中的内积具有如下性质:

(1) $(\boldsymbol{x},\lambda\boldsymbol{y})=\overline{\lambda}(\boldsymbol{x},\boldsymbol{y})$;

(2) $(\boldsymbol{x},\boldsymbol{y}+\boldsymbol{z})=(\boldsymbol{x},\boldsymbol{y})+(\boldsymbol{x},\boldsymbol{z})$;

(3) $(\boldsymbol{x},\mathbf{0})=(\mathbf{0},\boldsymbol{x})=0$;

(4) $\left(\sum_{i=1}^{n}a_i\boldsymbol{x}_i,\sum_{j=1}^{n}b_j\boldsymbol{y}_j\right)=\sum_{i,j=1}^{n}a_i\overline{b_j}(\boldsymbol{x}_i,\boldsymbol{y}_j)$.

这些性质与欧氏空间中内积的性质类似,证明方法也类似,此处不再证明.

类似地,可定义向量的长度.

定义 2　酉空间 V 中向量 $\boldsymbol{x}$ 的长度定义为$\sqrt{(\boldsymbol{x},\boldsymbol{x})}$,仍记为$|\boldsymbol{x}|$.

例如,在酉空间$\mathbf{C}^n$中,对向量$\boldsymbol{x}=(\xi_1,\xi_2,\cdots,\xi_n)$,$|\boldsymbol{x}|=\sqrt{|\xi_1|^2+|\xi_2|^2+\cdots+|\xi_n|^2}$.

在酉空间中,Cauchy - Schwarz 不等式仍然成立.

定理 1　对于酉空间 V 中任意两个向量 $\boldsymbol{x},\boldsymbol{y}$,有$|(\boldsymbol{x},\boldsymbol{y})|\leqslant|\boldsymbol{x}|\cdot|\boldsymbol{y}|$,当且仅当 $\boldsymbol{x},\boldsymbol{y}$ 线性相关等号成立.

证明　若 $\boldsymbol{y}=\mathbf{0}$,则不等式自然成立.若 $\boldsymbol{y}\neq\mathbf{0}$,对于任意的复数 t,$\boldsymbol{x}-t\boldsymbol{y}\in V$,故

$$0\leqslant(\boldsymbol{x}-t\boldsymbol{y},\boldsymbol{x}-t\boldsymbol{y})=(\boldsymbol{x},\boldsymbol{x})-\overline{t}(\boldsymbol{x},\boldsymbol{y})-t\,\overline{(\boldsymbol{x},\boldsymbol{y})}+t\overline{t}(\boldsymbol{y},\boldsymbol{y}).$$

令 $t=\dfrac{(\boldsymbol{x},\boldsymbol{y})}{(\boldsymbol{y},\boldsymbol{y})}$,代入上式,可得 $0 \leqslant (\boldsymbol{x},\boldsymbol{x})-\dfrac{(\boldsymbol{x},\boldsymbol{y})\overline{(\boldsymbol{x},\boldsymbol{y})}}{(\boldsymbol{y},\boldsymbol{y})}$,从而不等式得证.

当 $\boldsymbol{x},\boldsymbol{y}$ 线性无关时,对任意的 t,$\boldsymbol{x}-t\boldsymbol{y}\neq\boldsymbol{0}$,从而 $(\boldsymbol{x}-t\boldsymbol{y},\boldsymbol{x}-t\boldsymbol{y})>0$,由上述证明过程可知 $|(\boldsymbol{x},\boldsymbol{y})|<|\boldsymbol{x}|\cdot|\boldsymbol{y}|$.

当 $\boldsymbol{x},\boldsymbol{y}$ 线性相关时,不妨设 $\boldsymbol{x}=k\boldsymbol{y}$,则

$$|\boldsymbol{x}|=\sqrt{(\boldsymbol{x},\boldsymbol{x})}=\sqrt{(k\boldsymbol{y},k\boldsymbol{y})}=\sqrt{k\bar{k}(\boldsymbol{y},\boldsymbol{y})}=|k||\boldsymbol{y}|,$$

从而有 $|(\boldsymbol{x},\boldsymbol{y})|=|(k\boldsymbol{y},\boldsymbol{y})|=|k|(\boldsymbol{y},\boldsymbol{y})=|k||\boldsymbol{y}|^2=|\boldsymbol{x}|\cdot|\boldsymbol{y}|$,

即等号成立.得证.

在酉空间 $\mathbf{C}^n$ 中,设 $\boldsymbol{x}=(\xi_1,\xi_2,\cdots,\xi_n)$,$\boldsymbol{y}=(\eta_1,\eta_2,\cdots,\eta_n)$,则 Cauchy - Schwarz 不等式可表示为

$$|\xi_1\overline{\eta_1}+\xi_2\overline{\eta_2}+\cdots+\xi_n\overline{\eta_n}|\leqslant\sqrt{\xi_1^2+\xi_2^2+\cdots+\xi_n^2}\sqrt{\eta_1^2+\eta_2^2+\cdots+\eta_n^2}.$$

此外,酉空间中仍有三角不等式.

定理 2 对于酉空间 V 中任意两个向量 $\boldsymbol{x},\boldsymbol{y}$,有 $|\boldsymbol{x}+\boldsymbol{y}|\leqslant|\boldsymbol{x}|+|\boldsymbol{y}|$.

证明 利用 Cauchy - Schwarz 不等式,易得

$$\begin{aligned}|\boldsymbol{x}+\boldsymbol{y}|^2&=(\boldsymbol{x}+\boldsymbol{y},\boldsymbol{x}+\boldsymbol{y})=(\boldsymbol{x},\boldsymbol{x})+(\boldsymbol{x},\boldsymbol{y})+\overline{(\boldsymbol{x},\boldsymbol{y})}+(\boldsymbol{y},\boldsymbol{y})\\&=(\boldsymbol{x},\boldsymbol{x})+2\mathrm{Re}(\boldsymbol{x},\boldsymbol{y})+(\boldsymbol{y},\boldsymbol{y})\leqslant|\boldsymbol{x}|^2+|\boldsymbol{y}|^2+2|\boldsymbol{x}||\boldsymbol{y}|=(|\boldsymbol{x}|+|\boldsymbol{y}|)^2\end{aligned}$$

其中 $\mathrm{Re}(\boldsymbol{x},\boldsymbol{y})$ 表示 $(\boldsymbol{x},\boldsymbol{y})$ 的实部.得证.

还可定义两个向量正交.

定义 3 酉空间 V 中的两个向量 $\boldsymbol{x},\boldsymbol{y}$,如果有 $(\boldsymbol{x},\boldsymbol{y})=0$,则称 $\boldsymbol{x}$ 与 $\boldsymbol{y}$ 是正交的,记为 $\boldsymbol{x}\perp\boldsymbol{y}$.

有了正交的概念之后,在 n 维酉空间中,同样可定义正交基和标准正交基.关于标准正交基有如下性质:

(1) 可用施密特正交化方法从任意线性无关的向量组构造出一组标准正交向量组;

(2) 任意 n 维酉空间都存在正交基和标准正交基.

还可定义正交补,并且可证明 n 维酉空间的任一子空间都有唯一的正交补.

二、酉变换

把正交变换的概念推广到酉空间上,即有如下定义:

定义 4　设 $\mathscr{A}$ 是酉空间 V 的线性变换，如果 $\mathscr{A}$ 保持内积不变，即对任意 $\boldsymbol{x},\boldsymbol{y}\in V$，都有 $(\mathscr{A}(\boldsymbol{x}),\mathscr{A}(\boldsymbol{y}))=(\boldsymbol{x},\boldsymbol{y})$，则称 $\mathscr{A}$ 是 V 的酉变换.

与实矩阵中的正交矩阵类似，对复数矩阵有如下概念：

定义 5　设 $\boldsymbol{A}\in\mathbf{C}^{n\times n}$，若 $\boldsymbol{A}^{\mathrm{H}}\boldsymbol{A}=\boldsymbol{A}\boldsymbol{A}^{\mathrm{H}}=\boldsymbol{E}$，则称 $\boldsymbol{A}$ 为酉矩阵，其中 $\boldsymbol{A}^{\mathrm{H}}$ 为 $\boldsymbol{A}$ 的共轭转置矩阵.

若 $\boldsymbol{A}$ 是实矩阵，则 $\boldsymbol{A}$ 是酉矩阵，也就是说 $\boldsymbol{A}$ 是正交矩阵.

酉矩阵具有如下性质：

设 $\boldsymbol{A}$ 为酉矩阵，则：

(1) $\boldsymbol{A}$ 的行列式的绝对值等于 1；

(2) $\boldsymbol{A}^{-1}=\boldsymbol{A}^{\mathrm{H}}$，$(\boldsymbol{A}^{-1})^{\mathrm{H}}=\boldsymbol{A}=(\boldsymbol{A}^{\mathrm{H}})^{-1}$；

(3) $\boldsymbol{A}^{-1}$ 也是酉矩阵，两个 n 阶酉矩阵的乘积还是酉矩阵；

(4) 酉矩阵 $\boldsymbol{A}$ 的每个行(列) 向量是 $\mathbf{C}^n$ 中两两正交的单位向量.

对于酉变换，我们也有如下等价描述：

定理 3　设 $\mathscr{A}$ 是 n 维酉空间 V 的线性变换，下列命题相互等价：

(1) $\mathscr{A}$ 是 V 的酉变换；

(2) $\mathscr{A}$ 保持向量的长度不变，即 $|\mathscr{A}(\boldsymbol{x})|=|\boldsymbol{x}|$，$\forall\boldsymbol{x}\in V$；

(3) 若 $\boldsymbol{e}_1,\boldsymbol{e}_2,\cdots,\boldsymbol{e}_n$ 是 V 的标准正交基，则 $\mathscr{A}(\boldsymbol{e}_1),\mathscr{A}(\boldsymbol{e}_2),\cdots,\mathscr{A}(\boldsymbol{e}_n)$ 也是标准正交基；

(4) $\mathscr{A}$ 在 V 的任一标准正交基下的矩阵为酉矩阵.

此定理的证明方法与正交变换时的证明方法类似.

此外，与欧氏空间一样，对于酉空间也有同构的概念，并且可证明所有的 n 维酉空间都是同构的，且都与 $\mathbf{C}^n$ 同构.

第七节　正规矩阵

我们知道，对于对角形矩阵、实对称矩阵 $(\boldsymbol{A}^{\mathrm{T}}=\boldsymbol{A})$、实反对称矩阵 $(\boldsymbol{A}^{\mathrm{T}}=-\boldsymbol{A})$、埃尔米特(Hermite) 矩阵 $(\boldsymbol{A}^{\mathrm{H}}=\boldsymbol{A})$、反埃尔米特矩阵 $(\boldsymbol{A}^{\mathrm{H}}=-\boldsymbol{A})$、正交矩阵 $(\boldsymbol{A}^{\mathrm{T}}\boldsymbol{A}=\boldsymbol{A}\boldsymbol{A}^{\mathrm{T}}=\boldsymbol{E})$ 以

及酉矩阵($A^HA=AA^H=E$)等,都有一个共同的性质:$A^HA=AA^H$.为了能够用统一的方法研究它们的性质,我们引入正规矩阵的概念:

定义 1　设 $A\in\mathbf{C}^{n\times n}$,若 $A^HA=AA^H$,则称 A 为正规矩阵.

容易验证,上面提到的几个特殊的矩阵都是正规矩阵,当然正规矩阵并非只是这些,例如:$A=\begin{pmatrix}1 & -1\\ 1 & 1\end{pmatrix}$是一个正规矩阵,但它不属于上述矩阵的任何一种.

定理 1　矩阵 $A\in\mathbf{C}^{n\times n}$ 为正规矩阵的充要条件:存在酉矩阵 Q,使得 A 酉相似于对角形矩阵,即 $Q^HAQ=Q^{-1}AQ=\begin{pmatrix}\lambda_1 & & \\ & \ddots & \\ & & \lambda_n\end{pmatrix}$,这里 $\lambda_1,\lambda_2,\cdots,\lambda_n$ 是 A 的特征值.

证明定理 1 前我们先给出一个引理:

引理　若 $e_1=(a_1,a_2,\cdots,a_n)^T$ 是酉空间 $\mathbf{C}^n$ 的一个单位向量,则存在一个以 e_1 为第一个列向量的酉矩阵 Q.

证明　因 $e_1\neq\mathbf{0}$,故 a_i 不全为零,设 $x=(x_1,x_2,\cdots,x_n)^T\in\mathbf{C}^n$ 且与 e_1 正交.

由 $\mathbf{C}^n$ 内积定义,得

$$\bar{a}_1x_1+\bar{a}_2x_2+\cdots+\bar{a}_nx_n=\mathbf{0}. \tag{1}$$

这里 $\bar{a}_i$ 必不全为零,以 $x_1,x_2,\cdots,x_n$ 为未知数的线性方程(1)必有非零解,且解空间是 $n-1$ 维的.设 $\varepsilon_2,\cdots,\varepsilon_n$ 是它的 $n-1$ 个线性无关的解向量(列向量),对此实施施密特正交化后得到标准正交组 $e_2,\cdots,e_n$,显然它们仍然是线性方程(1)的解向量,从而都与 e_1 正交,所以 $e_1,e_2,\cdots,e_n$ 是 $\mathbf{C}^n$ 的一组标准正交基,因此 $Q=(e_1,e_2,e_3,\cdots,e_n)$ 是酉矩阵.

下面来证明定理 1.

证明　**充分性**　设(1)式成立,则有

$$A=Q\begin{pmatrix}\lambda_1 & & \\ & \ddots & \\ & & \lambda_n\end{pmatrix}Q^H,A^H=Q\begin{pmatrix}\bar{\lambda}_1 & & \\ & \ddots & \\ & & \bar{\lambda}_n\end{pmatrix}Q^H,$$

于是有 $AA^{\mathrm{H}}=Q\begin{pmatrix}\lambda_1\overline{\lambda_1} & & \\ & \ddots & \\ & & \lambda_n\overline{\lambda_n}\end{pmatrix}Q^{\mathrm{H}}=A^{\mathrm{H}}A$,

所以 A 是正规矩阵.

必要性　对矩阵的阶数用数学归纳法.对于一阶矩阵,定理显然成立.假设定理对 $n-1$ 阶矩阵已成立,现在证明对于 n 阶正规矩阵 A,定理的结论也成立.

设 λ_1 是 A 的特征值,e_1 是 A 的属于 λ_1 的单位特征向量,即 $Ae_1=\lambda_1e_1$.由上述引理,存在以 e_1 为第一个列向量的酉矩阵 Q_1,设 $Q_1=(e_1,e_2,\cdots,e_n)$,由

$$E=Q_1^{\mathrm{H}}Q_1=(Q_1^{\mathrm{H}}e_1,Q_1^{\mathrm{H}}e_2,\cdots,Q_1^{\mathrm{H}}e_n)$$

可得 $Q_1^{\mathrm{H}}e_1=(1,0,\cdots,0)^{\mathrm{T}}$.

又 $Q_1^{\mathrm{H}}AQ_1=Q_1^{\mathrm{H}}(Ae_1,Ae_2,\cdots,Ae_n)=\begin{pmatrix}\lambda_1 & b_2 & \cdots & b_n\\ 0 & & & \\ \vdots & & B & \\ 0 & & & \end{pmatrix}=\begin{pmatrix}\lambda_1 & \beta\\ O & B\end{pmatrix}$,

其中 $\beta=(b_2,\cdots,b_n)$,B 是 $n-1$ 阶方阵.设 $A_1=Q_1^{\mathrm{H}}AQ_1$,则有

$$A_1^{\mathrm{H}}A_1=(Q_1^{\mathrm{H}}AQ_1)^{\mathrm{H}}\cdot(Q_1^{\mathrm{H}}AQ_1)=Q_1^{\mathrm{H}}A^{\mathrm{H}}Q_1Q_1^{\mathrm{H}}AQ_1=Q_1^{\mathrm{H}}A^{\mathrm{H}}AQ_1,$$

$$A_1A_1^{\mathrm{H}}=Q_1^{\mathrm{H}}AQ_1\cdot(Q_1^{\mathrm{H}}AQ_1)^{\mathrm{H}}=Q_1^{\mathrm{H}}AQ_1Q_1^{\mathrm{H}}A^{\mathrm{H}}Q_1=Q_1^{\mathrm{H}}AA^{\mathrm{H}}Q_1.$$

由于 $A^{\mathrm{H}}A=AA^{\mathrm{H}}$,因此 $A_1^{\mathrm{H}}A_1=A_1A_1^{\mathrm{H}}$,即 A_1 是正规矩阵.

又因

$$A_1^{\mathrm{H}}A_1=\begin{pmatrix}\lambda_1 & \beta\\ O & B\end{pmatrix}^{\mathrm{H}}\begin{pmatrix}\lambda_1 & \beta\\ O & B\end{pmatrix}=\begin{pmatrix}\overline{\lambda_1} & O\\ \beta^{\mathrm{H}} & B^{\mathrm{H}}\end{pmatrix}\begin{pmatrix}\lambda_1 & \beta\\ O & B\end{pmatrix}=\begin{pmatrix}\lambda_1\overline{\lambda_1} & \overline{\lambda_1}\beta\\ \lambda_1\beta^{\mathrm{H}} & \beta^{\mathrm{H}}\beta+B^{\mathrm{H}}B\end{pmatrix},$$

同理,有

$$A_1A_1^{\mathrm{H}}=\begin{bmatrix}\lambda_1\overline{\lambda_1}+\beta\beta^{\mathrm{H}} & \beta B^{\mathrm{H}}\\ B\beta^{\mathrm{H}} & BB^{\mathrm{H}}\end{bmatrix}.$$

由于 $A_1A_1^{\mathrm{H}}=A_1^{\mathrm{H}}A_1$,故比较两个矩阵的对应位置可得 $\overline{\lambda}_1\lambda_1=\lambda_1\overline{\lambda_1}+\beta\beta^{\mathrm{H}}$.

因此 $\beta\beta^{\mathrm{H}}=0$,即

$$(b_2,\cdots,b_n)\begin{pmatrix}\overline{b_2}\\ \vdots\\ \overline{b_n}\end{pmatrix}=b_2\overline{b_2}+\cdots+b_n\overline{b_n}=0,$$

从而有
$$b_2=b_3=\cdots=b_n=0,$$

故$\boldsymbol{\beta}=(0,0,\cdots,0)$,即$\boldsymbol{\beta}$是零向量.

$\boldsymbol{B}^{\mathrm{H}}\boldsymbol{B}=\boldsymbol{B}\boldsymbol{B}^{\mathrm{H}}$,即$\boldsymbol{B}$是$n-1$阶正规矩阵.

由归纳假设可知,存在$n-1$阶酉矩阵$\boldsymbol{C}$,使得$\boldsymbol{C}^{\mathrm{H}}\boldsymbol{B}\boldsymbol{C}=\begin{pmatrix}\lambda_2 & & \\ & \ddots & \\ & & \lambda_n\end{pmatrix}$.

令$\boldsymbol{Q}_2=\begin{pmatrix}1 & \boldsymbol{O}\\ \boldsymbol{O} & \boldsymbol{C}\end{pmatrix}$,则$\boldsymbol{Q}_2$是$n$阶酉矩阵,故$\boldsymbol{Q}=\boldsymbol{Q}_1\boldsymbol{Q}_2$也是酉矩阵,而且有

$$\boldsymbol{Q}^{\mathrm{H}}\boldsymbol{A}\boldsymbol{Q}=\boldsymbol{Q}_2^{\mathrm{H}}(\boldsymbol{Q}_1^{\mathrm{H}}\boldsymbol{A}\boldsymbol{Q}_1)\boldsymbol{Q}_2=\begin{pmatrix}1 & \boldsymbol{O}\\ \boldsymbol{O} & \boldsymbol{C}^{\mathrm{H}}\end{pmatrix}\begin{pmatrix}\lambda_1 & \boldsymbol{O}\\ \boldsymbol{O} & \boldsymbol{B}\end{pmatrix}\begin{pmatrix}1 & \boldsymbol{O}\\ \boldsymbol{O} & \boldsymbol{C}\end{pmatrix}=\begin{pmatrix}\lambda_1 & \boldsymbol{O}\\ \boldsymbol{O} & \boldsymbol{C}^{\mathrm{H}}\boldsymbol{B}\boldsymbol{C}\end{pmatrix}=\begin{pmatrix}\lambda_1 & & \\ & \ddots & \\ & & \lambda_n\end{pmatrix}$$

又$|\lambda\boldsymbol{E}-\boldsymbol{Q}^{\mathrm{H}}\boldsymbol{A}\boldsymbol{Q}|=|\boldsymbol{Q}^{\mathrm{H}}(\lambda\boldsymbol{E}-\boldsymbol{A})\boldsymbol{Q}|=|\lambda\boldsymbol{E}-\boldsymbol{A}|\cdot|\boldsymbol{Q}^{\mathrm{H}}\boldsymbol{Q}|=|\lambda\boldsymbol{E}-\boldsymbol{A}|$,

故$\boldsymbol{Q}^{\mathrm{H}}\boldsymbol{A}\boldsymbol{Q}$的特征值$\lambda_1,\lambda_2,\cdots,\lambda_n$也是$\boldsymbol{A}$的特征值,定理的必要性得证.

推论 1 设$\boldsymbol{A}$是n阶正规矩阵,其特征值为$\lambda_1,\lambda_2,\cdots,\lambda_n$,则:

(1)$\boldsymbol{A}$是埃尔米特矩阵的充要条件是$\boldsymbol{A}$的特征值全为实数;

(2)$\boldsymbol{A}$是反埃尔米特矩阵的充要条件是$\boldsymbol{A}$的特征值全为零或虚数;

(3)$\boldsymbol{A}$是酉矩阵的充要条件是$\boldsymbol{A}$的每个特征值λ_i的模等于1.

证明 由于$\boldsymbol{A}$是n阶正规矩阵,由定理可知,存在酉矩阵$\boldsymbol{Q}$,使得$\boldsymbol{A}$酉相似于对角形矩阵,故有

$$\boldsymbol{Q}^{\mathrm{H}}\boldsymbol{A}\boldsymbol{Q}=\begin{pmatrix}\lambda_1 & & \\ & \ddots & \\ & & \lambda_n\end{pmatrix},\text{并且 }\boldsymbol{Q}^{\mathrm{H}}\boldsymbol{A}^{\mathrm{H}}\boldsymbol{Q}=\begin{pmatrix}\overline{\lambda_1} & & \\ & \ddots & \\ & & \overline{\lambda_n}\end{pmatrix}$$

(1) 若$\boldsymbol{A}$是埃尔米特矩阵,则$\boldsymbol{A}^{\mathrm{H}}=\boldsymbol{A}$,

从而有 $\lambda_i=\overline{\lambda}_i(i=1,2,\cdots,n)$，故 $\boldsymbol{A}$ 的特征值全为实数.

若 $\boldsymbol{A}$ 的特征值全为实数，则有 $\boldsymbol{Q}^{\mathrm{H}}\boldsymbol{A}^{\mathrm{H}}\boldsymbol{Q}=\boldsymbol{Q}^{\mathrm{H}}\boldsymbol{A}\boldsymbol{Q}$，

故可得 $\boldsymbol{A}^{\mathrm{H}}=\boldsymbol{A}$，即 $\boldsymbol{A}$ 是埃尔米特矩阵.

(2) 若 $\boldsymbol{A}$ 是反埃尔米特矩阵，则 $\boldsymbol{A}^{\mathrm{H}}=-\boldsymbol{A}$，从而有 $\overline{\lambda}_i=-\lambda_i(i=1,2,\cdots,n)$.

设 $\lambda=a+b\mathrm{i}$.

若满足 $\overline{\lambda}=-\lambda$，则必有 $a-b\mathrm{i}=-(a+b\mathrm{i})=-a-b\mathrm{i}$，从而有 $a=0$，这说明满足 $\overline{\lambda}=-\lambda$ 的复数等于零或者是虚数.

若 $\boldsymbol{A}$ 的特征值全为零或虚数，则 $\overline{\lambda}_i=-\lambda_i$，

从而 $\boldsymbol{Q}^{\mathrm{H}}\boldsymbol{A}^{\mathrm{H}}\boldsymbol{Q}=-\boldsymbol{Q}^{\mathrm{H}}\boldsymbol{A}\boldsymbol{Q}$，故 $\boldsymbol{A}^{\mathrm{H}}=-\boldsymbol{A}$，即 $\boldsymbol{A}$ 是埃尔米特矩阵.

(3) 若 $\boldsymbol{A}$ 是酉矩阵，则 $\boldsymbol{A}^{\mathrm{H}}\boldsymbol{A}=\boldsymbol{E}$，从而 $\boldsymbol{Q}^{\mathrm{H}}\boldsymbol{A}^{\mathrm{H}}\boldsymbol{Q}\cdot\boldsymbol{Q}^{\mathrm{H}}\boldsymbol{A}\boldsymbol{Q}=\boldsymbol{E}$，这说明 $\lambda_i\cdot\overline{\lambda}_i=|\lambda_i|^2=1$，即 $\boldsymbol{A}$ 的每个特征值 λ_i 的模等于 1.

反之，则 $\lambda_i\cdot\overline{\lambda}_i=|\lambda_i|^2=1$，从而有 $\boldsymbol{Q}^{\mathrm{H}}\boldsymbol{A}^{\mathrm{H}}\boldsymbol{Q}\cdot\boldsymbol{Q}^{\mathrm{H}}\boldsymbol{A}\boldsymbol{Q}=\boldsymbol{Q}^{\mathrm{H}}\boldsymbol{A}^{\mathrm{H}}\boldsymbol{A}\boldsymbol{Q}=\boldsymbol{E}$，

故 $\boldsymbol{A}^{\mathrm{H}}\boldsymbol{A}=\boldsymbol{E}$，即 $\boldsymbol{A}$ 是酉矩阵.

推论 2　埃尔米特矩阵 $\boldsymbol{A}\in\mathbf{C}^{n\times n}$ 的任意两个不同特征值 λ,μ，所对应的特征向量 $\boldsymbol{x},\boldsymbol{y}\in\mathbf{C}^n$ 正交.

证明　设 $\boldsymbol{A}\boldsymbol{x}=\lambda\boldsymbol{x},\boldsymbol{A}\boldsymbol{y}=\mu\boldsymbol{y}$.

由于 $\boldsymbol{A}$ 是埃尔米特矩阵，则 $\boldsymbol{A}^{\mathrm{H}}=\boldsymbol{A}$，并且由推论 1 可知，其特征值都是实数，故

$$(\boldsymbol{A}\boldsymbol{y})^{\mathrm{H}}=\boldsymbol{y}^{\mathrm{H}}\boldsymbol{A}=\mu\boldsymbol{y}^{\mathrm{H}},$$

两边右乘 $\boldsymbol{x}$ 可得 $\boldsymbol{y}^{\mathrm{H}}\boldsymbol{A}\boldsymbol{x}=\mu\boldsymbol{y}^{\mathrm{H}}\boldsymbol{x}$，

又 $\boldsymbol{A}\boldsymbol{x}=\lambda\boldsymbol{x}$，故 $\boldsymbol{y}^{\mathrm{H}}\boldsymbol{A}\boldsymbol{x}=\boldsymbol{y}^{\mathrm{H}}(\lambda\boldsymbol{x})=\lambda\boldsymbol{y}^{\mathrm{H}}\boldsymbol{x}$，

从而有

$$\lambda\boldsymbol{y}^{\mathrm{H}}\boldsymbol{x}=\mu\boldsymbol{y}^{\mathrm{H}}\boldsymbol{x},$$

但是 $\lambda\neq\mu$，故 $\boldsymbol{y}^{\mathrm{H}}\boldsymbol{x}=0$. 得证.

第八节　埃尔米特二次型

定义 1　若 $\boldsymbol{x}=(x_1,x_2,\cdots,x_n)^{\mathrm{T}}\in\mathbf{C}^n$，又 $\boldsymbol{A}=(a_{ij})\in\mathbf{C}^{n\times n}$ 为埃尔米特矩阵，则二次型

$f(\boldsymbol{x})=\sum_{i,j=1}^{n} a_{ij}\bar{x}_i x_j$,即$f(\boldsymbol{x})=\boldsymbol{x}^{H}\boldsymbol{A}\boldsymbol{x}$,称为埃尔米特二次型,$\boldsymbol{A}$ 的秩称为此二次型的秩.

定理1 埃尔米特二次型$f(\boldsymbol{x})=\boldsymbol{x}^{H}\boldsymbol{A}\boldsymbol{x}$经满秩线性变换$\boldsymbol{x}=\boldsymbol{C}\boldsymbol{y}(\boldsymbol{C}^{n\times n},|\boldsymbol{C}|\neq 0)$,仍为埃尔米特二次型,且秩不变.

证明 显然有$f(\boldsymbol{x})=\boldsymbol{x}^{H}\boldsymbol{A}\boldsymbol{x}=(\boldsymbol{C}\boldsymbol{y})^{H}\boldsymbol{A}(\boldsymbol{C}\boldsymbol{y})=\boldsymbol{y}^{H}(\boldsymbol{C}^{H}\boldsymbol{A}\boldsymbol{C})\boldsymbol{y}=\boldsymbol{y}^{H}\boldsymbol{B}\boldsymbol{y}$,其中$\boldsymbol{B}=\boldsymbol{C}^{H}\boldsymbol{A}\boldsymbol{C}$.由于$\boldsymbol{A}$是埃尔米特矩阵,故$\boldsymbol{A}^{H}=\boldsymbol{A}$,从而

$$\boldsymbol{B}^{H}=(\boldsymbol{C}^{H}\boldsymbol{A}\boldsymbol{C})^{H}=\boldsymbol{C}^{H}\boldsymbol{A}^{H}\boldsymbol{C}=\boldsymbol{B},$$

即得$\boldsymbol{B}$也是埃尔米特矩阵,

故二次型$g(\boldsymbol{y})=\boldsymbol{y}^{H}\boldsymbol{B}\boldsymbol{y}$也是埃尔米特二次型.

又由于$\boldsymbol{C}$为可逆阵,故$r(\boldsymbol{B})=r(\boldsymbol{C}^{H}\boldsymbol{A}\boldsymbol{C})=r(\boldsymbol{A})$,

从而埃尔米特二次型$g(\boldsymbol{y})$与$f(\boldsymbol{x})$的秩相同.得证.

利用上节的定理1和推论1,很容易得到如下的结论:

定理2 每个埃尔米特二次型$f(\boldsymbol{x})=\boldsymbol{x}^{H}\boldsymbol{A}\boldsymbol{x}$,都可用某个酉变换$\boldsymbol{x}=\boldsymbol{Q}\boldsymbol{y}$($\boldsymbol{Q}$是酉矩阵),使其化为标准形,仍为埃尔米特二次型,$f(\boldsymbol{x}_1,\boldsymbol{x}_2,\cdots,\boldsymbol{x}_n)=\lambda_1\bar{\boldsymbol{y}}_1\boldsymbol{y}_1+\lambda_2\bar{\boldsymbol{y}}_2\boldsymbol{y}_2+\cdots+\lambda_n\bar{\boldsymbol{y}}_n\boldsymbol{y}_n$,其中$\lambda_1,\lambda_2,\cdots,\lambda_n$是$\boldsymbol{A}$的特征值.

例1 化埃尔米特二次型$f(\boldsymbol{x}_1,\boldsymbol{x}_2,\boldsymbol{x}_3)=-\bar{\boldsymbol{x}}_1\boldsymbol{x}_1+\mathrm{i}\bar{\boldsymbol{x}}_2\boldsymbol{x}_1-\mathrm{i}\bar{\boldsymbol{x}}_1\boldsymbol{x}_2-\mathrm{i}\bar{\boldsymbol{x}}_3\boldsymbol{x}_2+\mathrm{i}\bar{\boldsymbol{x}}_2\boldsymbol{x}_3-\bar{\boldsymbol{x}}_3\boldsymbol{x}_3$为标准形.

解 二次型对应的矩阵为$\boldsymbol{A}=\begin{pmatrix}-1 & -\mathrm{i} & 0\\ \mathrm{i} & 0 & \mathrm{i}\\ 0 & -\mathrm{i} & -1\end{pmatrix}$,而要把这个二次型化为标准型,相当于找出酉矩阵$\boldsymbol{Q}$,使得$\boldsymbol{Q}^{H}\boldsymbol{A}\boldsymbol{Q}=\mathrm{diag}(\lambda_1,\lambda_2,\lambda_3)$,其中$\lambda_i$是$\boldsymbol{A}$的特征值.而$\boldsymbol{Q}$的列向量恰为$\boldsymbol{A}$的特征向量,故只需找出$\boldsymbol{A}$的两两正交的单位特征向量.

$$|\lambda\boldsymbol{E}-\boldsymbol{A}|=\begin{vmatrix}\lambda+1 & \mathrm{i} & 0\\ -\mathrm{i} & \lambda & -\mathrm{i}\\ 0 & \boldsymbol{i} & \lambda+1\end{vmatrix}=\lambda(\lambda+1)^2+\mathrm{i}^2(\lambda+1)+\mathrm{i}^2(\lambda+1)$$

$$=(\lambda+1)(\lambda-1)(\lambda+2)=0.$$

故$\lambda_1=-1,\lambda_2=1,\lambda_3=-2$.

对应的特征向量为 $\boldsymbol{\alpha}_1=\begin{pmatrix}1\\0\\-1\end{pmatrix},\boldsymbol{\alpha}_2=\begin{pmatrix}\mathrm{i}\\-2\\\mathrm{i}\end{pmatrix},\boldsymbol{\alpha}_3=\begin{pmatrix}\mathrm{i}\\1\\\mathrm{i}\end{pmatrix}$,

单位化:$\boldsymbol{\gamma}_1=\frac{1}{\sqrt{2}}\begin{pmatrix}1\\0\\-1\end{pmatrix},\boldsymbol{\gamma}_3=\frac{1}{\sqrt{6}}\begin{pmatrix}\mathrm{i}\\-2\\\mathrm{i}\end{pmatrix},\boldsymbol{\gamma}_3=\frac{1}{\sqrt{3}}\begin{pmatrix}\mathrm{i}\\1\\\mathrm{i}\end{pmatrix}$.

$\boldsymbol{Q}=\begin{pmatrix}\frac{1}{\sqrt{2}}&\frac{\mathrm{i}}{\sqrt{6}}&\frac{\mathrm{i}}{\sqrt{3}}\\0&\frac{-2}{\sqrt{6}}&\frac{1}{\sqrt{3}}\\\frac{-1}{\sqrt{2}}&\frac{\mathrm{i}}{\sqrt{6}}&\frac{\mathrm{i}}{\sqrt{3}}\end{pmatrix}$,作酉变换 $\boldsymbol{x}=\boldsymbol{Q}\boldsymbol{y}$,则有标准形 $f=-\overline{\boldsymbol{y}}_1\boldsymbol{y}_1+\overline{\boldsymbol{y}}_2\boldsymbol{y}_2-2\overline{\boldsymbol{y}}_3\boldsymbol{y}_3$.

定义 2　若 $\forall\boldsymbol{x}\neq\boldsymbol{0}$,埃尔米特二次型 $f=\boldsymbol{x}^{\mathrm{H}}\boldsymbol{A}\boldsymbol{x}$ 恒为正(负)数,则称二次型为正(负)定的,这时埃尔米特矩阵 $\boldsymbol{A}$ 也称为正(负)定的.

定理 3　埃尔米特二次型 $f=\boldsymbol{x}^{\mathrm{H}}\boldsymbol{A}\boldsymbol{x}$ 为正定的充要条件是 $\boldsymbol{A}$ 的特征值全大于零.

证明　由定理 2 可知,埃尔米特二次型 $f(\boldsymbol{x})=\boldsymbol{x}^{\mathrm{H}}A\boldsymbol{x}$,都可用某个酉变换 $\boldsymbol{x}=\boldsymbol{Q}\boldsymbol{y}$($\boldsymbol{Q}$ 是酉矩阵),使其化为标准形,$f=\lambda_1\overline{\boldsymbol{y}_1}\boldsymbol{y}_1+\lambda_2\overline{\boldsymbol{y}_2}\boldsymbol{y}_2+\cdots+\lambda_n\overline{\boldsymbol{y}_n}\boldsymbol{y}_n$,$\lambda_1,\lambda_2,\cdots,\lambda_n$ 是 $\boldsymbol{A}$ 的特征值.

若 $\boldsymbol{A}$ 的特征值全大于零,则对任意 $\boldsymbol{x}\neq\boldsymbol{0}$,有 $\boldsymbol{y}\neq\boldsymbol{0}$,从而 $\overline{\boldsymbol{y}_i}\boldsymbol{y}_i$ 不全为零,故 $f>0$,即此二次型为正定的.

若二次型 $f(\boldsymbol{x})=\boldsymbol{x}^{\mathrm{H}}\boldsymbol{A}\boldsymbol{x}$ 为正定的,用反证法.假设 $\boldsymbol{A}$ 的特征值不是全大于零的,则存在 $\lambda_k\leqslant0$,此时取非零向量 $\boldsymbol{y}=(0,\cdots,0,1,0,\cdots,0)^{\mathrm{T}}$(第 k 个分量为 1,其余为 0),$\boldsymbol{x}=\boldsymbol{Q}\boldsymbol{y}$ 也是非零向量,但是 $f(\boldsymbol{x})=\boldsymbol{x}^{\mathrm{H}}\boldsymbol{A}\boldsymbol{x}=\lambda_k\leqslant0$,矛盾.故假设错误,从而可知 $\boldsymbol{A}$ 的特征值全大于零.得证.

定理 4　设 $\boldsymbol{A}$ 为埃尔米特矩阵,则:

(1)$\boldsymbol{A}$ 正定的充要条件是存在满秩矩阵 $\boldsymbol{C}$,使 $\boldsymbol{C}^{\mathrm{H}}\boldsymbol{A}\boldsymbol{C}=\boldsymbol{E}$;

(2)$\boldsymbol{A}$ 正定的充要条件是存在满秩矩阵 $\boldsymbol{B}$,使 $\boldsymbol{A}=\boldsymbol{B}^{\mathrm{H}}\boldsymbol{B}$.

证明　设 $\boldsymbol{A}$ 为埃尔米特矩阵,由定理 2 可知,存在酉矩阵 $\boldsymbol{Q}$,使得

$$Q^{H}AQ = \mathrm{diag}(\lambda_1,\lambda_2,\cdots,\lambda_n).$$

(1) 若 A 正定,由定理 3 可知,所有的特征值 $\lambda_i > 0$,令 $P = \mathrm{diag}\left(\frac{1}{\sqrt{\lambda_1}},\frac{1}{\sqrt{\lambda_2}},\cdots,\frac{1}{\sqrt{\lambda_n}}\right)$,

则显然有 $P^{H}Q^{H}AQP = E$,取 $C = QP$ 即可,显然 C 是满秩矩阵.

反过来,若存在满秩矩阵 C,使 $C^{H}AC = E$,考虑二次型 $f = x^{H}Ax$,此二次型可通过满秩线性变换 $x = Cy$ 化为 $f = \bar{y}_1y_1 + \bar{y}_2y_2 + \cdots + \bar{y}_ny_n$.

对任意的 $x \neq 0$,有 $y \neq 0$,而当 $y \neq 0$ 时,$f = \bar{y}_1y_1 + \bar{y}_2y_2 + \cdots + \bar{y}_ny_n > 0$,

故二次型正定,从而矩阵 A 也正定.

(2) 利用(1) 的结论,显然有 $B = C^{-1}$.

与实对称方阵类似,我们也有如下结论(证明略去):

定理 5 设 A 为埃尔米特矩阵,则 A 正定的充要条件是 A 的顺序主子式大于零.

例 2 如果 $\alpha_1,\alpha_2,\cdots,\alpha_m$ 是 n 维欧氏空间 V 的一组非零向量,且满足 $(\alpha_i,\alpha_j) \leqslant 0$, $\forall i \neq j$, 则 m 的最大值是____________.

解析 取 n 维欧氏空间 V 的一组正交基 $\alpha_1,\alpha_2,\cdots,\alpha_n$,则一组向量 $\alpha_1,\alpha_2,\cdots,\alpha_n$, $-\alpha_1,-\alpha_2,\cdots,-\alpha_n$, $\forall i \neq j$, $(\alpha_i,\alpha_j) \leqslant 0$,所以满足 $(\alpha_i,\alpha_j) \leqslant 0$, $\forall i \neq j$ 的 m 的最大值是 $2n$.

例 3 设 $\mathscr{A}$ 为欧氏空间 V 中的线性变换,如果对任意 $\alpha,\beta \in V$,有 $(\mathscr{A}\alpha,\beta) = -(\alpha,\mathscr{A}\beta)$,则称 $\mathscr{A}$ 为反对称的.证明:$\mathscr{A}$ 为反对称的充要条件是 $\mathscr{A}$ 在一组正交基下的矩阵为反对称的.

证明 **必要性** 若 $\mathscr{A}$ 是反对称的,设 $\varepsilon_1,\varepsilon_2,\cdots,\varepsilon_n$ 是 V 的一组标准正交基,且 $\mathscr{A}$ 在这组标准正交基下的矩阵为 $(k_{ij})_{n\times n}$,则有 $\mathscr{A}\varepsilon_i = k_{1i}\varepsilon_1 + k_{2i}\varepsilon_2 + \cdots + k_{ni}\varepsilon_n, i = 1,2,\cdots,n$,

故 $(\mathscr{A}\varepsilon_i,\varepsilon_j) = k_{ji}, (\varepsilon_i,\mathscr{A}\varepsilon_j) = k_{ij}, i,j = 1,2,\cdots,n$.

由于 $\mathscr{A}$ 是反对称的,$(\mathscr{A}\varepsilon_i,\varepsilon_j) = -(\varepsilon_i,\mathscr{A}\varepsilon_j)$,即有 $k_{ij} = -k_{ji}$,

由此知 $k_{ij} = \begin{cases} 0, & i = j, \\ -k_{ji}, & i \neq j. \end{cases}$

即 $\mathscr{A}$ 在标准正交基 $\varepsilon_1,\varepsilon_2,\cdots,\varepsilon_n$ 下的矩阵为反对称的.

充分性 若 $\mathscr{A}$ 在 V 的标准正交基 $\varepsilon_1,\varepsilon_2,\cdots,\varepsilon_n$ 下的矩阵为反对称的,

则 $(\mathscr{A}\varepsilon_i,\varepsilon_j) = -(\varepsilon_i,\mathscr{A}\varepsilon_j), i,j = 1,2,\cdots,n$.

设 $\boldsymbol{\alpha}=\sum_{i=1}^{n}a_i\boldsymbol{\varepsilon}_i,\boldsymbol{\beta}=\sum_{i=1}^{n}b_i\boldsymbol{\varepsilon}_i$ 是 V 中任意两个向量,于是

$$(\mathscr{A}\boldsymbol{\alpha},\boldsymbol{\beta})=\sum_{i,j=1}^{n}a_ib_j(\mathscr{A}\boldsymbol{\varepsilon}_i,\boldsymbol{\varepsilon}_j),(\boldsymbol{\alpha},\mathscr{A}\boldsymbol{\beta})=\sum_{i,j=1}^{n}a_ib_j(\boldsymbol{\varepsilon}_i,\mathscr{A}\boldsymbol{\varepsilon}_j),$$

因此有 $(\mathscr{A}\boldsymbol{\alpha},\boldsymbol{\beta})=-(\boldsymbol{\alpha},\mathscr{A}\boldsymbol{\beta})$,即 $\mathscr{A}$ 是反对称的.

例 4　设 $\boldsymbol{A}$ 是 n 阶正定矩阵,$\boldsymbol{B}$ 是 n 阶实矩阵,且 $\boldsymbol{A}^2\boldsymbol{B}=\boldsymbol{B}\boldsymbol{A}^2$,证明:$\boldsymbol{AB}=\boldsymbol{BA}$.

证明　由 $\boldsymbol{A}$ 是正定矩阵可知,存在正交矩阵 $\boldsymbol{Q}$,使

$$\boldsymbol{Q}^{-1}\boldsymbol{AQ}=\boldsymbol{Q}^{\mathrm{T}}\boldsymbol{AQ}=\begin{pmatrix}\lambda_1&&&\\&\lambda_2&&\\&&\ddots&\\&&&\lambda_n\end{pmatrix}.$$

其中 $\lambda_i>0,i=1,2,\cdots,n$ 为 $\boldsymbol{A}$ 的特征值.

故 $\boldsymbol{Q}^{\mathrm{T}}\boldsymbol{A}^2\boldsymbol{BQ}=\boldsymbol{Q}^{\mathrm{T}}\boldsymbol{BA}^2\boldsymbol{Q}$.

而 $\boldsymbol{Q}^{\mathrm{T}}\boldsymbol{A}^2\boldsymbol{BQ}=(\boldsymbol{Q}^{\mathrm{T}}\boldsymbol{A}^2\boldsymbol{Q})(\boldsymbol{Q}^{\mathrm{T}}\boldsymbol{BQ})=(\boldsymbol{Q}^{\mathrm{T}}\boldsymbol{AQ})^2(\boldsymbol{Q}^{\mathrm{T}}\boldsymbol{BQ})$,

同理有 $\boldsymbol{Q}^{\mathrm{T}}\boldsymbol{BA}^2\boldsymbol{Q}=(\boldsymbol{Q}^{\mathrm{T}}\boldsymbol{BQ})(\boldsymbol{Q}^{\mathrm{T}}\boldsymbol{AQ})^2$,

故 $(\boldsymbol{Q}^{\mathrm{T}}\boldsymbol{AQ})^2(\boldsymbol{Q}^{\mathrm{T}}\boldsymbol{BQ})=(\boldsymbol{Q}^{\mathrm{T}}\boldsymbol{BQ})(\boldsymbol{Q}^{\mathrm{T}}\boldsymbol{AQ})^2$,

即
$$\begin{pmatrix}\lambda_1^2&&&\\&\lambda_2^2&&\\&&\ddots&\\&&&\lambda_n^2\end{pmatrix}\begin{pmatrix}b_{11}&b_{12}&\cdots&b_{1n}\\b_{21}&b_{22}&\cdots&b_{2n}\\\vdots&\vdots&&\vdots\\b_{n1}&b_{n2}&\cdots&b_{nn}\end{pmatrix}=\begin{pmatrix}b_{11}&b_{12}&\cdots&b_{1n}\\b_{21}&b_{22}&\cdots&b_{2n}\\\vdots&\vdots&&\vdots\\b_{n1}&b_{n2}&\cdots&b_{nn}\end{pmatrix}\begin{pmatrix}\lambda_1^2&&&\\&\lambda_2^2&&\\&&\ddots&\\&&&\lambda_n^2\end{pmatrix}$$

其中 $(b_{ij})_{n\times n}=\boldsymbol{Q}^{\mathrm{T}}\boldsymbol{BQ}$.

因此有 $\lambda_i^2b_{ij}=\lambda_j^2b_{ij},i,j=1,2,\cdots,n$,

当 $\lambda_i=\lambda_j$ 时,有 $\lambda_ib_{ij}=\lambda_jb_{ij}$;

当 $\lambda_i\neq\lambda_j$ 时,由于 $\lambda_i^2b_{ij}=\lambda_j^2b_{ij}$,故 $b_{ij}=0$,这时 $\lambda_ib_{ij}=\lambda_jb_{ij}$ 仍成立,从而有

$$\begin{pmatrix}\lambda_1&&&\\&\lambda_2&&\\&&\ddots&\\&&&\lambda_n\end{pmatrix}\boldsymbol{Q}^{\mathrm{T}}\boldsymbol{BQ}=\boldsymbol{Q}^{\mathrm{T}}\boldsymbol{BQ}\begin{pmatrix}\lambda_1&&&\\&\lambda_2&&\\&&\ddots&\\&&&\lambda_n\end{pmatrix},$$

即$(Q^{\mathrm{T}}AQ)(Q^{\mathrm{T}}BQ)=(Q^{\mathrm{T}}BQ)(Q^{\mathrm{T}}AQ)$,

故$Q^{\mathrm{T}}ABQ=Q^{\mathrm{T}}BAQ$,

从而可得$AB=BA$.

习　题

1.设$\boldsymbol{x}=(\xi_1,\xi_2,\cdots,\xi_n)$,$\boldsymbol{y}=(\eta_1,\eta_2,\cdots,\eta_n)$是$\mathbf{R}^n$的任意两个$n$维向量,$\boldsymbol{A}=(a_{ij})_{n\times n}$是正定矩阵,令$(\boldsymbol{x},\boldsymbol{y})=\boldsymbol{x}\boldsymbol{A}\boldsymbol{y}^{\mathrm{T}}$.证明在此定义下$\mathbf{R}^n$是内积空间.

2.设V是实数域$\mathbf{R}$上的n维线性空间,$\boldsymbol{e}_1,\boldsymbol{e}_2,\cdots,\boldsymbol{e}_n$是$V$的一组基,对$V$中任意两个向量

$$\boldsymbol{x}=\sum_{i=1}^{n}\xi_i\boldsymbol{e}_i,\boldsymbol{y}=\sum_{i=1}^{n}\eta_i\boldsymbol{e}_i,$$

规定$(\boldsymbol{x},\boldsymbol{y})=\sum\limits_{i=1}^{n}\xi_i\eta_i$.证明$(\boldsymbol{x},\boldsymbol{y})$是内积,这样定义内积后$V$为内积空间.

3.在$\mathbf{R}^4$中求一单位向量,使其与向量$(1,1,-1,1)$,$(1,-1,-1,1)$及$(2,1,1,3)$都正交.

4.把向量组$\boldsymbol{x}_1=(1,1,0,0)$,$\boldsymbol{x}_2=(1,0,1,0)$,$\boldsymbol{x}_3=(-1,0,0,1)$,$\boldsymbol{x}_4=(1,-1,-1,1)$正交单位化.

5.设$\boldsymbol{x}_1,\boldsymbol{x}_2,\boldsymbol{x}_3,\boldsymbol{x}_4,\boldsymbol{x}_5$是欧氏空间$V$的一组标准正交基,$V_1=L(\boldsymbol{y}_1,\boldsymbol{y}_2,\boldsymbol{y}_3)$,其中$\boldsymbol{y}_1=\boldsymbol{x}_1+\boldsymbol{x}_5$,$\boldsymbol{y}_2=\boldsymbol{x}_1-\boldsymbol{x}_2+\boldsymbol{x}_4$,$\boldsymbol{y}_3=2\boldsymbol{x}_1+\boldsymbol{x}_2+\boldsymbol{x}_3$.求$V_1$的一组标准正交基.

6.求齐次线性方程组

$$\begin{cases}2x_1+x_2-x_3+x_4-3x_5=0,\\x_1+x_2-x_3+x_5=0\end{cases}$$

的解空间(作为$\mathbf{R}^5$的子空间)的一组标准正交基.

7.设V_1,V_2是n维欧氏空间V的两个子空间,证明:$(V_1\cap V_2)^{\perp}=V_1^{\perp}+V_2^{\perp}$.

8.设V是数域$\boldsymbol{P}$上的线性空间,已知V中的向量$\boldsymbol{\alpha}_1,\boldsymbol{\alpha}_2,\boldsymbol{\alpha}_3,\boldsymbol{\alpha}_4$线性无关,向量$\boldsymbol{\beta}_1=\boldsymbol{\alpha}_1+\boldsymbol{\alpha}_2$,$\boldsymbol{\beta}_2=\boldsymbol{\alpha}_2+\boldsymbol{\alpha}_3$,$\boldsymbol{\beta}_3=\boldsymbol{\alpha}_3+\boldsymbol{\alpha}_4$,$\boldsymbol{\beta}_4=\boldsymbol{\alpha}_4+\boldsymbol{\alpha}_1$,$W=L(\boldsymbol{\beta}_1,\boldsymbol{\beta}_2,\boldsymbol{\beta}_3,\boldsymbol{\beta}_4)$,求子空间$W$的维数.

9.设$\boldsymbol{y}$是欧氏空间V中的单位向量,$\boldsymbol{x}\in V$,定义变换:

$$\mathscr{A}(\boldsymbol{x})=\boldsymbol{x}-2(\boldsymbol{y},\boldsymbol{x})\boldsymbol{y}$$

证明：$\mathscr{A}$ 是正交变换.常称这种正交变换为镜面反射.

10.证明：如果一个上三角矩阵 $\boldsymbol{A}=\begin{pmatrix} a_{11} & a_{12} & \cdots & a_{1n} \\ 0 & a_{22} & \cdots & a_{zn} \\ \vdots & \vdots & & \vdots \\ 0 & \cdots & 0 & a_{nn} \end{pmatrix}$ 是正交矩阵，则 $\boldsymbol{A}$ 必为对角矩阵，并且主对角线上的元素 $a_{ii}=\pm 1(i=1,2,\cdots,n)$.

11.求 $\begin{cases} x_1+2x_2=1, \\ 2x_1+x_2=0, \\ x_1+x_2=0 \end{cases}$ 的最小二乘解.

12.设 $\boldsymbol{P},\boldsymbol{Q}$ 分别为 m 阶和 n 阶方阵，证明：若 $m+n$ 阶方阵

$$\boldsymbol{A}=\begin{pmatrix} \boldsymbol{P} & \boldsymbol{B} \\ \boldsymbol{O} & \boldsymbol{Q} \end{pmatrix}$$

是酉矩阵，则 $\boldsymbol{P},\boldsymbol{Q}$ 也是酉矩阵，并且 $\boldsymbol{B}=\boldsymbol{O}$.

13.设 $\boldsymbol{A},\boldsymbol{B}$ 都是埃尔米特矩阵，则 $\boldsymbol{AB}$ 为埃尔米特矩阵的充要条件是 $\boldsymbol{AB}=\boldsymbol{BA}$.

14.设 $\boldsymbol{A}=\begin{pmatrix} 1 & 1 & 1 \\ 1 & 1 & 1 \\ 1 & 1 & 1 \end{pmatrix}$，求正交矩阵 $\boldsymbol{T}$，使 $\boldsymbol{T}^{-1}\boldsymbol{AT}$ 为对角矩阵.

15.设 $\boldsymbol{A}$ 是 n 阶实对称矩阵，且 $\boldsymbol{A}^2=\boldsymbol{A}$（幂等矩阵），证明存在正交矩阵 $\boldsymbol{Q}$，使得

$$\boldsymbol{Q}^{-1}\boldsymbol{AQ}=\mathrm{diag}(1,\cdots,1,0,\cdots,0).$$

16.求酉矩阵 $\boldsymbol{P}$，使 $\boldsymbol{P}^{-1}\boldsymbol{AP}$ 为对角形：

(1) $\boldsymbol{A}=\begin{pmatrix} 0 & \mathrm{i} & 1 \\ -\mathrm{i} & 0 & 0 \\ 1 & 0 & 0 \end{pmatrix}$；

(2) $\boldsymbol{A}=\begin{pmatrix} -1 & \mathrm{i} & 0 \\ -\mathrm{i} & 0 & -\mathrm{i} \\ 0 & \mathrm{i} & -1 \end{pmatrix}$.

第四章　多项式矩阵及矩阵的标准形

第一节　一元多项式

一、一元多项式

设 x 是一个文字，P 是数域，形如

$$f(x)=a_nx^n+a_{n-1}x^{n-1}+\cdots+a_1x+a_0(a_i\in P,n\text{ 为非负整数})$$

的表达式，称为数域 P 上的一元多项式，P 上一元多项式的全体，记为 $P[x]$.

当 $a_n\neq 0$ 时，称多项式 $f(x)$ 的次数为 n，记为 $\partial(f(x))=n$ 或 $\deg(f(x))=n$，并称 a_nx^n 为 $f(x)$ 的首项. 当 $a_n=a_{n-1}=\cdots=a_1=0,a_0\neq 0$ 时，称多项式 $f(x)$ 为零次多项式，即 $\partial(f(x))=0$. 当 $a_n=a_{n-1}=\cdots=a_1=a_0=0$ 时，称为零多项式.

（一）整除

设 $f(x),g(x)\in P[x]$，如果存在 $q(x)\in P[x]$，使得 $f(x)=q(x)g(x)$，称 $g(x)$ 能整除 $f(x)$，记为 $g(x)\mid f(x)$；否则称 $g(x)$ 不能整除 $f(x)$，记为 $g(x)\nmid f(x)$.

性质 1　任一多项式可整除零多项式.

性质 2　$c,cf(x)$ 均能整除 $f(x)$，其中 c 为非零常数.

性质 3　若 $f(x)\mid g(x),g(x)\mid h(x)$，则 $f(x)\mid h(x)$.

性质 4　若 $f(x)\mid g_i(x)$，则对任意多项式 $u_i(x)\in P[x](i=1,2,\cdots,m)$，则有 $f(x)\mid \sum\limits_{i=1}^{m}u_i(x)g_i(x)$.

性质 5　$f(x)\mid g(x)$，且 $g(x)\mid f(x)\Leftrightarrow f(x)=cg(x)$，其中 c 为非零常数.

（二）带余除法

定理 2　设 $f(x)\in P[x]$，对 $g(x)\in P[x],g(x)\neq 0$，存在 $q(x),r(x)\in P[x]$，

使得 $f(x)=q(x)g(x)+r(x)$，其中 $r(x)=0$，或者 $\partial(r(x))<\partial(g(x))$，且这样的 $q(x)$，$r(x)$ 由 $f(x)$，$g(x)$ 唯一确定，分别称为商式与余式.

推论　设 $f(x),g(x)\in P[x]$，$g(x)\neq 0$，则 $g(x)\mid f(x)\Leftrightarrow r(x)=0$.

三、最大公因式

设 $f(x)$，$g(x)$ 是 $P[x]$ 中的多项式，$d(x)\in P[x]$，满足：

(1) $d(x)$ 是 $f(x)$，$g(x)$ 的公因式；

(2) $f(x)$，$g(x)$ 的公因式都整除 $d(x)$.

称 $d(x)$ 是 $f(x)$，$g(x)$ 的最大公因式，记 $d(x)=(f(x),g(x))$ 是首项为 1 的那个.

定理 3　对于数域 P 上的任意两个多项式 $f(x)$，$g(x)$，在 $P[x]$ 中存在一个最大公因式 $d(x)$，且 $d(x)$ 可表示成 $d(x)=u(x)f(x)+v(x)g(x)$，$u(x),v(x)\in P[x]$.

注意：若 $d(x)\mid f(x)$，$d(x)\mid g(x)$，则 $d(x)=(f(x),g(x))\Leftrightarrow$ 存在 $u(x),v(x)\in P[x]$，使 $u(x)f(x)+v(x)g(x)=d(x)\Leftrightarrow M=\{u(x)f(x)+v(x)g(x)\mid \forall u(x),v(x)\in P[x]\}$，其中 $d(x)$ 的首项系数为 1，$\partial(d(x))\leqslant\partial(h(x))$，$\forall h(x)\in M\Leftrightarrow\forall h(x)\in M$，总有 $d(x)\mid h(x)$.

四、互素及有关性质

设 $f(x),g(x)\in P[x]$，若 $(f(x),g(x))=1$，则称 $f(x)$ 与 $g(x)$ 互素.

定理 4　$f(x)$，$g(x)$ 互素 $\Leftrightarrow$ 存在 $u(x),v(x)\in P[x]$，使 $u(x)f(x)+v(x)g(x)=1$

$\Leftrightarrow\forall\varphi(x)\in P[x]$，总有 $h(x),k(x)\in P[x]$，使 $h(x)f(x)+k(x)g(x)=\varphi(x)$

$$\Leftrightarrow(f(x),f(x)+g(x))=1.$$

性质 1　如果 $(f(x),g(x))=1$，$(f(x),h(x))=1$，则 $(f(x),g(x)h(x))=1$.

性质 2　如果 $f(x)\mid g(x)$，$h(x)\mid g(x)$，且 $(f(x),h(x))=1$，则 $(f(x)h(x))\mid g(x)$.

五、不可约多项式

设 $p(x)\in P[x]$，且 $\partial(p(x))\geqslant 1$，如果 $p(x)$ 不能分解为 $P[x]$ 中两个比 $p(x)$ 低得多项式之积，则称 $p(x)$ 在 P 上不可约，否则称 $p(x)$ 在 P 上可约.

命题　设 $p(x)\in P[x]$，则 $p(x)$ 为不可约多项式 $\Leftrightarrow$

若$p(x) | (f(x)g(x))$ 则 $p(x) | f(x)$，或$p(x) | g(x) \Leftrightarrow \forall f(x) \in P[x]$，总有$(p(x), f(x))=1$或$p(x) | f(x)$.

定理5(Eisenstein判别法)　设$f(x)=a_nx^n+a_{n-1}x^{n-1}+\cdots+a_1x+a_0$是一个整系数多项式,若存在一个素数$p$,使得①$p \nmid a_n$,②$p | a_i(0 \leqslant i \leqslant n-1)$,③$p^2 \nmid a_0$,则$f(x)$为有理数域上不可约的.

互素与不可约的区别与联系:不可约是对一个多项式而言的,与数域选取有关;互素是对两个多项式而言的,与数域的选取无关,即$f(x)$,$g(x)$是数域P上的多项式,若数域$F \supseteq P$,则$f(x)$,$g(x)$在数域P上互素$\Leftrightarrow f(x)$,$g(x)$在数域F上互素.又数域P上不可约的多项式$p(x)$与数域P上的多项式$g(x)$的关系不是互素就是整除.

六、有理系数多项式与余数定理

(一)本原多项式

设$f(x)$是一个整系数多项式,如果$f(x)$的各项系数的最大公约数是1,称$f(x)$为本原多项式.

命题1　两个本原多项式的乘积仍是本原多项式.

命题2　设非零的整系数多项式$f(x)$在有理数域$\mathbf{Q}$上可约,则$f(x)$必能分解为两个次数较$f(x)$低的整系数多项式的乘积.

(二)多项式的根

对于数域P,设$f(x)=a_nx^n+a_{n-1}x^{n-1}+\cdots+a_1x+a_0 \in P[x]$,若$\alpha \in P$,有$f(\alpha)=0$,则$\alpha$为$f(x)$的一个根或零点.

定理6(根与系数的关系)　设$f(x)=a_nx^n+a_{n-1}x^{n-1}+\cdots+a_1x+a_0$,如果$f(x)$的$n$个根记为$x_1,x_2,\cdots,x_n$,则

$$\begin{cases} x_1+x_2+\cdots+x_n=-\dfrac{a_{n-1}}{a_n}, \\ x_1x_2+x_2x_3+\cdots+x_{n-1}x_n=\dfrac{a_{n-2}}{a_n}, \\ \cdots\cdots\cdots\cdots \\ x_1x_2\cdots x_n=(-1)^n\dfrac{a_0}{a_n}. \end{cases}$$

(三) 余数定理

定理7　用一次多项式 $x-a$ 去除多项式 $f(x)$ 所得的余数是一个常数,这个常数就等于 $f(a)$.

推论　a 是 $f(x)$ 的根 $\Leftrightarrow (x-a)\mid f(x)$.

定理8　设 $f(x)=a_nx^n+a_{n-1}x^{n-1}+\cdots+a_1x+a_0$ 是一个整系数多项式,而 $\frac{r}{s}$ 是它的一个有理根,其中 r,s 互素,必有 $r\mid a_0, s\mid a_n$.

特别地,如果 $f(x)$ 的首项系数 $a_n=1$,那么,$f(x)$ 的有理根都是整数,而且是 a_0 的因子.

七、重因子、重根

不可约多项式 $p(x)$ 称为 $f(x)$ 的 k 重因子,如果 $p^k(x)\mid f(x), p^{k+1}(x)\nmid f(x)$.

定理9　如果不可约多项式 $p(x)$ 是 $f(x)$ 的 k 重因子 $(k\geqslant 1)$,则它是 $f'(x)$ 的 $k-1$ 重因子.特别地,如果不可约多项式 $p(x)$ 是 $f(x)$ 的 1 重因子(单因子),则它不是 $f'(x)$ 的因子.

注意:定理9的逆不成立,即不可约多项式 $p(x)$ 是 $f'(x)$ 的 $k-1$ 重因子,$p(x)$ 不一定是 $f(x)$ 的因子,例如 $f(x)=(x-a)^{m+1}+1$.

定理10　$p(x)$ 是不可约多项式,则 $p(x)$ 称为 $f(x)$ 的重因子(即 k 重,$k\geqslant 2$)$\Leftrightarrow p(x)$ 是 $f(x)$ 与 $f'(x)$ 的公因式.

推论　$f(x)$ 没有重因子 $\Leftrightarrow (f(x),f'(x))=1$.

第二节　矩阵的相似对角形

定理1　矩阵 $\boldsymbol{A}\in\mathbf{C}^{n\times n}$,则 $\boldsymbol{A}$ 与对角矩阵相似的充要条件是 $\boldsymbol{A}$ 有 n 个线性无关的特征向量.

定理2　(充分条件) 若 n 阶矩阵 $\boldsymbol{A}$ 有 n 个不同的特征值,则 $\boldsymbol{A}$ 与对角矩阵相似.

例1　讨论下列矩阵能否与对角矩阵相似.

$$(1)\boldsymbol{A}=\begin{pmatrix}5&6&-3\\-1&0&1\\1&2&-1\end{pmatrix};(2)\boldsymbol{A}=\begin{pmatrix}1&2&2\\2&1&2\\2&2&1\end{pmatrix};(3)\boldsymbol{A}=\begin{pmatrix}3&1&0\\-4&-1&0\\4&-8&-2\end{pmatrix}.$$

解 (1) $$|\lambda\boldsymbol{E}-\boldsymbol{A}|=\begin{vmatrix}\lambda-5&-6&3\\1&\lambda&-1\\-1&-2&\lambda+1\end{vmatrix}=\begin{vmatrix}\lambda-2&3\lambda-6&0\\1&\lambda&-1\\-1&-2&\lambda+1\end{vmatrix}$$

$$=(\lambda-2)\begin{vmatrix}1&3&0\\1&\lambda&-1\\-1&-2&\lambda+1\end{vmatrix}=(\lambda-2)\begin{vmatrix}1&0&0\\1&\lambda-3&-1\\-1&1&\lambda+1\end{vmatrix}$$

$$=(\lambda-2)(\lambda^2-2\lambda-2).$$

所以 $\lambda_1=2,\lambda_2=1+\sqrt{3},\lambda_3=1-\sqrt{3}$.

当 $\lambda_1=2$ 时，$(2\boldsymbol{E}-\boldsymbol{A})\boldsymbol{X}=\boldsymbol{0}$，即

$$\begin{pmatrix}-3&-6&3\\1&2&-1\\-1&-2&3\end{pmatrix}\begin{pmatrix}x_1\\x_2\\x_3\end{pmatrix}=0,\text{得 }\boldsymbol{\alpha}_1=\begin{pmatrix}-2\\0\\1\end{pmatrix}.$$

当 $\lambda_2=1+\sqrt{3}$ 时，$$\begin{pmatrix}1+\sqrt{3}-5&-6&3\\1&1+\sqrt{3}&-1\\-1&-2&2+\sqrt{3}\end{pmatrix}\begin{pmatrix}x_1\\x_2\\x_3\end{pmatrix}=0,\text{得 }\boldsymbol{\alpha}_2=\begin{pmatrix}3\\-1\\2-\sqrt{3}\end{pmatrix}.$$

当 $\lambda_3=1-\sqrt{3}$ 时，$$\begin{pmatrix}1-\sqrt{3}-5&-6&3\\1&1-\sqrt{3}&-1\\-1&-2&2-\sqrt{3}\end{pmatrix}\begin{pmatrix}x_1\\x_2\\x_3\end{pmatrix}=0,\text{得 }\boldsymbol{\alpha}_3=\begin{pmatrix}3\\-1\\2+\sqrt{3}\end{pmatrix}.$$

于是 $$\boldsymbol{P}=(\boldsymbol{\alpha}_1,\boldsymbol{\alpha}_2,\boldsymbol{\alpha}_3)=\begin{pmatrix}-2&3&3\\1&-1&-1\\0&2-\sqrt{3}&2+\sqrt{3}\end{pmatrix},\boldsymbol{P}^{-1}=\begin{pmatrix}-1&-3&0\\\frac{1}{2}+\frac{\sqrt{3}}{3}&1+\frac{2\sqrt{3}}{3}&-\frac{\sqrt{3}}{6}\\\frac{1}{2}-\frac{\sqrt{3}}{3}&1-\frac{\sqrt{3}}{3}&\frac{\sqrt{3}}{6}\end{pmatrix},$$

有 $\boldsymbol{P}^{-1}\boldsymbol{A}\boldsymbol{P}=\begin{pmatrix}2 & & \\ & 1+\sqrt{3} & \\ & & 1-\sqrt{3}\end{pmatrix}$.

(2) $|\lambda\boldsymbol{E}-\boldsymbol{A}|=\begin{vmatrix}\lambda-1 & -2 & -2\\ -2 & \lambda-1 & -2\\ -2 & -2 & \lambda-1\end{vmatrix}=\begin{vmatrix}\lambda-5 & \lambda-5 & \lambda-5\\ -2 & \lambda-1 & -2\\ -2 & -2 & \lambda-1\end{vmatrix}$

$$=(\lambda-5)\begin{vmatrix}1 & 1 & 1\\ -2 & \lambda-1 & -2\\ -2 & -2 & \lambda-1\end{vmatrix}$$

$$=(\lambda-5)\begin{vmatrix}1 & 1 & 1\\ 0 & \lambda+1 & 0\\ 0 & 0 & \lambda+1\end{vmatrix}=(\lambda-5)(\lambda+1)^2.$$

所以 $\lambda_1=\lambda_2=-1,\lambda_3=5$.

当 $\lambda_1=-1$ 时，$(-\boldsymbol{E}-\boldsymbol{A})\boldsymbol{X}=\boldsymbol{0}$，即

$$\begin{pmatrix}-2 & -2 & -2\\ -2 & -2 & -2\\ -2 & -2 & -2\end{pmatrix}\begin{pmatrix}x_1\\ x_2\\ x_3\end{pmatrix}=0,\text{得 }\boldsymbol{\alpha}_1=\begin{pmatrix}1\\ 0\\ -1\end{pmatrix},\boldsymbol{\alpha}_2=\begin{pmatrix}0\\ 1\\ -1\end{pmatrix}.$$

当 $\lambda_3=5$ 时，得 $\boldsymbol{\alpha}_3=\begin{pmatrix}1\\ 1\\ 1\end{pmatrix}$.

于是 $\boldsymbol{P}=(\boldsymbol{\alpha}_1,\boldsymbol{\alpha}_2,\boldsymbol{\alpha}_3)=\begin{pmatrix}1 & 0 & 1\\ 0 & 1 & 1\\ -1 & -1 & 1\end{pmatrix}$，所以 $\boldsymbol{P}^{-1}=\dfrac{1}{3}\begin{pmatrix}2 & -1 & -1\\ -1 & 2 & -1\\ 1 & 1 & 1\end{pmatrix}$，有 $\boldsymbol{P}^{-1}\boldsymbol{A}\boldsymbol{P}$

$$=\begin{pmatrix}-1 & & \\ & -1 & \\ & & 5\end{pmatrix}.$$

(3) $$|\lambda \boldsymbol{E}-\boldsymbol{A}|=\begin{vmatrix}\lambda-3 & -1 & 0\\ 4 & \lambda+1 & 0\\ -4 & 8 & \lambda+2\end{vmatrix}=(\lambda+2)\begin{vmatrix}\lambda-3 & -1\\ 4 & \lambda+1\end{vmatrix}=(\lambda+2)(\lambda-1)^2.$$

所以 $\lambda_1=\lambda_2=1,\lambda_3=-2$.

当 $\lambda_1=1$ 时,$(\boldsymbol{E}-\boldsymbol{A})\boldsymbol{X}=\boldsymbol{0}$,即

$$\begin{pmatrix}-2 & -1 & 0\\ 4 & 2 & 0\\ -4 & 8 & 3\end{pmatrix}\begin{pmatrix}x_1\\ x_2\\ x_3\end{pmatrix}=0,\text{得 }\boldsymbol{\alpha}_1=\begin{pmatrix}3\\ -6\\ 20\end{pmatrix}.$$

$\boldsymbol{A}$ 不能与对角矩阵相似.

例 2 已知矩阵 $\boldsymbol{A}=\begin{pmatrix}4 & 6 & 0\\ -3 & -5 & 0\\ -3 & -6 & 1\end{pmatrix}$,求 $\boldsymbol{A}$ 的相似对角形及 $\boldsymbol{A}^{100}$.

解 $$|\lambda \boldsymbol{E}-\boldsymbol{A}|=\begin{vmatrix}\lambda-4 & -6 & 0\\ 3 & \lambda+5 & 0\\ 3 & 6 & \lambda-1\end{vmatrix}=(\lambda-1)^2(\lambda+2).$$

所以 $\lambda_1=-2,\lambda_2=\lambda_3=1$.

由 $(\lambda \boldsymbol{E}-\boldsymbol{A})\boldsymbol{X}=\boldsymbol{0}$,可求出对应的三个线性无关特征向量:

$$\boldsymbol{\alpha}_1=\begin{pmatrix}-1\\ 1\\ 1\end{pmatrix},\boldsymbol{\alpha}_2=\begin{pmatrix}-2\\ 1\\ 0\end{pmatrix},\boldsymbol{\alpha}_3=\begin{pmatrix}0\\ 0\\ 1\end{pmatrix}.$$

令 $\boldsymbol{P}=\begin{pmatrix}-1 & -2 & 0\\ 1 & 1 & 0\\ 1 & 0 & 1\end{pmatrix}$,则 $\boldsymbol{P}^{-1}=\begin{pmatrix}1 & 2 & 0\\ -1 & -1 & 0\\ -1 & -2 & 1\end{pmatrix}$,则

$$\boldsymbol{P}^{-1}\boldsymbol{A}\boldsymbol{P}=\begin{pmatrix}-2 & 0 & 0\\ 0 & 1 & 0\\ 0 & 0 & 1\end{pmatrix},\boldsymbol{A}=\boldsymbol{P}\begin{pmatrix}-2 & 0 & 0\\ 0 & 1 & 0\\ 0 & 0 & 1\end{pmatrix}\boldsymbol{P}^{-1},$$

$$\boldsymbol{A}^{100}=\boldsymbol{P}\begin{pmatrix}-2&0&0\\0&1&0\\0&0&1\end{pmatrix}^{100}\boldsymbol{P}^{-1}=\boldsymbol{P}\begin{pmatrix}2^{100}&&\\&1&\\&&1\end{pmatrix}\boldsymbol{P}^{-1}=\begin{pmatrix}-2^{100}+2&-2^{101}+2&0\\2^{100}-1&2^{101}-1&0\\2^{100}-1&2^{101}-2&1\end{pmatrix}.$$

第三节　矩阵的若尔当标准形

一、矩阵 $\boldsymbol{A}$ 的行列式因子、不变因子、初等因子

设 $\boldsymbol{A}=(a_{ij})\in\mathbf{C}^{n\times n}$,矩阵 $\lambda\boldsymbol{E}-\boldsymbol{A}$ 是 $\boldsymbol{A}$ 的特征矩阵,暂时用 $\boldsymbol{A}(\lambda)$ 来表示 $\lambda\boldsymbol{E}-\boldsymbol{A}$.

定义 1　$\boldsymbol{A}(\lambda)$ 中所有非零的 k 级子式的首项(最高次项)系数为 1 的最大公因式 $\boldsymbol{D}_k(\lambda)$ 称为 $\boldsymbol{A}(\lambda)$ 的 k 级行列式因子($k=1,2,\cdots,n$).即

$$\boldsymbol{D}_n(\lambda)=|\lambda\boldsymbol{E}-\boldsymbol{A}|,\boldsymbol{D}_{k-1}(\lambda)\,|\,\boldsymbol{D}_k(\lambda).$$

定义 2　下列的 n 个多项式

$$d_1(\lambda)=\boldsymbol{D}_1(\lambda),d_2(\lambda)=\frac{\boldsymbol{D}_2(\lambda)}{\boldsymbol{D}_1(\lambda)},d_3(\lambda)=\frac{\boldsymbol{D}_3(\lambda)}{\boldsymbol{D}_2(\lambda)},\cdots,$$

$$d_n(\lambda)=\frac{\boldsymbol{D}_n(\lambda)}{\boldsymbol{D}_{n-1}(\lambda)}$$ 称为 $\boldsymbol{A}(\lambda)$ 的不变因子.

把每个次数大于零的不变因子分解为互不相同的一次因式的方幂的乘积,所有这些一次因式的方幂(相同的按出现的次数计算)称为 $\boldsymbol{A}(\lambda)$ 的初等因子.

由于 $\boldsymbol{A}(\lambda)=\lambda\boldsymbol{E}-\boldsymbol{A}$,完全由 $\boldsymbol{A}$ 决定,所以这里 $\boldsymbol{A}(\lambda)$ 的不变因子及初等因子,也常称为矩阵 $\boldsymbol{A}$ 的不变因子及初等因子.

例 1　求矩阵 $\boldsymbol{A}=\begin{pmatrix}-1&&&\\&-2&&\\&&1&\\&&&2\end{pmatrix}$ 的不变因子及初等因子.

解 $A(\lambda)=\lambda E-A=\begin{pmatrix}\lambda+1 & & & \\ & \lambda+2 & & \\ & & \lambda-1 & \\ & & & \lambda-2\end{pmatrix}$,

所以 $A(\lambda)$ 的行列式因子为

$D_4(\lambda)=|\lambda E-A|=(\lambda^2-1)(\lambda^2-4)$,

$$D_3(\lambda)=D_2(\lambda)=D_1(\lambda)=1,$$

所以 A 的不变因子为

$$d_1(\lambda)=D_1(\lambda)=1,d_2(\lambda)=d_3(\lambda)=1,d_4(\lambda)=\frac{D_4(\lambda)}{D_3(\lambda)}=(\lambda-1)(\lambda+1)(\lambda-2)(\lambda+2),$$

A 的初等因子为$(\lambda-1),(\lambda+1),(\lambda-2),(\lambda+2)$.

例 2 设矩阵 $A=\begin{pmatrix}a & -b_1 & & \\ & a & \ddots & \\ & & \ddots & -b_{n-1} \\ & & & a\end{pmatrix}$ $(b_i\neq 0;i=1,2,\cdots,n-1)$,求 A 的初等因子.

解 $A(\lambda)=\lambda E-A=\begin{pmatrix}\lambda-a & b_1 & & 0 \\ & \lambda-a & \ddots & \\ & & \ddots & b_{n-1} \\ 0 & & & \lambda-a\end{pmatrix}$,

所以 $$D_n(\lambda)=|\lambda E-A|=(\lambda-a)^n,$$

而它有一个 $n-1$ 级子式

$$\begin{vmatrix}b_1 & & & 0 \\ & b_2 & & \\ & & \ddots & \\ * & & & b_{n-1}\end{vmatrix}=b_1b_2\cdots b_{n-1}\neq 0,$$

故 $D_{n-1}(\lambda)=1$,从而 $D_{n-2}(\lambda)=\cdots=D_1(\lambda)=1$.于是不变因子为

$d_1(\lambda)=d_2(\lambda)=\cdots=d_{n-1}(\lambda)=1, d_n(\lambda)=(\lambda-a)^n$,

因此初等因子只有一个$(\lambda-a)^n$.

例 3　求矩阵 $\boldsymbol{A}=\begin{pmatrix}1 & 2 & 0\\ 0 & 2 & 0\\ -2 & -2 & -1\end{pmatrix}$的初等因子.

解　$\boldsymbol{A}(\lambda)=\lambda\boldsymbol{E}-\boldsymbol{A}=\begin{pmatrix}\lambda-1 & -2 & 0\\ 0 & \lambda-2 & 0\\ 2 & 2 & \lambda+1\end{pmatrix}$,

所以$\boldsymbol{D}_3(\lambda)=(\lambda-1)(\lambda+1)(\lambda-2)$,从而$\boldsymbol{D}_2(\lambda)=1,\boldsymbol{D}_1(\lambda)=1$.于是不变因子为

$d_1(\lambda)=d_2(\lambda)=1, d_3(\lambda)=(\lambda-1)(\lambda+1)(\lambda-2)$,

因此初等因子为$(\lambda-1),(\lambda+1),(\lambda-2)$.

二、矩阵的若尔当标准形

设矩阵 $\boldsymbol{A}\in\mathbf{C}^{n\times n}$ 的全部初等因子为

$$(\lambda-\lambda_1)^{k_1},(\lambda-\lambda_2)^{k_2},\cdots,(\lambda-\lambda_s)^{k_s}.$$

在这里 $\lambda_1,\lambda_2,\cdots,\lambda_s$ 可能有相同的,指数 $k_1,k_2,\cdots,k_s$ 也有可能相同,对每个初等因子$(\lambda-\lambda_i)^{k_i}$ 构成一个 k_i 阶矩阵若尔当(Jordan) 块:

$$\boldsymbol{J}_i=\begin{pmatrix}\lambda_i & & & \\ 1 & \lambda_i & & \\ & \ddots & \ddots & \\ & & 1 & \lambda_i\end{pmatrix},\quad (i=1,2,\cdots,s)$$

准对角矩阵 $\boldsymbol{J}=\begin{pmatrix}\boldsymbol{J}_1 & & & \\ & \boldsymbol{J}_2 & & \\ & & \ddots & \\ & & & \boldsymbol{J}_s\end{pmatrix}$称为若尔当标准形矩阵.

定理 1　设 $\boldsymbol{A}\in\mathbf{C}^{n\times n}$,则存在可逆矩阵 $\boldsymbol{P}\in\mathbf{C}^{n\times n}$,

使
$$P^{-1}AP=\begin{pmatrix} J_1 & & & \\ & J_2 & & \\ & & \ddots & \\ & & & J_s \end{pmatrix}.$$

推论 复数矩阵 A 与对角矩阵相似的充要条件是 A 的初等因子全是一次的.

例 4 求矩阵 $A=\begin{pmatrix} 2 & -1 & -1 \\ 2 & -1 & -2 \\ -1 & 1 & 2 \end{pmatrix}$ 的若尔当标准形及所用的矩阵 P.

解
$$A(\lambda)=\lambda E-A=\begin{pmatrix} \lambda-2 & 1 & 1 \\ -2 & \lambda+1 & 2 \\ 1 & -1 & \lambda-2 \end{pmatrix},$$

初等因子为$(\lambda-1)$,$(\lambda-1)^2$,故 A 的若尔当标准形为 $J=\begin{pmatrix} 1 & & \\ & 1 & \\ & 1 & 1 \end{pmatrix}$.

再设 $P=(X_1,X_2,X_3)$,$P^{-1}AP=J$.

$A(X_1,X_2,X_3)=(X_1,X_2,X_3)J$,于是有$(AX_1,AX_2,AX_3)=(X_1,X_2+X_3,X_3)$,即
$$(E-A)X_1=0 \qquad (1)$$
$$(E-A)X_2=-X_3 \qquad (2)$$
$$(E-A)X_3=0 \qquad (3)$$

方程(1) 的基础解系为 $e_1=(1,1,0)^T$,$e_2=(1,0,1)^T$.

我们选取 $X_1=(1,1,0)^T$,由于方程(3) 与方程(1) 是一样的,所以方程(3) 的任意解为 $X_3=c_1e_1+c_2e_2=(c_1+c_2,c_1,c_2)^T$.

为了使(2) 有解,可选择 c_1,c_2 的值使下列两矩阵的秩相等:
$$E-A=\begin{pmatrix} -1 & 1 & 1 \\ -2 & 2 & 2 \\ 1 & -1 & -1 \end{pmatrix},\begin{pmatrix} -1 & 1 & 1 & -c_1-c_2 \\ -2 & 2 & 2 & -c_1 \\ 1 & -1 & -1 & -c_2 \end{pmatrix},$$

可得 $c_1=2$,$c_2=-1$.所以 $X_3=(1,2,-1)^T$,将 $X_3=(1,2,-1)^T$ 代入方程(2),

得 $\boldsymbol{X}_2=(2,1,1)^{\mathrm{T}}$,易知 $\boldsymbol{X}_1,\boldsymbol{X}_2,\boldsymbol{X}_3$ 线性无关,故取 $\boldsymbol{P}=(\boldsymbol{X}_1,\boldsymbol{X}_2,\boldsymbol{X}_3)$,

即 $\boldsymbol{P}=\begin{pmatrix}1&3&1\\1&1&1\\0&1&-1\end{pmatrix}$,有 $\boldsymbol{P}^{-1}\boldsymbol{AP}=\boldsymbol{J}$.

例 5　求矩阵 $\boldsymbol{A}=\begin{pmatrix}4&6&0\\-3&-5&0\\-3&-6&1\end{pmatrix}$ 的特征多项式、初等因子及若尔当标准形.

解　特征多项式 $|\lambda\boldsymbol{E}-\boldsymbol{A}|=\begin{vmatrix}\lambda-4&-6&0\\3&\lambda+5&0\\3&6&\lambda-1\end{vmatrix}=(\lambda-1)^2(\lambda+2)$.

矩阵 $\boldsymbol{A}$ 的不变因子 $d_1(\lambda)=1,d_2(\lambda)=\lambda-1,d_3(\lambda)=(\lambda-1)(\lambda+2)$,因此初等因子为 $(\lambda-1),(\lambda-1),(\lambda+2)$.

故 $\boldsymbol{A}$ 的若尔当标准形为 $\boldsymbol{J}=\begin{pmatrix}1&&\\&1&\\&&-2\end{pmatrix}$.

第四节　哈密顿 - 凯莱定理及矩阵的最小多项式

定理 1[哈密顿 - 凯莱(Hamilton - Cayley)定理]　设 $\boldsymbol{A}\in P^{n\times n}$,$f(\lambda)=|\lambda\boldsymbol{E}-\boldsymbol{A}|$ 是 $\boldsymbol{A}$ 的特征多项式,则 $f(\boldsymbol{A})=\boldsymbol{A}^n-(a_{11}+a_{22}+\cdots+a_{nn})\boldsymbol{A}^{n-1}+\cdots+(-1)^n|\boldsymbol{A}|\boldsymbol{E}=\boldsymbol{O}$.

证明　设 $\boldsymbol{B}(\lambda)$ 是 $\lambda\boldsymbol{E}-\boldsymbol{A}$ 的伴随矩阵,则 $\boldsymbol{B}(\lambda)(\lambda\boldsymbol{E}-\boldsymbol{A})=|\lambda\boldsymbol{E}-\boldsymbol{A}|\boldsymbol{E}=f(\lambda)\boldsymbol{E}$.

由于 λ - 矩阵 $\boldsymbol{B}(\lambda)$ 的元素是 $|\lambda\boldsymbol{E}-\boldsymbol{A}|$ 的各个代数余子式,都是 λ 的多项式,其次数不超过 $n-1$,

那么 $\boldsymbol{B}(\lambda)$ 可以写成 $\boldsymbol{B}(\lambda)=\lambda^{n-1}\boldsymbol{B}_0+\lambda^{n-2}\boldsymbol{B}_1+\cdots+\boldsymbol{B}_{n-1}$,其中 $\boldsymbol{B}_0,\boldsymbol{B}_1,\cdots,\boldsymbol{B}_n$ 都是 n 级数字矩阵.

又可设 $f(\lambda)=|\lambda\boldsymbol{E}-\boldsymbol{A}|=\lambda^n+a_1\lambda^{n-1}+\cdots+a_{n-1}\lambda+a_n$,

则 $f(\lambda)\boldsymbol{E}=\lambda^n\boldsymbol{E}+a_1\lambda^{n-1}\boldsymbol{E}+\cdots+a_{n-1}\lambda\boldsymbol{E}+a_n\boldsymbol{E}$.

而 $\boldsymbol{B}(\lambda)(\lambda\boldsymbol{E}-\boldsymbol{A})=(\lambda^{n-1}\boldsymbol{B}_0+\lambda^{n-2}\boldsymbol{B}_1+\cdots+\boldsymbol{B}_{n-1})(\lambda\boldsymbol{E}-\boldsymbol{A})$

$$=\lambda^n\boldsymbol{B}_0+\lambda^{n-1}(\boldsymbol{B}_1-\boldsymbol{B}_0\boldsymbol{A})+\lambda^{n-2}(\boldsymbol{B}_2-\boldsymbol{B}_1\boldsymbol{A})+\cdots+\lambda(\boldsymbol{B}_{n-1}-\boldsymbol{B}_{n-2}\boldsymbol{A})-\boldsymbol{B}_{n-1}\boldsymbol{A},$$

比较上面两式得

$$\begin{cases}\boldsymbol{B}_0=\boldsymbol{E},\\ \boldsymbol{B}_1-\boldsymbol{B}_0\boldsymbol{A}=a_1\boldsymbol{E},\\ \boldsymbol{B}_2-\boldsymbol{B}_1\boldsymbol{A}=a_2\boldsymbol{E},\\ \cdots\cdots\cdots\cdots\\ \boldsymbol{B}_{n-1}-\boldsymbol{B}_{n-2}\boldsymbol{A}=a_{n-1}\boldsymbol{E},\\ -\boldsymbol{B}_{n-1}\boldsymbol{A}=a_n\boldsymbol{E},\end{cases}$$

$$\begin{cases}\boldsymbol{B}_0\boldsymbol{A}^n=\boldsymbol{E}\boldsymbol{A}^n=\boldsymbol{A}^n,\\ \boldsymbol{B}_1\boldsymbol{A}^{n-1}-\boldsymbol{B}_0\boldsymbol{A}^n=a_1\boldsymbol{A}^{n-1},\\ \boldsymbol{B}_2\boldsymbol{A}^{n-2}-\boldsymbol{B}_1\boldsymbol{A}^{n-1}=a_2\boldsymbol{A}^{n-2},\\ \cdots\cdots\cdots\cdots\\ \boldsymbol{B}_{n-1}\boldsymbol{A}-\boldsymbol{B}_{n-2}\boldsymbol{A}^2=a_{n-1}\boldsymbol{A},\\ -\boldsymbol{B}_{n-1}\boldsymbol{A}=a_n\boldsymbol{E},\end{cases}$$

以上各式左右两边分别相加,左边为 $\boldsymbol{O}$,右边为 $f(\boldsymbol{A})$,即 $f(\boldsymbol{A})=\boldsymbol{O}$.

若 $\varphi(\lambda)$ 是多项式,$\boldsymbol{A}$ 是方阵,如果有 $\varphi(\boldsymbol{A})=\boldsymbol{O}$,则称 $\varphi(\lambda)$ 是矩阵 $\boldsymbol{A}$ 的零化多项式.

定义 1 设 $\boldsymbol{A}\in P^{n\times n}$,$P[x]$ 中次数最低的首项系数为 1 的以 $\boldsymbol{A}$ 为根的多项式,称为 $\boldsymbol{A}$ 的最小多项式,记为 $m(\lambda)$.

定理 2 矩阵 $\boldsymbol{A}$ 的任何零化多项式都被其最小多项式所整除.

定理 3 $\boldsymbol{A}$ 的最小多项式是唯一的,且若 $g(\boldsymbol{A})=\boldsymbol{O}$,则 $m(\lambda)\mid g(\lambda)$.特别地,设 $f(\lambda)$ 是 $\boldsymbol{A}$ 的特征多项式,则 $m(\lambda)\mid f(\lambda)$.

定理 4 矩阵 $\boldsymbol{A}$ 的最小多项式的根必定是 $\boldsymbol{A}$ 的特征根,反之,$\boldsymbol{A}$ 的特征根必定是 $\boldsymbol{A}$ 的最小多项式的根.

例 1 设 $\boldsymbol{A}=\begin{pmatrix}1&1&-1\\2&1&0\\1&-1&0\end{pmatrix}$,计算 $\varphi(\boldsymbol{A})=2\boldsymbol{A}^8-3\boldsymbol{A}^5+\boldsymbol{A}^4+\boldsymbol{A}^2-4\boldsymbol{E}$.

解　A 的特征多项式　$f(\lambda)=|\lambda E-A|=\lambda^3-2\lambda+1$,

$$\varphi(\lambda)=2\lambda^8-3\lambda^5+\lambda^4+\lambda^2-4,$$

用$f(\lambda)$去除$\varphi(\lambda)$得

$$\varphi(\lambda)=(2\lambda^5+4\lambda^3-5\lambda^2+9\lambda-14)f(\lambda)+r(\lambda)$$

其中$r(\lambda)=24\lambda^2-37\lambda+10$.

由哈密顿－凯莱定理得$f(A)=O$,所以

$$\varphi(A)=r(A)=24A^2-37A+10E=\begin{pmatrix}-3&48&-26\\0&95&-61\\0&-61&34\end{pmatrix}.$$

例 2　求矩阵$A=\begin{pmatrix}3&-3&2\\-1&5&-2\\-1&3&0\end{pmatrix}$的最小多项式$m(\lambda)$.

解　A 的特征多项式$f(\lambda)=|\lambda E-A|=(\lambda-2)^2(\lambda-4)$.

故A的最小多项式只可能是$m(\lambda)=(\lambda-2)(\lambda-4)$,或$m(\lambda)=f(\lambda)$,

由于$(A-2E)(A-4E)=O$,所以A的最小多项式是$m(\lambda)=(\lambda-2)(\lambda-4)$.

定理 5　矩阵A的最小多项式$m(\lambda)=\dfrac{D_n(\lambda)}{D_{n-1}(\lambda)}=d_n(\lambda)$.

第五节　多项式矩阵与史密斯标准形

一、λ－矩阵

(1) 设P是一个数域,$a_{ij}(\lambda)(i=1,2,\cdots,m;j=1,2,\cdots,n)$为数域$P$上的多项式,称形

如$A(\lambda)=(a_{ij}(\lambda))_{m\times n}=\begin{pmatrix}a_{11}(\lambda)&a_{12}(\lambda)&\cdots&a_{1n}(\lambda)\\a_{21}(\lambda)&a_{22}(\lambda)&\cdots&a_{2n}(\lambda)\\\vdots&\vdots&&\vdots\\a_{m1}(\lambda)&a_{m2}(\lambda)&\cdots&a_{mn}(\lambda)\end{pmatrix}$的矩阵为数域$P$上的$m\times n$多

项式矩阵,简称 λ - 矩阵;当 $m=n$ 时,称 $\boldsymbol{A}(\lambda)$ 为 n 级 λ - 矩阵.

(2) 如果 λ - 矩阵 $\boldsymbol{A}(\lambda)$ 中有一个 $r(r \geqslant 1)$ 级子式不为零,而所有 $r+1$ 级子式(如果有的话) 全为零,则称 $\boldsymbol{A}(\lambda)$ 的秩为 r,零矩阵的秩规定为零.

(3) 一个 n 级 λ - 矩阵 $\boldsymbol{A}(\lambda)$ 称为可逆的,如果有一个 n 级 λ - 矩阵级 $\boldsymbol{B}(\lambda)$,使 $\boldsymbol{A}(\lambda)\boldsymbol{B}(\lambda)=\boldsymbol{B}(\lambda)\boldsymbol{A}(\lambda)=\boldsymbol{E}$,称 $\boldsymbol{B}(\lambda)$ 为 $\boldsymbol{A}(\lambda)$ 的逆.记为 $\boldsymbol{A}^{-1}(\lambda)$.

定理 1 一个 n 级 λ - 矩阵 $\boldsymbol{A}(\lambda)$ 可逆 $\Leftrightarrow |\boldsymbol{A}(\lambda)|=c \neq 0$,$c$ 是常数.

注意:λ - 矩阵 $\boldsymbol{A}(\lambda)$ 可逆与满秩是不同的,λ - 矩阵 $\boldsymbol{A}(\lambda)$ 可逆 $\Leftrightarrow |\boldsymbol{A}(\lambda)|=c \neq 0$;$\lambda$ - 矩阵 $\boldsymbol{A}(\lambda)$ 满秩 $\Leftrightarrow |\boldsymbol{A}(\lambda)| \neq 0$.

例 1 判断以下多项式矩阵是否可逆:

$$\boldsymbol{A}(\lambda)=\begin{pmatrix} \lambda+1 & \lambda+3 \\ \lambda^2+3\lambda & \lambda^2+5\lambda+4 \end{pmatrix}, \boldsymbol{B}(\lambda)=\begin{pmatrix} \lambda+1 & \lambda+3 \\ \lambda^2+3\lambda+2 & \lambda^2+5\lambda+6 \end{pmatrix}.$$

解 由于 $|\boldsymbol{A}(\lambda)|=4$, $|\boldsymbol{B}(\lambda)|=0$,所以 $\boldsymbol{A}(\lambda)$ 可逆,$\boldsymbol{B}(\lambda)$ 不可逆.

二、λ - 矩阵的标准形

1.λ - 矩阵的初等变换

定义 1 下列运算称为多项式矩阵 $\boldsymbol{A}(\lambda)$ 的初等变换:

① 互换 $\boldsymbol{A}(\lambda)$ 的任意两行(列);

② 用非零的数 $c(c \in P)$ 乘 $\boldsymbol{A}(\lambda)$ 的某一行(列);

③ 用多项式 $\varphi(\lambda)$ 乘 $\boldsymbol{A}(\lambda)$ 的某一行(列) 并加到另一行(列) 上.

2.初等 λ - 矩阵

3 种 n 级方阵 $\boldsymbol{P}(i,j)$,$\boldsymbol{P}(i(c))$,$\boldsymbol{P}(i,j(\varphi(\lambda)))$ 分别表示由单位矩阵互换 i,j 两行(列),用非零的数 $c(c \in P)$ 乘第 i 行(列),用多项式 $\varphi(\lambda)$ 乘第 j 行(列) 并加到第 i 行(列) 上所得到的初等 λ - 矩阵.$\boldsymbol{P}(i,j)^{-1}=\boldsymbol{P}(i,j)$, $\boldsymbol{P}(i(c))^{-1}=\boldsymbol{P}(i(\frac{1}{c}))$, $\boldsymbol{P}(i,j(\varphi(\lambda)))^{-1}=\boldsymbol{P}(i,j(-\varphi(\lambda)))$.

(3) 对 $\boldsymbol{A}(\lambda)$ 作一次初等行变换相当于在 $\boldsymbol{A}$ 的左边乘上一个相应的初等 λ - 矩阵,对 $\boldsymbol{A}(\lambda)$ 作一次初等列变换相当于在 $\boldsymbol{A}(\lambda)$ 的右边乘上一个相应的初等 λ - 矩阵.

(4) **定义 2** 如果 λ - 矩阵 $\boldsymbol{A}(\lambda)$,经过一系列 λ - 矩阵的初等变换得到 $\boldsymbol{B}(\lambda)$,称

$A(\lambda)$ 与 $B(\lambda)$ 等价,等价关系满足自反性、对称性、传递性.

λ - 矩阵的 $A(\lambda)$ 与 $B(\lambda)$ 等价的充要条件:① 存在初等 λ - 矩阵 $P_1, P_2, \cdots, P_s, Q_1, Q_2, \cdots, Q_t$,使得 $P_1P_2\cdots P_sA(\lambda)Q_1Q_2\cdots Q_t = B(\lambda)$;② 存在可逆 λ - 矩阵 $P(\lambda), Q(\lambda)$ 使得 $P(\lambda)A(\lambda)Q(\lambda) = B(\lambda)$.

(5) **定理 2**　秩为 $r(r \geqslant 1)$ 的 $m \times n$ 的 λ - 矩阵 $A(\lambda)$ 都等价于

$$\begin{pmatrix} d_1(\lambda) & & & & & \\ & \ddots & & & & \\ & & d_r(\lambda) & & & \\ & & & 0 & & \\ & & & & \ddots & \\ & & & & & 0 \end{pmatrix},$$

其中 $d_i(\lambda) \mid d_{i+1}(\lambda)$,这个矩阵称为 $A(\lambda)$ 的史密斯(Smith)标准形,简称标准形,而且标准形是唯一的.

例 2　求多项式矩阵 $A(\lambda) = \begin{pmatrix} 0 & \lambda(\lambda-1) & 0 \\ \lambda & 0 & \lambda+1 \\ 0 & 0 & -\lambda+2 \end{pmatrix}$ 的史密斯标准形.

解　$A(\lambda) = \begin{pmatrix} 0 & \lambda(\lambda-1) & 0 \\ \lambda & 0 & \lambda+1 \\ 0 & 0 & -\lambda+2 \end{pmatrix} \to \begin{pmatrix} \lambda & 0 & \lambda+1 \\ 0 & \lambda(\lambda-1) & 0 \\ 0 & 0 & -\lambda+2 \end{pmatrix}$

$$\to \begin{pmatrix} \lambda & 0 & 1 \\ 0 & \lambda(\lambda-1) & 0 \\ 0 & 0 & -\lambda+2 \end{pmatrix} \to \begin{pmatrix} 1 & 0 & \lambda \\ 0 & \lambda(\lambda-1) & 0 \\ -\lambda+2 & 0 & 0 \end{pmatrix}$$

$$\to \begin{pmatrix} 1 & 0 & 0 \\ 0 & \lambda(\lambda-1) & 0 \\ -\lambda+2 & 0 & \lambda(-\lambda+2) \end{pmatrix}$$

$$\to \begin{pmatrix} 1 & 0 & 0 \\ 0 & \lambda(\lambda-1) & 0 \\ 0 & 0 & \lambda(-\lambda+2) \end{pmatrix}$$

$$\rightarrow\begin{pmatrix}1&0&0\\0&\lambda(\lambda-1)&\lambda(\lambda-1)\\0&0&\lambda(-\lambda+2)\end{pmatrix}\rightarrow\begin{pmatrix}1&0&0\\0&\lambda(\lambda-1)&\lambda\\0&0&\lambda(-\lambda+2)\end{pmatrix}$$

$$\rightarrow\begin{pmatrix}1&0&0\\0&\lambda&\lambda(\lambda-1)\\0&\lambda(-\lambda+2)&0\end{pmatrix}$$

$$\rightarrow\begin{pmatrix}1&0&0\\0&\lambda&0\\0&\lambda(-\lambda+2)&\lambda(-\lambda+2)(\lambda-1)\end{pmatrix}$$

$$\rightarrow\begin{pmatrix}1&0&0\\0&\lambda&0\\0&0&\lambda(\lambda-2)(\lambda-1)\end{pmatrix}.$$

例 3 求多项式矩阵 $\boldsymbol{A}(\lambda)=\begin{pmatrix}1-\lambda&2\lambda-1&\lambda\\\lambda&\lambda^2&-\lambda\\1+\lambda^2&\lambda^2+\lambda-1&-\lambda^2\end{pmatrix}$ 的史密斯标准形.

解 $$\boldsymbol{A}(\lambda)=\begin{pmatrix}1-\lambda&2\lambda-1&\lambda\\\lambda&\lambda^2&-\lambda\\1+\lambda^2&\lambda^2+\lambda-1&-\lambda^2\end{pmatrix}\rightarrow\begin{pmatrix}1&2\lambda-1&\lambda\\0&\lambda^2&-\lambda\\1&\lambda^2+\lambda-1&-\lambda^2\end{pmatrix}$$

$$\rightarrow\begin{pmatrix}1&2\lambda-1&\lambda\\0&\lambda^2&-\lambda\\0&\lambda^2-\lambda&-\lambda^2-\lambda\end{pmatrix}\rightarrow\begin{pmatrix}1&0&0\\0&\lambda^2&-\lambda\\0&\lambda^2-\lambda&-\lambda^2-\lambda\end{pmatrix}$$

$$\rightarrow\begin{pmatrix}1&0&0\\0&-\lambda&\lambda^2\\0&-\lambda^2-\lambda&\lambda^2-\lambda\end{pmatrix}\rightarrow\begin{pmatrix}1&0&0\\0&\lambda&\lambda^2\\0&\lambda^2+\lambda&\lambda^2-\lambda\end{pmatrix}$$

$$\rightarrow\begin{pmatrix}1&0&0\\0&\lambda&0\\0&\lambda^2+\lambda&-\lambda(\lambda^2+\lambda)+\lambda^2-\lambda\end{pmatrix}\rightarrow\begin{pmatrix}1&0&0\\0&\lambda&0\\0&0&\lambda^3+\lambda\end{pmatrix}.$$

定义 3 在 $A(\lambda)$ 的史密斯标准形 $J(\lambda)$ 中,多项式 $d_1(\lambda),d_2(\lambda),\cdots,d_r(\lambda)$ 称为 $A(\lambda)$ 的不变因子.

例 4 求矩阵 $A=\begin{pmatrix}-1 & -2 & 6\\ -1 & 0 & 3\\ -1 & -1 & 4\end{pmatrix}$ 的若尔当标准形.

解

$$\lambda E-A=\begin{pmatrix}\lambda+1 & 2 & -6\\ 1 & \lambda & -3\\ 1 & 1 & \lambda-4\end{pmatrix}\rightarrow\begin{pmatrix}1 & 1 & \lambda-4\\ 1 & \lambda & -3\\ \lambda+1 & 2 & -6\end{pmatrix}\rightarrow\begin{pmatrix}1 & 0 & 0\\ 0 & \lambda-1 & -\lambda+1\\ 0 & -\lambda+1 & -\lambda^2+3\lambda-2\end{pmatrix}$$

$$\rightarrow\begin{pmatrix}1 & 0 & 0\\ 0 & \lambda-1 & -\lambda+1\\ 0 & 0 & -\lambda^2+2\lambda-1\end{pmatrix}\rightarrow\begin{pmatrix}1 & 0 & 0\\ 0 & \lambda-1 & 0\\ 0 & 0 & (\lambda-1)^2\end{pmatrix}=J(\lambda).$$

于是不变因子为 $1,\lambda-1,(\lambda-1)^2$,因此初等因子为 $\lambda-1,(\lambda-1)^2$.

故 A 的若尔当标准形为 $J=\begin{pmatrix}1 & 0 & 0\\ 0 & 1 & 0\\ 0 & 1 & 1\end{pmatrix}$.

定理 3 $A(\lambda)$ 与 $B(\lambda)$ 等价的充要条件是 $A(\lambda)$ 与 $B(\lambda)$ 有相同的行列式因子,$A(\lambda)$ 与 $B(\lambda)$ 有相同的不变因子.

三、矩阵相似的充要条件

(1) 设 A 是数域 P 上的 n 级矩阵,称 λ - 矩阵 $\lambda E-A$ 的行列式因子、不变因子、初等因子分别为 A 的行列式因子、不变因子、初等因子.

(2) **定理 4** 设 A,B 是数域 P 上的 n 级矩阵,则 A 与 B 相似的充要条件是:

①$\lambda E-A$ 与 $\lambda E-B$ 等价;

②A 与 B 有相同的行列式因子;

③A 与 B 有相同的不变因子;

④A 与 B 有相同的初等因子.

四、矩阵 A 与对角矩阵相似的充要条件

(1) 矩阵 A 与对角矩阵相似的充要条件是 A 有 n 个线性无关的特征向量.

(2) 矩阵 A 与对角矩阵相似的充要条件是 A 的最小多项式 $m(\lambda)$ 无重根.

(3) 矩阵 A 与对角矩阵相似的充要条件是 A 的初等因子全是一次的.

(4) 矩阵 A 与对角矩阵相似的充要条件是 A 的每一个特征值的代数重数都等于它的几何重数.

例 5 设 a,b,c 是实数,且

$$\boldsymbol{A}=\begin{pmatrix} b & c & a \\ c & a & b \\ a & b & c \end{pmatrix},\boldsymbol{B}=\begin{pmatrix} c & a & b \\ a & b & c \\ b & c & a \end{pmatrix},\boldsymbol{C}=\begin{pmatrix} a & b & c \\ b & c & a \\ c & a & b \end{pmatrix}.$$

证明:(1) $\boldsymbol{A},\boldsymbol{B},\boldsymbol{C}$ 彼此相似;

(2) 如果 $\boldsymbol{BC}=\boldsymbol{CB}$,则 $\boldsymbol{A}$ 至少有两个特征值为零.

证明 (1)
$$\lambda\boldsymbol{E}-\boldsymbol{A}=\begin{pmatrix} \lambda-b & -c & -a \\ -c & \lambda-a & -b \\ -a & -b & \lambda-c \end{pmatrix}\to\begin{pmatrix} -a & -b & \lambda-c \\ -c & \lambda-a & -b \\ \lambda-b & -c & -a \end{pmatrix}$$
$$\to\begin{pmatrix} -a & \lambda-c & -b \\ -c & -b & \lambda-a \\ \lambda-b & -a & -c \end{pmatrix}\to\begin{pmatrix} \lambda-c & -a & -b \\ -b & -c & \lambda-a \\ -a & \lambda-b & -c \end{pmatrix}$$
$$\to\begin{pmatrix} \lambda-c & -a & -b \\ -a & \lambda-b & -c \\ -b & -c & \lambda-a \end{pmatrix}=\lambda\boldsymbol{E}-\boldsymbol{B}.$$

可得 $\lambda\boldsymbol{E}-\boldsymbol{A}$ 与 $\lambda\boldsymbol{E}-\boldsymbol{B}$ 等价,所以 $\boldsymbol{A}$ 与 $\boldsymbol{B}$ 相似,同理 $\boldsymbol{B}$ 与 $\boldsymbol{C}$ 也相似.

(2) 由 $\boldsymbol{BC}=\boldsymbol{CB}$,可得 $a^2+b^2+c^2=ab+bc+ca$,

即 $(a-b)^2+(b-c)^2+(c-a)^2=0$,所以 $a=b=c$.

$$|\lambda\boldsymbol{E}-\boldsymbol{A}|=\begin{vmatrix} \lambda-a & -a & -a \\ -a & \lambda-a & -a \\ -a & -a & \lambda-a \end{vmatrix}=\lambda^2(\lambda-3a),$$

所以 $\lambda_1=3a,\lambda_2=\lambda_3=0$.

例 6　设 $\boldsymbol{A}$ 是一个幂等矩阵，即 $\boldsymbol{A}^2=\boldsymbol{A}, r(\boldsymbol{A})=r$，证明：$|\boldsymbol{A}+\boldsymbol{E}|=2^r$.

证明　$\boldsymbol{A}=\boldsymbol{O}$，或 $\boldsymbol{A}=\boldsymbol{E}$ 时，有 $|\boldsymbol{A}+\boldsymbol{E}|=2^r$.

下面设 $\boldsymbol{A}\neq\boldsymbol{O},\boldsymbol{A}\neq\boldsymbol{E}$：

由 $\boldsymbol{A}^2=\boldsymbol{A}$ 知，$\boldsymbol{A}(\boldsymbol{A}-\boldsymbol{E})=\boldsymbol{O}$.

令 $f(\lambda)=\lambda^2-\lambda=\lambda(\lambda-1)$，则有 $f(\boldsymbol{A})=\boldsymbol{O}$，

$\boldsymbol{A}$ 的最小多项式 $m(\lambda)$ 整除 $f(\lambda)$，但 $\boldsymbol{A}\neq\boldsymbol{O},\boldsymbol{A}-\boldsymbol{E}\neq\boldsymbol{O}$，

所以 $m(\lambda)=f(\lambda)$，于是 $m(\lambda)$ 只有单根 0 与 1，

由此可知，$\boldsymbol{A}$ 与对角矩阵相似，由于 $r(\boldsymbol{A})=r$，

所以存在可逆矩阵 $\boldsymbol{T}$，使得 $\boldsymbol{T}^{-1}\boldsymbol{A}\boldsymbol{T}=\begin{pmatrix}1&&&&&\\&\ddots&&&&\\&&1&&&\\&&&0&&\\&&&&\ddots&\\&&&&&0\end{pmatrix}$，有 r 个 1，则

$$|\boldsymbol{A}+\boldsymbol{E}|=|\boldsymbol{T}^{-1}|\cdot|\boldsymbol{A}+\boldsymbol{E}|\cdot|\boldsymbol{T}|=|\boldsymbol{T}^{-1}\boldsymbol{A}\boldsymbol{T}+\boldsymbol{E}|=\begin{vmatrix}2&&&&&\\&\ddots&&&&\\&&2&&&\\&&&1&&\\&&&&\ddots&\\&&&&&1\end{vmatrix}=2^r.$$

例 7　在复数域上，$\boldsymbol{A}$ 能与对角矩阵相似的充要条件是 $\boldsymbol{A}$ 的最小多项式无重根.

证明　**必要性**　设 $\boldsymbol{A}$ 与对角矩阵相似，而对角矩阵的初等因子都是一次的，设为 $\lambda-\lambda_1,\lambda-\lambda_2,\cdots,\lambda-\lambda_n$. 于是 $\boldsymbol{A}$ 的最后一个不变因子，即是初等因子中所有互不相同的一次因式的乘积，故最小多项式无重根.

充分性　设 $\boldsymbol{A}$ 的最小多项式 $m(\lambda)$ 无重根，而 $m(\lambda)$ 是 $\boldsymbol{A}$ 的最后一个不变因子，

设 $m(\lambda)=(\lambda-\lambda_1)(\lambda-\lambda_2)\cdots(\lambda-\lambda_r)$，而 $d_i(\lambda)\mid d_n(\lambda)$，因此 $d_i(\lambda)$ 也没有重因子，即 $\boldsymbol{A}$ 的初等因子都是一次的，故 $\boldsymbol{A}$ 相似于对角矩阵.

例 8 设 $A=\begin{pmatrix}1&0&0&0\\-1&-1&-1&0\\1&1&1&0\\2&2&2&0\end{pmatrix}$,求:

(1) A 的若尔当标准形;

(2) A 的最小多项式;

(3) A^{500}.

解 (1) $\lambda E-A=\begin{pmatrix}\lambda-1&0&0&0\\1&\lambda+1&1&0\\-1&-1&\lambda-1&0\\-2&-2&-2&\lambda\end{pmatrix}\to\begin{pmatrix}1&\lambda+1&1&0\\0&-(\lambda^2-1)&-(\lambda-1)&0\\0&\lambda&\lambda&0\\0&2\lambda&0&\lambda\end{pmatrix}$

$$\to\begin{pmatrix}1&0&0&0\\0&\lambda^2-1&\lambda-1&0\\0&\lambda&\lambda&0\\0&2\lambda&0&\lambda\end{pmatrix}\to\begin{pmatrix}1&0&0&0\\0&-1&\lambda^2+\lambda-1&0\\0&\lambda&\lambda&0\\0&2\lambda&0&\lambda\end{pmatrix}$$

$$\to\begin{pmatrix}1&0&0&0\\0&1&\lambda^2-\lambda+1&0\\0&\lambda&\lambda&0\\0&2\lambda&0&\lambda\end{pmatrix}\to\begin{pmatrix}1&0&0&0\\0&1&0&0\\0&0&\lambda^3+\lambda^2&0\\0&0&-2\lambda^2+2\lambda-2&\lambda\end{pmatrix}$$

$$\to\begin{pmatrix}1&0&0&0\\0&1&0&0\\0&0&\lambda&0\\0&0&0&\lambda^2(\lambda-1)\end{pmatrix}.$$

A 的初等因子为 $\lambda,\lambda-1,\lambda^2$,故 A 的若尔当标准形为 $\begin{pmatrix}0&0&0&0\\0&1&0&0\\0&0&0&0\\0&0&1&0\end{pmatrix}$.

(2)A 的最小多项式 $m(\lambda)=\lambda^2(\lambda-1)$.

(3)$A^{500}=A^2=\begin{pmatrix}1&0&0&0\\-1&0&0&0\\1&0&0&0\\2&0&0&0\end{pmatrix}$.

例 9　设 $A=\begin{pmatrix}a&-b&0&0&0&0\\b&a&1&0&0&0\\0&0&a&-b&0&0\\0&0&b&a&1&0\\0&0&0&0&a&-b\\0&0&0&0&b&a\end{pmatrix}$,$a,b$ 都是实数,且 $b\neq0$,求 A 的不变因子、初等因子及 A 的若尔当标准形.

解　$D=|\lambda E-A|$

$$=\begin{vmatrix}\lambda-a&b&&&&\\-b&\lambda-a&-1&&&\\&&\lambda-a&b&&\\&&-b&\lambda-a&-1&\\&&&&\lambda-a&b\\&&&&-b&\lambda-a\end{vmatrix}=\begin{vmatrix}\lambda-a&b\\-b&\lambda-a\end{vmatrix}^3$$

$$=[(\lambda-a)^2+b^2]^3.$$

由于 $D=|\lambda E-A|$ 有一个 5 阶子式 $b^3\neq0$,因此 A 的行列式因子为

$D_1(\lambda)=D_2(\lambda)=D_3(\lambda)=D_4(\lambda)=D_5(\lambda)=1,D_6(\lambda)=D=[(\lambda-a)^2+b^2]^3$,

A 的不变因子为

$d_1(\lambda)=d_2(\lambda)=d_3(\lambda)=d_4(\lambda)=d_5(\lambda)=1,d_6(\lambda)=[(\lambda-a)^2+b^2]^3$,

A 的初等因子为 $[\lambda-(a-bi)]^3,[\lambda-(a+bi)]^3$.

$\boldsymbol{A}$ 的若尔当标准形为$\begin{pmatrix} a-bi & 0 & 0 & 0 & 0 & 0 \\ 1 & a-bi & 0 & 0 & 0 & 0 \\ 0 & 1 & a-bi & 0 & 0 & 0 \\ 0 & 0 & 0 & a+bi & 0 & 0 \\ 0 & 0 & 0 & 1 & a+bi & 0 \\ 0 & 0 & 0 & 0 & 1 & a+bi \end{pmatrix}$.

例 10 记 R 为复 2 阶方阵全体,在 R 中定义线性变换 $\mathscr{A}$,$\mathscr{A}\boldsymbol{X}=\begin{pmatrix} 1 & 0 \\ 1 & 0 \end{pmatrix}\boldsymbol{X}$,$\boldsymbol{X}\in R$,求 $\mathscr{A}$ 的若尔当标准形.

解 取 R 的一组基 $\boldsymbol{E}_{11},\boldsymbol{E}_{12},\boldsymbol{E}_{21},\boldsymbol{E}_{22}$,

则 $\mathscr{A}(\boldsymbol{E}_{11},\boldsymbol{E}_{12},\boldsymbol{E}_{21},\boldsymbol{E}_{22})=(\boldsymbol{E}_{11},\boldsymbol{E}_{12},\boldsymbol{E}_{21},\boldsymbol{E}_{22})\begin{pmatrix} 1 & 0 & 0 & 0 \\ 0 & 1 & 0 & 0 \\ 1 & 0 & 0 & 0 \\ 0 & 1 & 0 & 0 \end{pmatrix}$,

$$\lambda\boldsymbol{E}-\boldsymbol{A}=\begin{pmatrix} \lambda-1 & 0 & 0 & 0 \\ 0 & \lambda-1 & 0 & 0 \\ -1 & 0 & \lambda & 0 \\ 0 & -1 & 0 & \lambda \end{pmatrix}\to\begin{pmatrix} 1 & 0 & -\lambda & 0 \\ 0 & 1 & 0 & -\lambda \\ \lambda-1 & 0 & 0 & 0 \\ 0 & \lambda-1 & 0 & 0 \end{pmatrix}$$

$$\to\begin{pmatrix} 1 & 0 & 0 & 0 \\ 0 & 1 & 0 & 0 \\ 0 & 0 & \lambda^2-\lambda & 0 \\ 0 & 0 & 0 & \lambda^2-\lambda \end{pmatrix},$$

$\boldsymbol{A}$ 的初等因子为 $\lambda,\lambda,\lambda-1,\lambda-1$.

$\mathscr{A}$ 的若尔当标准形为$\begin{pmatrix} 0 & 0 & 0 & 0 \\ 0 & 0 & 0 & 0 \\ 0 & 0 & 1 & 0 \\ 0 & 0 & 0 & 1 \end{pmatrix}$.

习　题

1.求下列多项式矩阵的史密斯标准形:

(1)$\boldsymbol{A}(\lambda)=\begin{pmatrix}\lambda^2-\lambda & 2\lambda^2\\ \lambda^2+5\lambda & 3\lambda\end{pmatrix}$;

(2)$\boldsymbol{B}(\lambda)=\begin{pmatrix}\lambda^2+\lambda & 0 & 0\\ 0 & \lambda & 0\\ 0 & 0 & (\lambda+1)^2\end{pmatrix}$;

(3)$\boldsymbol{C}(\lambda)=\begin{pmatrix}0 & 0 & 0 & \lambda^2\\ 0 & 0 & \lambda^2-\lambda & 0\\ 0 & (\lambda-1)^2 & 0 & 0\\ \lambda^2-\lambda & 0 & 0 & 0\end{pmatrix}$.

2.求下列多项式矩阵的不变因子;

(1)$\boldsymbol{A}(\lambda)=\begin{pmatrix}\lambda-2 & -1 & 0\\ 0 & \lambda-2 & -1\\ 0 & 0 & \lambda-2\end{pmatrix}$;

(2)$\boldsymbol{B}(\lambda)=\begin{pmatrix}\lambda & -1 & 0 & 0\\ 0 & \lambda & -1 & 0\\ 0 & 0 & \lambda & -1\\ 5 & 4 & 3 & \lambda+2\end{pmatrix}$;

(3)$\boldsymbol{C}(\lambda)=\begin{pmatrix}\lambda+a & b & 1 & 0\\ -b & \lambda+a & 0 & 1\\ 0 & 0 & \lambda+a & b\\ 5 & 4 & 3 & \lambda+a\end{pmatrix}$;

(4) $D(\lambda)=\begin{pmatrix} 0 & 0 & 1 & \lambda+2 \\ 0 & 1 & \lambda+2 & 0 \\ 1 & \lambda+2 & 0 & 0 \\ \lambda+2 & 0 & 0 & 0 \end{pmatrix}$.

3. 证明：$A(\lambda)=\begin{pmatrix} \lambda-a & 0 & 0 & -1 & 0 & 0 \\ 0 & \lambda-a & 0 & 0 & -1 & 0 \\ 0 & 0 & \lambda-a & 0 & 0 & -1 \\ b^2 & 1 & 0 & \lambda-a & 0 & 0 \\ 0 & b^2 & 1 & 0 & \lambda-a & 0 \\ 0 & 0 & b^2 & 0 & 0 & \lambda-a \end{pmatrix}$ 与

$$B(\lambda)=\begin{pmatrix} -1 & 0 & 0 & 0 & 0 & 0 \\ 0 & -1 & 0 & 0 & 0 & 0 \\ 0 & 0 & -1 & 0 & 0 & 0 \\ 0 & 0 & 0 & (\lambda-a)^2+b^2 & 0 & 0 \\ 0 & 0 & 0 & 0 & (\lambda-a)^2+b^2 & 0 \\ 0 & 0 & 0 & 0 & 0 & (\lambda-a)^2+b^2 \end{pmatrix}$$

等价，再求 $A(\lambda)$ 的初等因子和不变因子，并求其史密斯标准形（其中 a,b 都是实数）.

4. 证明：矩阵 $A=\begin{pmatrix} a & 0 & 0 \\ 0 & a & 0 \\ 0 & 0 & a \end{pmatrix}$，$B=\begin{pmatrix} a & 0 & 0 \\ 0 & a & 1 \\ 0 & 0 & a \end{pmatrix}$，$C=\begin{pmatrix} a & 1 & 0 \\ 0 & a & 1 \\ 0 & 0 & a \end{pmatrix}$ 不相似.

5. 设 $A=\begin{pmatrix} 1 & 0 & 0 \\ 1 & 0 & 1 \\ 0 & 1 & 0 \end{pmatrix}$，证明：当 $n\geqslant 3$ 时，$A^n=A^{n-2}+A^2-E$，并利用这个结果计算 A^{100}.

6. 设 $A=\begin{pmatrix} 1 & 0 & 2 \\ 0 & -1 & 1 \\ 0 & 1 & 0 \end{pmatrix}$，计算 $2A^8-3A^5+A^4+A^2-4E$.

7.求下列矩阵的若尔当标准形：

(1)$\boldsymbol{A}=\begin{pmatrix}1 & 2 & 0\\ 0 & 2 & 0\\ -2 & -1 & -1\end{pmatrix}$；　(2)$\boldsymbol{B}=\begin{pmatrix}3 & 7 & -3\\ -2 & -5 & 2\\ -4 & -10 & 3\end{pmatrix}$；

(3)$\boldsymbol{C}=\begin{pmatrix}3 & 1 & 0 & 0\\ -4 & -1 & 0 & 0\\ 7 & 1 & 2 & 1\\ -7 & -6 & -1 & 0\end{pmatrix}$；(4)$\boldsymbol{D}=\begin{pmatrix}0 & 1 & 1 & 0 & 0 & 0\\ 1 & 0 & 1 & 0 & 0 & 0\\ 1 & 1 & 0 & 0 & 0 & 0\\ 0 & 0 & 0 & 2 & -1 & 1\\ 0 & 0 & 0 & 2 & 2 & -1\\ 0 & 0 & 0 & 1 & 2 & -1\end{pmatrix}$.

8.设 $\boldsymbol{A}=\begin{pmatrix}2 & -1 & -1\\ 2 & -1 & -2\\ -1 & 1 & 2\end{pmatrix}$，求 $\boldsymbol{A}$ 的若尔当标准形 $\boldsymbol{J}$ 及可逆矩阵 $\boldsymbol{P}$ 使 $\boldsymbol{P}^{-1}\boldsymbol{A}\boldsymbol{P}=\boldsymbol{J}$.

9.设 $\boldsymbol{A}=\begin{pmatrix}1 & 4 & 2\\ 0 & -3 & 4\\ 0 & 4 & 3\end{pmatrix}$，利用 $\boldsymbol{A}$ 的若尔当标准形求 $\boldsymbol{A}^5$.

10.求下列矩阵的最小多项式：

(1)$\boldsymbol{A}=\begin{pmatrix}7 & 4 & -4\\ 4 & -8 & -1\\ -4 & -1 & -8\end{pmatrix}$；

(2)$\boldsymbol{B}=\begin{pmatrix}a_0 & a_1 & a_2 & a_3\\ -a_1 & a_0 & -a_3 & a_2\\ -a_2 & a_3 & a_0 & -a_1\\ -a_3 & -a_2 & a_1 & a_0\end{pmatrix}$.

11.设 $\boldsymbol{A}=\begin{pmatrix}1 & 0 & 0 & 0\\ -1 & -1 & -1 & 0\\ 1 & 1 & 1 & 0\\ 2 & 2 & 2 & 0\end{pmatrix}$，求：

(1)$\boldsymbol{A}$ 的若尔当标准形 $\boldsymbol{J}$；

(2)$\boldsymbol{A}$ 的最小多项式；

(3)$\boldsymbol{A}^{500}$.

第五章　矩阵的若干分解形式

一、矩阵的满秩分解

设 $\boldsymbol{A} \in P^{m\times n}$.如果 $r(\boldsymbol{A})=m$,则称 $\boldsymbol{A}$ 为行满秩的;如果 $r(\boldsymbol{A})=n$,则称 $\boldsymbol{A}$ 为列满秩的.行满秩矩阵与列满秩矩阵统称为满秩矩阵.显然,矩阵 $\boldsymbol{A}$ 为行满秩当且仅当它的所有行向量线性无关,$\boldsymbol{A}$ 为列满秩当且仅当它的所有列向量线性无关.

定理 1　设 $\boldsymbol{A} \in P^{m\times n}$,$r(\boldsymbol{A})=r$,则存在满秩矩阵 $\boldsymbol{F} \in P^{m\times r}$ 与 $\boldsymbol{G} \in P^{r\times n}$,使得$\boldsymbol{A}=\boldsymbol{FG}$.

注意:满秩分解不唯一.

证明　存在可逆矩阵 $\boldsymbol{Q} \in P^{m\times n}$,$\boldsymbol{S} \in P^{n\times n}$ 使得 $\boldsymbol{A}=\boldsymbol{Q}\begin{pmatrix}\boldsymbol{E}_r & \boldsymbol{O}\\ \boldsymbol{O} & \boldsymbol{O}\end{pmatrix}\boldsymbol{S}$.

令 $\boldsymbol{F}=\boldsymbol{Q}\begin{pmatrix}\boldsymbol{E}_r\\ \boldsymbol{O}\end{pmatrix}$,$\boldsymbol{G}=(\boldsymbol{E}_r,\boldsymbol{O})\boldsymbol{S}$,则 $\boldsymbol{F}$,$\boldsymbol{G}$ 即为所求.

例 1　设矩阵 $\boldsymbol{A} \in P^{n\times n}$ 满足 $\boldsymbol{A}^2=\boldsymbol{A}$,且 $r(\boldsymbol{A})=r$.证明存在满秩矩阵 $\boldsymbol{F} \in P^{n\times r}$ 与 $\boldsymbol{G} \in P^{r\times n}$,使得 $\boldsymbol{A}=\boldsymbol{FG}$,$\boldsymbol{GF}=\boldsymbol{E}_r$.

证明　由 $\boldsymbol{A}^2=\boldsymbol{A}$ 可知,$\boldsymbol{A}(\boldsymbol{A}-\boldsymbol{E}_n)=\boldsymbol{O}$,

从而 $r(\boldsymbol{A})+r(\boldsymbol{A}-\boldsymbol{E}_n)=n$.

于是线性方程组$\boldsymbol{AX}=\boldsymbol{0}$ 和$(\boldsymbol{A}-\boldsymbol{E}_n)\boldsymbol{X}=\boldsymbol{0}$ 的解空间的维数和为 n,

即矩阵 $\boldsymbol{A}$ 的属于特征值 0 和 1 的线性无关的特征向量个数和为 n.

由此可得矩阵 $\boldsymbol{A}$ 相似于对角矩阵.

从而,存在可逆矩阵$\boldsymbol{Q} \in P^{n\times n}$,使得 $\boldsymbol{A}=\boldsymbol{Q}\begin{pmatrix}\boldsymbol{E}_r & \boldsymbol{O}\\ \boldsymbol{O} & \boldsymbol{O}\end{pmatrix}\boldsymbol{Q}^{-1}$.

令 $\boldsymbol{F}=\boldsymbol{Q}\begin{pmatrix}\boldsymbol{E}_r\\ \boldsymbol{O}\end{pmatrix}$,$\boldsymbol{G}=(\boldsymbol{E}_r,\boldsymbol{O})\boldsymbol{Q}^{-1}$,则 $\boldsymbol{F}$,$\boldsymbol{G}$ 即为所求.

例 2　求矩阵 $\boldsymbol{A}=\begin{pmatrix}-1&1&1&-1\\-2&2&2&2\\1&-1&-1&-2\end{pmatrix}$ 的满秩分解.

解　通过矩阵的初等变换容易得到

$$\boldsymbol{A}=\begin{pmatrix}1&-1&0\\2&2&0\\-1&-2&-1\end{pmatrix}\begin{pmatrix}1&0&0&0\\0&1&0&0\\0&0&0&0\end{pmatrix}\begin{pmatrix}-1&1&1&0\\0&0&0&1\\1&0&0&0\\0&1&0&0\end{pmatrix}.$$

令

$$\boldsymbol{F}=\begin{pmatrix}1&-1&0\\2&2&0\\-1&-2&-1\end{pmatrix}\begin{pmatrix}1&0\\0&1\\0&0\end{pmatrix}=\begin{pmatrix}1&-1\\2&2\\-1&-2\end{pmatrix},$$

$$\boldsymbol{G}=\begin{pmatrix}1&0&0&0\\0&1&0&0\end{pmatrix}\begin{pmatrix}-1&1&1&0\\0&0&0&1\\1&0&0&0\\0&1&0&0\end{pmatrix}=\begin{pmatrix}-1&1&1&0\\0&0&0&1\end{pmatrix},$$

则 $\boldsymbol{A}=\boldsymbol{FG}$ 即为矩阵 $\boldsymbol{A}$ 的满秩分解.

二、矩阵的 QR 分解

定理 2　设矩阵 $\boldsymbol{A}\in\mathbf{R}^{n\times n}$，且非奇异，则一定存在正交矩阵 $\boldsymbol{Q}$ 与上三角矩阵 $\boldsymbol{R}$，使

$$\boldsymbol{A}=\boldsymbol{QR},$$

且当要求 $\boldsymbol{R}$ 的主对角元素均为正数时，满足条件的分解式是唯一的.

注意：矩阵的 $\boldsymbol{QR}$ 分解也称 Schur 分解.

证明　存在性　用 $\boldsymbol{\alpha}_1,\boldsymbol{\alpha}_2,\cdots,\boldsymbol{\alpha}_n$ 分别表示矩阵 $\boldsymbol{A}$ 的 n 个列向量.对 $\boldsymbol{\alpha}_1,\boldsymbol{\alpha}_2,\cdots,\boldsymbol{\alpha}_n$ 施行施密特正交化得

$$\boldsymbol{\beta}_1=\boldsymbol{\alpha}_1,$$

$$\boldsymbol{\beta}_2=\boldsymbol{\alpha}_2-\frac{(\boldsymbol{\alpha}_2,\boldsymbol{\beta}_1)}{(\boldsymbol{\beta}_1,\boldsymbol{\beta}_1)}\boldsymbol{\beta}_1,$$

$$\boldsymbol{\beta}_3=\boldsymbol{\alpha}_3-\frac{(\boldsymbol{\alpha}_3,\boldsymbol{\beta}_1)}{(\boldsymbol{\beta}_1,\boldsymbol{\beta}_1)}\boldsymbol{\beta}_1-\frac{(\boldsymbol{\alpha}_3,\boldsymbol{\beta}_2)}{(\boldsymbol{\beta}_2,\boldsymbol{\beta}_2)}\boldsymbol{\beta}_2,$$

$$\cdots\cdots$$

$$\boldsymbol{\beta}_n=\boldsymbol{\alpha}_n-\frac{(\boldsymbol{\alpha}_n,\boldsymbol{\beta}_1)}{(\boldsymbol{\beta}_1,\boldsymbol{\beta}_1)}\boldsymbol{\beta}_1-\frac{(\boldsymbol{\alpha}_n,\boldsymbol{\beta}_2)}{(\boldsymbol{\beta}_2,\boldsymbol{\beta}_2)}\boldsymbol{\beta}_2-\frac{(\boldsymbol{\alpha}_n,\boldsymbol{\beta}_{n-1})}{(\boldsymbol{\beta}_{n-1},\boldsymbol{\beta}_{n-1})}\boldsymbol{\beta}_{n-1}.$$

则$\boldsymbol{\beta}_1,\boldsymbol{\beta}_2,\cdots,\boldsymbol{\beta}_n$为两两正交得非零向量.再令

$$\boldsymbol{Q}=\left(\frac{\boldsymbol{\beta}_1}{|\boldsymbol{\beta}_1|},\frac{\boldsymbol{\beta}_2}{|\boldsymbol{\beta}_2|},\cdots,\frac{\boldsymbol{\beta}_n}{|\boldsymbol{\beta}_n|}\right).$$

则$\boldsymbol{Q}$为正交矩阵.由$\boldsymbol{Q}$和$\boldsymbol{\beta}_i$的构造可知

$$\left(\frac{\boldsymbol{\beta}_1}{|\boldsymbol{\beta}_1|},\frac{\boldsymbol{\beta}_2}{|\boldsymbol{\beta}_2|},\cdots,\frac{\boldsymbol{\beta}_n}{|\boldsymbol{\beta}_n|}\right)=(\boldsymbol{\alpha}_1,\boldsymbol{\alpha}_2,\cdots,\boldsymbol{\alpha}_n)\boldsymbol{S}.$$

其中$\boldsymbol{S}$为上三角矩阵,且对角线上元素依次为$\frac{1}{|\boldsymbol{\beta}_1|},\frac{1}{|\boldsymbol{\beta}_2|},\cdots,\frac{1}{|\boldsymbol{\beta}_n|}$.

令$\boldsymbol{R}=\boldsymbol{S}^{-1}$,则$\boldsymbol{A}=\boldsymbol{QR}$.

唯一性 假设矩阵$\boldsymbol{A}$有两种正交三角分解,即

$$\boldsymbol{A}=\boldsymbol{Q}_1\boldsymbol{R}_1=\boldsymbol{Q}_2\boldsymbol{R}_2,$$

其中,$\boldsymbol{Q}_1,\boldsymbol{Q}_2$为正交矩阵,$\boldsymbol{R}_1,\boldsymbol{R}_2$为上三角矩阵,且主对角元素均为正数.于是

$$\boldsymbol{D}=\boldsymbol{R}_1\boldsymbol{R}_2^{-1}=\boldsymbol{Q}_1^{-1}\boldsymbol{Q}_2.$$

既是正交矩阵又是上三角矩阵,且对角线上元素均为1,从而$\boldsymbol{D}$只能是单位矩阵,即得$\boldsymbol{R}_1=\boldsymbol{R}_2,\boldsymbol{Q}_1=\boldsymbol{Q}_2$.证毕.

例3 求矩阵$\boldsymbol{A}=\begin{pmatrix}0&-1&1\\0&2&2\\-1&2&-1\end{pmatrix}$的$\boldsymbol{QR}$分解.

解 令$\boldsymbol{A}=(\boldsymbol{\alpha}_1,\boldsymbol{\alpha}_2,\boldsymbol{\alpha}_3)$,其中

$$\boldsymbol{\alpha}_1=\begin{pmatrix}0\\0\\-1\end{pmatrix},\boldsymbol{\alpha}_2=\begin{pmatrix}-1\\2\\2\end{pmatrix},\boldsymbol{\alpha}_3=\begin{pmatrix}1\\2\\-1\end{pmatrix}.$$

由施密特正交化法得

$$\boldsymbol{\beta}_1=\boldsymbol{\alpha}_1,$$

$$\boldsymbol{\beta}_2=\boldsymbol{\alpha}_2-\frac{(\boldsymbol{\alpha}_2,\boldsymbol{\beta}_1)}{(\boldsymbol{\beta}_1,\boldsymbol{\beta}_1)}\boldsymbol{\beta}_1=\begin{pmatrix}-1\\2\\0\end{pmatrix},$$

$$\boldsymbol{\beta}_3=\boldsymbol{\alpha}_3-\frac{(\boldsymbol{\alpha}_3,\boldsymbol{\beta}_1)}{(\boldsymbol{\beta}_1,\boldsymbol{\beta}_1)}\boldsymbol{\beta}_1-\frac{(\boldsymbol{\alpha}_3,\boldsymbol{\beta}_2)}{(\boldsymbol{\beta}_2,\boldsymbol{\beta}_2)}\boldsymbol{\beta}_2=\frac{4}{5}\begin{pmatrix}2\\1\\0\end{pmatrix}.$$

标准化可得

$$\boldsymbol{\gamma}_1=\begin{pmatrix}0\\0\\-1\end{pmatrix},\ \boldsymbol{\gamma}_2=\begin{pmatrix}-\frac{1}{\sqrt{5}}\\\frac{2}{\sqrt{5}}\\0\end{pmatrix},\ \boldsymbol{\gamma}_3=\begin{pmatrix}\frac{2}{\sqrt{5}}\\\frac{1}{\sqrt{5}}\\0\end{pmatrix},$$

从而下述分解即为所求：

$$\boldsymbol{A}=\begin{pmatrix}0&\frac{-1}{\sqrt{5}}&\frac{2}{\sqrt{5}}\\0&\frac{2}{\sqrt{5}}&\frac{1}{\sqrt{5}}\\-1&0&0\end{pmatrix}\begin{pmatrix}1&-2&1\\0&\sqrt{5}&\frac{3\sqrt{5}}{5}\\0&0&\frac{4}{\sqrt{5}}\end{pmatrix}.$$

三、矩阵的 LU 分解

定理 3　设矩阵 $\boldsymbol{A}\in P^{n\times n}$ 的前 $n-1$ 个主子式非零，则存在唯一的下三角矩阵 $\boldsymbol{L}$ 与唯一的上三角矩阵 $\boldsymbol{U}$，使得 $\boldsymbol{A}=\boldsymbol{LU}$，且矩阵 $\boldsymbol{L}$ 与 $\boldsymbol{U}$ 的对角线上元素满足条件

$$l_{ii}=1,u_{11}=a_{11},u_{ii}=\frac{|\boldsymbol{A}_i|}{|\boldsymbol{A}_{i-1}|}.$$

其中 a_{11} 为矩阵 $\boldsymbol{A}$ 的第一行第一列元素，l_{ii} 为矩阵 $\boldsymbol{L}$ 的第 i 行第 i 列元素，u_{ii} 为矩阵 $\boldsymbol{U}$ 的第 i 行第 i 列元素，$\boldsymbol{A}_i$ 为矩阵 $\boldsymbol{A}$ 的前 i 行前 i 列构成的主子矩阵.

证明 **存在性** 对 n 用归纳法证明.当 $n=1$ 时,结论显然成立.假设定理的结论对 $n-1$ 阶矩阵成立.现设 $\boldsymbol{A}=(a_{ij})$ 为 n 阶方阵.把 $\boldsymbol{A}$ 写成分块矩阵的形式:

$$\boldsymbol{A}=\begin{pmatrix}\boldsymbol{A}_{n-1} & \boldsymbol{\alpha}\\ \boldsymbol{\beta}^{\mathrm{T}} & \boldsymbol{\alpha}_{nn}\end{pmatrix},$$

其中 $\boldsymbol{A}_{n-1}$ 是 $n-1$ 阶方阵,$\boldsymbol{\alpha},\boldsymbol{\beta}$ 是 n 维向量.由归纳假设,矩阵 $\boldsymbol{A}_{n-1}$ 存在 $\boldsymbol{LU}$ 分解,即 $\boldsymbol{A}_{n-1}=\boldsymbol{L}_{n-1}\boldsymbol{U}_{n-1}$,其中 $\boldsymbol{L}_{n-1},\boldsymbol{U}_{n-1}$ 分别是下三角矩阵和上三角矩阵,且满足定理中的条件.由已知条件知 $\boldsymbol{A}_{n-1}$ 为可逆矩阵,从而有

$$\boldsymbol{A}=\begin{pmatrix}\boldsymbol{A}_{n-1} & \boldsymbol{\alpha}\\ \boldsymbol{\beta}^{\mathrm{T}} & \boldsymbol{\alpha}_{nn}\end{pmatrix}=\begin{pmatrix}\boldsymbol{A}_{n-1} & \boldsymbol{O}\\ \boldsymbol{\beta}^{\mathrm{T}} & \boldsymbol{\alpha}_{nn}-\boldsymbol{\beta}^{\mathrm{T}}\boldsymbol{A}_{n-1}^{-1}\boldsymbol{\alpha}\end{pmatrix}\begin{pmatrix}\boldsymbol{E}_{n-1} & \boldsymbol{A}_{n-1}^{-1}\boldsymbol{\alpha}\\ \boldsymbol{O} & 1\end{pmatrix}.$$

可得 $|\boldsymbol{A}|=(\boldsymbol{\alpha}_{nn}-\boldsymbol{\beta}^{\mathrm{T}}\boldsymbol{A}_{n-1}^{-1}\boldsymbol{\alpha})|\boldsymbol{A}_{n-1}|$.令 $u_{nn}=\boldsymbol{\alpha}_{nn}-\boldsymbol{\beta}^{\mathrm{T}}\boldsymbol{A}_{n-1}^{-1}\boldsymbol{\alpha}$,及

$$\boldsymbol{L}=\begin{pmatrix}\boldsymbol{L}_{n-1} & \boldsymbol{O}\\ \boldsymbol{\beta}^{\mathrm{T}}U_{n-1}^{-1} & 1\end{pmatrix},\boldsymbol{U}=\begin{pmatrix}\boldsymbol{U}_{n-1} & \boldsymbol{L}_{n-1}^{-1}\boldsymbol{\alpha}\\ \boldsymbol{O} & a_{nn}-\boldsymbol{\beta}^{\mathrm{T}}\boldsymbol{A}_{n-1}^{-1}\boldsymbol{\alpha}\end{pmatrix}.$$

容易验证 $\boldsymbol{A}=\boldsymbol{LU}$,且 $\boldsymbol{L}$ 和 $\boldsymbol{U}$ 分别为下三角矩阵和上三角矩阵.由归纳假设,$\boldsymbol{L}_{n-1},\boldsymbol{U}_{n-1}$ 分别满足对角线条件,可以验证 $\boldsymbol{L},\boldsymbol{U}$ 也满足对角线条件.

唯一性 设 $\boldsymbol{A}=\boldsymbol{LU}$ 和 $\boldsymbol{A}=\boldsymbol{L}'\boldsymbol{U}'$ 都是满足定理条件的 $\boldsymbol{LU}$ 分解.设

$$\boldsymbol{L}=\begin{pmatrix}\boldsymbol{L}_{n-1} & \boldsymbol{O}\\ \boldsymbol{\beta}^{\mathrm{T}} & 1\end{pmatrix},\boldsymbol{U}=\begin{pmatrix}\boldsymbol{U}_{n-1} & \boldsymbol{\alpha}\\ \boldsymbol{O} & u_{nn}\end{pmatrix},\boldsymbol{L}'=\begin{pmatrix}\boldsymbol{L}'_{n-1} & \boldsymbol{O}\\ (\boldsymbol{\beta}')^{\mathrm{T}} & 1\end{pmatrix},\boldsymbol{U}'=\begin{pmatrix}\boldsymbol{U}'_{n-1} & \boldsymbol{\alpha}'\\ \boldsymbol{O} & u'_{nn}\end{pmatrix}.$$

由 $\boldsymbol{LU}=\boldsymbol{L}'\boldsymbol{U}'$,容易计算得

$$\boldsymbol{L}_{n-1}\boldsymbol{U}_{n-1}=\boldsymbol{L}'_{n-1}\boldsymbol{U}'_{n-1},\boldsymbol{L}_{n-1}\boldsymbol{\alpha}=\boldsymbol{L}'_{n-1}\boldsymbol{\alpha}',\boldsymbol{\beta}^{\mathrm{T}}\boldsymbol{U}_{n-1}=(\boldsymbol{\beta}')^{\mathrm{T}}\boldsymbol{U}'_{n-1},u_{nn}+\boldsymbol{\beta}^{\mathrm{T}}\boldsymbol{\alpha}=u'_{nn}+(\boldsymbol{\beta}')^{\mathrm{T}}\boldsymbol{\alpha}'.$$

注意 $\boldsymbol{L}_{n-1},\boldsymbol{L}'_{n-1},\boldsymbol{U}_{n-1},\boldsymbol{U}'_{n-1}$ 都是可逆矩阵,从而 $\boldsymbol{L}_{n-1}^{-1}\boldsymbol{L}'_{n-1}=\boldsymbol{U}_{n-1}(\boldsymbol{U}'_{n-1})^{-1}$ 既是上三角矩阵又是下三角矩阵,且对角线上元素都为 1.

于是有 $\boldsymbol{L}_{n-1}^{-1}\boldsymbol{L}'_{n-1}=\boldsymbol{U}_{n-1}(\boldsymbol{U}'_{n-1})^{-1}=\boldsymbol{E}_{n-1}$,

从而 $\boldsymbol{L}_{n-1}=\boldsymbol{L}'_{n-1},\boldsymbol{U}_{n-1}=\boldsymbol{U}'_{n-1}$.最后得到 $\boldsymbol{\alpha}=\boldsymbol{\alpha}',\boldsymbol{\beta}=\boldsymbol{\beta}',u_{nn}=u'_{nn}$.唯一性得证.

例 4 求矩阵 $\boldsymbol{A}=\begin{pmatrix}1 & 2 & 1\\ 1 & 1 & 5\\ -1 & 3 & 1\end{pmatrix}$ 的 $\boldsymbol{LU}$ 分解.

解 用 $\boldsymbol{A}_1$ 和 $\boldsymbol{A}_2$ 表示 $\boldsymbol{A}$ 的前两个的主子矩阵,即

$$\boldsymbol{A}_1=(1),\boldsymbol{A}_2=\begin{pmatrix}1&2\\1&1\end{pmatrix}.$$

显然,$\boldsymbol{A}_1$ 的 $\boldsymbol{LU}$ 分解为 $\boldsymbol{A}_1=\boldsymbol{L}_1\boldsymbol{U}_1$,其中 $\boldsymbol{L}_1=(1)$,$\boldsymbol{U}_1=(1)$.由定理的证明过程知 $\boldsymbol{A}_2$ 的 $\boldsymbol{LU}$ 分解为

$$\boldsymbol{A}_2=\boldsymbol{L}_2\boldsymbol{U}_2,\text{其中 }\boldsymbol{L}_2=\begin{pmatrix}1&0\\1&1\end{pmatrix},\boldsymbol{U}_2=\begin{pmatrix}1&2\\0&-1\end{pmatrix}.$$

同理,可得 $\boldsymbol{A}$ 的 $\boldsymbol{LU}$ 分解为

$$\boldsymbol{A}=\boldsymbol{LU},\text{其中 }\boldsymbol{L}=\begin{pmatrix}1&0&0\\1&1&0\\-1&-5&1\end{pmatrix},\boldsymbol{U}=\begin{pmatrix}1&2&1\\0&-1&4\\0&0&22\end{pmatrix}.$$

注意:对于阶数较小的矩阵,也可直接把 $\boldsymbol{L}$,$\boldsymbol{U}$ 设出,再利用 $\boldsymbol{A}=\boldsymbol{LU}$ 求出 $\boldsymbol{L}$,$\boldsymbol{U}$.例如,上例中,可设

$$\boldsymbol{L}=\begin{pmatrix}1&0&0\\l_{21}&1&0\\l_{31}&l_{32}&1\end{pmatrix},\boldsymbol{U}=\begin{pmatrix}|\boldsymbol{A}_1|&u_{12}&u_{13}\\0&\dfrac{|\boldsymbol{A}_2|}{|\boldsymbol{A}_1|}&u_{23}\\0&0&\dfrac{|\boldsymbol{A}|}{|\boldsymbol{A}_2|}\end{pmatrix},$$

再直接计算出 l_{ij},u_{ij},从而得到 $\boldsymbol{L}$,$\boldsymbol{U}$.(细节留给读者.)

四、矩阵的奇异值分解

设 $\boldsymbol{A}$ 是复数域 $\mathbf{C}$ 上的 n 阶方阵,如果 $\overline{\boldsymbol{A}}^{\mathrm{T}}=\boldsymbol{A}$,其中 $\overline{\boldsymbol{A}}^{\mathrm{T}}$ 为 $\boldsymbol{A}$ 的共轭转置,$\boldsymbol{A}$ 称为 Hermite 矩阵.

如果对任意 n 维非零向量 $\boldsymbol{\alpha}$,都有 $\overline{\boldsymbol{\alpha}}^{\mathrm{T}}\boldsymbol{A}\boldsymbol{\alpha}>0$,称 Hermite 矩阵 $\boldsymbol{A}$ 为正定的;如果对任意 n 维向量 $\boldsymbol{\alpha}$,都有 $\overline{\boldsymbol{\alpha}}^{\mathrm{T}}\boldsymbol{A}\boldsymbol{\alpha}\geqslant 0$,称 Hermite 矩阵 $\boldsymbol{A}$ 为半正定的.

定理 4　设 $\boldsymbol{A}$ 是 Hermite 矩阵,则称 $\boldsymbol{A}$ 是正定(半正定)的当且仅当存在正定(半正定)Hermite 矩阵 $\boldsymbol{H}$ 使得 $\boldsymbol{A}=\boldsymbol{H}^2$,且 $r(\boldsymbol{H})=r(\boldsymbol{A})$.

注意:定理中的 $\boldsymbol{H}$ 如果存在的话必唯一,因此可以记作 $\boldsymbol{H}=\boldsymbol{A}^{\frac{1}{2}}$.(定理的证明留给

读者.)

下面介绍奇异值的概念.设 $\boldsymbol{A}$ 是复数域 $\mathbf{C}$ 上的 $m\times n$ 阶矩阵,则$\overline{\boldsymbol{A}}^{\mathrm{T}}\boldsymbol{A}$ 和 $\boldsymbol{A}\,\overline{\boldsymbol{A}}^{\mathrm{T}}$ 分别为 $n\times n$ 阶和 $m\times m$ 阶 Hermite 半正定矩阵.由定理 4 知,$\boldsymbol{H}_1=(\overline{\boldsymbol{A}}^{\mathrm{T}}\boldsymbol{A})^{\frac{1}{2}}$ 与 $\boldsymbol{H}_2=(\boldsymbol{A}\,\overline{\boldsymbol{A}}^{\mathrm{T}})^{\frac{1}{2}}$ 都是半正定的 Hermite 矩阵.一般情况下,把 $\boldsymbol{H}_1$ 的特征值(必是非负实数)称为矩阵 $\boldsymbol{A}$ 的奇异值;有时,也把 $\boldsymbol{H}_2$ 的特征值称为矩阵 $\boldsymbol{A}$ 的奇异值.

注意:$\boldsymbol{H}_1$ 和 $\boldsymbol{H}_2$ 的正特征值完全相同,只是零特征值的个数会不同(因为阶数不同).

定理 5 设 $\boldsymbol{A}\in\mathbf{C}^{m\times n}$,$r(\boldsymbol{A})=r$,$\boldsymbol{A}$ 的非零奇异值为 $s_1,s_2,\cdots,s_r$,则存在 m 阶酉矩阵 $\boldsymbol{U}$ 和 n 阶酉矩阵 $\boldsymbol{V}$,使得

$$\boldsymbol{A}=\boldsymbol{U}\boldsymbol{S}\,\overline{\boldsymbol{V}}^{\mathrm{T}},$$

其中 $\boldsymbol{S}$ 表示第 i 行 i 列位置元素为 s_i,其他位置元素为 0 的 $m\times n$ 阶矩阵.并且如果不考虑 s_i 的顺序,则矩阵 $\boldsymbol{S}$ 是唯一确定的.

证明 **存在性** $\overline{\boldsymbol{A}}^{\mathrm{T}}\boldsymbol{A}$ 是 $n\times n$ 阶半正定的 Hermite 矩阵,于是存在 n 阶酉矩阵 $\boldsymbol{V}$,使得$\overline{\boldsymbol{A}}^{\mathrm{T}}\boldsymbol{A}=\boldsymbol{V}\boldsymbol{D}\,\overline{\boldsymbol{V}}^{\mathrm{T}}$,其中 $\boldsymbol{D}$ 是对角矩阵,且对角线上的前 r 个元素依次为$\overline{\boldsymbol{A}}^{\mathrm{T}}\boldsymbol{A}$ 的 r 个非零特征值,即 $s_1^2,s_2^2,\cdots,s_r^2$,其他位置的元素为 0.

上式变形得$(\overline{\boldsymbol{AV}})^{\mathrm{T}}\boldsymbol{AV}=\boldsymbol{D}$.令 $\boldsymbol{\alpha}_i$ 为矩阵 $\boldsymbol{AV}$ 的第 i 个(m 维)列向量,则 $\boldsymbol{\alpha}_i$ 两两正交,且

$$\begin{cases}(\boldsymbol{\alpha}_i,\boldsymbol{\alpha}_i)=s_i^2, & 1\leqslant i\leqslant r,\\ (\boldsymbol{\alpha}_i,\boldsymbol{\alpha}_i)=0, & r<i\leqslant n.\end{cases}$$

再令 $\boldsymbol{\beta}_i=\dfrac{1}{s_i}\boldsymbol{\alpha}_i$,则 $\boldsymbol{\beta}_1,\boldsymbol{\beta}_2,\cdots,\boldsymbol{\beta}_r$ 为标准正交向量组,将其扩充为复数域上 m 维列向量空间的一组标准正交基 $\boldsymbol{\beta}_1,\boldsymbol{\beta}_2,\cdots,\boldsymbol{\beta}_r,\cdots,\boldsymbol{\beta}_m$.

取 $\boldsymbol{U}=(\boldsymbol{\beta}_1,\boldsymbol{\beta}_2,\cdots,\boldsymbol{\beta}_m)$,则 $\boldsymbol{U}$ 为 m 阶酉矩阵.由 $\boldsymbol{U}$ 和 $\boldsymbol{\alpha}_i,\boldsymbol{\beta}_i$ 的构造可知

$$\boldsymbol{AV}=(\boldsymbol{\alpha}_1,\boldsymbol{\alpha}_2,\cdots,\boldsymbol{\alpha}_r,0,\cdots,0)=(s_1\boldsymbol{\beta}_1,s_2\boldsymbol{\beta}_2,\cdots,s_r\boldsymbol{\beta}_r,0\cdots,0)=\boldsymbol{US},$$

其中 $\boldsymbol{S}$ 为对角矩阵,且对角线上的前 r 个元素依次为 $s_1,s_2,\cdots,s_r$,其他位置的元素为 0.可得 $\boldsymbol{A}=\boldsymbol{US}\,\overline{\boldsymbol{V}}^{\mathrm{T}}$,存在性得证.

唯一性 唯一性是显然的.定理证毕.

利用矩阵的奇异值分解,可以得到矩阵的极分解.

定理 6 设 $\boldsymbol{A}\in\mathbf{C}^{n\times n}$,则存在 n 阶半正定 Hermite 矩阵 $\boldsymbol{H},\boldsymbol{H}'$ 和 n 阶酉矩阵 $\boldsymbol{U},\boldsymbol{U}'$,使得

$$A = HU = U'H',$$

其中 $H = (A\overline{A}^{\mathrm{T}})^{\frac{1}{2}}$ 和 $H' = (A^{\mathrm{T}}A)^{\frac{1}{2}}$ 都是唯一确定的.进一步,若矩阵 A 是可逆的,则上述分解中的矩阵 U 和 U' 也是唯一确定的,即 $U = H^{-1}A, U' = A(H')^{-1}$.

证明　由矩阵的奇异值分解知,存在 n 阶酉矩阵 U_1 和 V_1,使得

$$A = U_1 S\,\overline{V}_1^{\mathrm{T}}.$$

令 $H = U_1 S\overline{U}_1^{\mathrm{T}}, U = U_1\overline{V}_1^{\mathrm{T}} = U', H' = V_1 S\,\overline{V}_1^{\mathrm{T}}$,则有

$$A = HU = U'H'.$$

反之,若有 n 阶酉矩阵 U, U' 和正定 Hermite 矩阵 H, H' 满足上式,则必有

$$H^2 = \overline{AA}^{\mathrm{T}}, (H')^2 = \overline{A}^{\mathrm{T}}A,$$

即 $H = (\overline{AA}^{\mathrm{T}})^{\frac{1}{2}}$ 和 $H' = (\overline{A}^{\mathrm{T}}A)^{\frac{1}{2}}$ 是唯一确定的.

进一步,若 A 可逆,则 $U = H^{-1}A$ 和 $U' = A(H')^{-1}$ 也是唯一确定的.

注意:当 $n = 1$ 时,上述定理给出复数的极坐标表示:$a = re^{0\sqrt{-1}}$,其中 r 为复数 a 的模长,0 为复数 a 的辐角.因此,矩阵的极分解可以看作是复数的极坐标表示的一种推广.

五、矩阵的谱分解

以下我们给出简单矩阵(即相似于对角矩阵)的谱分解.

定理 7　设 $A \in \mathbf{C}^{n\times n}$ 的 n 个特征值分别为 $\lambda_1, \cdots, \lambda_n$,则存在矩阵 $G_1, i = 1,2,\cdots,n$,满足

$$r(G_i) = 1, G_iG_i = G_i, G_iG_j = O, i \neq j,$$

且此时矩阵 A 有如下分解形式:

$$A = \lambda_1 G_1 + \lambda_2 G_2 + \cdots + \lambda_n G_n.$$

证明　设存在 n 阶可逆矩阵 P,使得

$$A = PDP^{-1},$$

其中 D 为对角矩阵,且其对角线上的元素恰为矩阵 A 的 n 个特征值 $\lambda_1, \cdots, \lambda_n$.用 E_i 表示第 i 行第 i 列元素为 1,其他位置元素为 0 的矩阵,令 $G_i\lambda_i = PE_i\lambda_i P^{-1}$,即为所求.

注意:实对称矩阵、实正交矩阵、复 Hermite 矩阵、酉矩阵以及一般的正规矩阵都是简单矩阵,这些特殊矩阵的谱分解具有特殊的形式和性质,有兴趣的读者可以参看相关文献.

例 5 证明矩阵 $\boldsymbol{A}=\begin{pmatrix}1 & -2 & 2\\ 0 & 0 & 1\\ 0 & -2 & 3\end{pmatrix}$ 是简单矩阵,并求其谱分解.

解 首先求出矩阵 $\boldsymbol{A}$ 的特征多项式

$$f(\lambda)=|\lambda \boldsymbol{E}-\boldsymbol{A}|=(\lambda-1)^2(\lambda-2),$$

得 $\boldsymbol{A}$ 的特征值为 $\lambda_1=\lambda_2=1$ 和 $\lambda_3=2$. 利用线性方程组可解出对应的特征向量如下:

$$\boldsymbol{\alpha}_1=(1,0,0)^{\mathrm{T}},\quad \boldsymbol{\alpha}_2=(1,1,1)^{\mathrm{T}},\quad \boldsymbol{\alpha}_1=(2,1,2)^{\mathrm{T}}.$$

令

$$\boldsymbol{P}=(\boldsymbol{\alpha}_1,\boldsymbol{\alpha}_2,\boldsymbol{\alpha}_3)=\begin{pmatrix}1 & 1 & 2\\ 0 & 1 & 1\\ 0 & 1 & 2\end{pmatrix},\quad \boldsymbol{D}=\begin{pmatrix}1 & 0 & 0\\ 0 & 1 & 0\\ 0 & 0 & 2\end{pmatrix},$$

则有 $\boldsymbol{AP}=\boldsymbol{PD}$,即 $\boldsymbol{A}=\boldsymbol{PDP}^{-1}$. 容易计算 $\boldsymbol{P}^{-1}=\begin{pmatrix}1 & 0 & -1\\ 0 & 2 & -1\\ 0 & -1 & 1\end{pmatrix}$. 再令

$$\boldsymbol{G}_1=\boldsymbol{P}\begin{pmatrix}1 & 0 & 0\\ 0 & 0 & 0\\ 0 & 0 & 0\end{pmatrix}\boldsymbol{P}^{-1}=\begin{pmatrix}1 & 0 & -1\\ 0 & 0 & 0\\ 0 & 0 & 0\end{pmatrix},$$

$$\boldsymbol{G}_1=\boldsymbol{P}\begin{pmatrix}0 & 0 & 0\\ 0 & 1 & 0\\ 0 & 0 & 0\end{pmatrix}\boldsymbol{P}^{-1}=\begin{pmatrix}0 & 2 & -1\\ 0 & 2 & -1\\ 0 & 2 & -1\end{pmatrix},$$

$$\boldsymbol{G}_1=\boldsymbol{P}\begin{pmatrix}0 & 0 & 0\\ 0 & 0 & 0\\ 0 & 0 & 2\end{pmatrix}\boldsymbol{P}^{-1}=\begin{pmatrix}0 & -2 & 2\\ 0 & -1 & 1\\ 0 & -2 & 2\end{pmatrix}.$$

则 $\boldsymbol{A}=\boldsymbol{G}_1+\boldsymbol{G}_2+2\boldsymbol{G}_3$ 即为矩阵 $\boldsymbol{A}$ 的谱分解.

习　题

1.求矩阵 $A = \begin{pmatrix} 1 & 2 & -1 \\ 0 & 5 & -1 \\ 0 & -6 & 2 \\ 3 & 0 & 7 \end{pmatrix}$ 的满秩分解.

2.求矩阵 $A = \begin{pmatrix} 1 & 0 & -1 \\ 2 & 2 & -1 \\ 1 & 1 & 1 \end{pmatrix}$ 的 QR 分解.

3.求矩阵 $A = \begin{pmatrix} 1 & 0 & -1 \\ 2 & 2 & -1 \\ 9 & -4 & 1 \end{pmatrix}$ 的 LU 分解.

4.求矩阵 $A = \begin{pmatrix} 1 & 1 & -1 & 2 & 1 \\ 0 & 0 & -3 & 0 & 1 \\ 0 & 2 & 0 & 3 & -1 \end{pmatrix}$ 的奇异值分解与极分解.

5.求矩阵 $A = \begin{pmatrix} 1 & 0 & 0 \\ -10 & -4 & -8 \\ 16 & 8 & 14 \end{pmatrix}$ 的谱分解.

6.设简单矩阵 A 具有如下谱分解：

$$A = \lambda_1 G_1 + \lambda_2 G_2 + \cdots + \lambda_n G_n.$$

设 $g(\lambda)$ 为任意复系数多项式,证明矩阵 $g(A)$ 的谱分解为如下形式：

$$g(A) = g(\lambda_1)G_1 + g(\lambda_2)G_2 + \cdots + g(\lambda_n)G_n.$$

若 $f(\lambda)$ 为矩阵 A 的特征多项式,证明:$f(A) = O$.

7.设方阵 A,B 满足 $AB = BA$,则存在可逆矩阵 P,使得 PAP^{-1} 和 PBP^{-1} 均为 Jordan 标准形.

8.设方阵 A 可以写成对称分块矩阵形式,即 $A = (A_{ij})_{i,j=1,2,\cdots,n}^{n}$,且 $a_{ij} = A_{ji}$.证明:若 $A_1 = A_{11}$,$A_2 = (A_{ij})_{i,j=1}^{2}$,$\cdots$,$A_{n-1} = (A_{ij})_{i,j=1}^{n-1}$,都是可逆矩阵,则存在分块下三角矩阵 $L =$

$(L_{ij})_{i,j=1}^{n}$ 与分块上三角矩阵 $\boldsymbol{U}=(U_{ij})_{i,j=1}^{n}$，使得 $\boldsymbol{A}=\boldsymbol{LU}$，且矩阵 $\boldsymbol{L}$ 与 $\boldsymbol{U}$ 的对角线上的块满足条件

$$\boldsymbol{A}_{ii}=\boldsymbol{E}, U_{11}=\boldsymbol{A}_{11}, \boldsymbol{U}_{ii}=\frac{\boldsymbol{A}_{ii}}{\boldsymbol{A}_{i-1,i-1}}, \quad i=2,3,\cdots,n,$$

且 $\boldsymbol{U}_{11},\boldsymbol{U}_{22},\cdots,\boldsymbol{U}_{n-1,n-1}$ 均可逆.而且满足上述条件的矩阵 $\boldsymbol{L}$ 和 $\boldsymbol{U}$ 是唯一的.

9.设 $\boldsymbol{A}$ 为正规矩阵(即满足条件$\overline{\boldsymbol{A}}^{\mathrm{T}}\boldsymbol{A}=\boldsymbol{A}\overline{\boldsymbol{A}}^{\mathrm{T}}$ 的复矩阵)，证明：存在酉矩阵 $\boldsymbol{U}$ 使得 $\boldsymbol{UA}\overline{\boldsymbol{U}}^{\mathrm{T}}$ 为对角矩阵.

10.设 $\boldsymbol{A}$ 为 n 阶正规矩阵，$\mathbf{C}^n$ 为 n 维复列向量空间.记

$$\mathrm{Im}(\boldsymbol{A})=\{\boldsymbol{A\alpha} \mid \boldsymbol{\alpha}\in\mathbf{C}^n\}, \mathrm{Ker}(\boldsymbol{A})=\{\boldsymbol{\alpha}\in\mathbf{C}^n \mid \boldsymbol{A\alpha}=0\}.$$

证明：$\mathbf{C}^n=\mathrm{Im}(\boldsymbol{A})\oplus\mathrm{Ker}(\boldsymbol{A})$.

11.设 $\boldsymbol{A}$ 为复数域上的 n 阶幂等矩阵(即满足条件 $\boldsymbol{A}^2=\boldsymbol{A}$)，证明：

(1)$\boldsymbol{E}-\boldsymbol{A}$ 为幂等矩阵；

(2)$\mathbf{C}^n=\mathrm{Im}(\boldsymbol{A})\oplus\mathrm{Ker}(\boldsymbol{A})$；

(3)$\boldsymbol{A}$ 相似于对角矩阵；

(4)$r(\boldsymbol{A})=\mathrm{tr}\boldsymbol{A}$.

12.设 $\boldsymbol{A},\boldsymbol{B}$ 为 n 阶 Hermite 方阵，且 $\boldsymbol{A}$ 正定.证明：$\boldsymbol{A}+\boldsymbol{B}$ 正定当且仅当 $\boldsymbol{A}^{-1}\boldsymbol{B}$ 的每一个特征值都大于 -1.

13.设 $\boldsymbol{A}$ 为 n 阶 Hermite 方阵，且 $r(\boldsymbol{A})=1$.证明：存在 n 维复列向量 $\boldsymbol{\alpha}$ 及实数 λ，使得 $\boldsymbol{A}=\lambda\boldsymbol{\alpha}\overline{\boldsymbol{\alpha}}^{\mathrm{T}}$. 进一步，若 $\boldsymbol{A}$ 还是正定的，则存在 n 维复列向量 $\boldsymbol{\beta}$，使得 $\boldsymbol{A}=\boldsymbol{\beta}\overline{\boldsymbol{\beta}}^{\mathrm{T}}$.

14.证明：任意正定(半正定)Hermite 矩阵都可唯一地表示成某个同秩的正定(半正定)Hermite 矩阵的平方.

第六章　特征值的估计与广义逆矩阵

第一节　特征值的界的估计

设 $\boldsymbol{A}=(a_{ij})_{n\times n}$ 为一个给定的复数矩阵,则 $\boldsymbol{A}$ 可以唯一表示成一个埃尔米特矩阵 $\boldsymbol{B}$ 与一个反埃尔米特矩阵 $\boldsymbol{C}$ 之和.事实上 $\boldsymbol{B},\boldsymbol{C}$ 是如下矩阵:

$$\boldsymbol{B}=(b_{ij})_{n\times n}=\frac{\boldsymbol{A}+\boldsymbol{A}^{\mathrm{H}}}{2}\quad\left(b_{ij}=\frac{a_{ij}+\overline{a_{ji}}}{2}\right),\quad \boldsymbol{C}=(c_{ij})_{n\times n}=\frac{\boldsymbol{A}-\boldsymbol{A}^{\mathrm{H}}}{2}\quad\left(c_{ij}=\frac{a_{ij}-\overline{a_{ji}}}{2}\right).$$

设 $\boldsymbol{A},\boldsymbol{B},\boldsymbol{C}$ 的特征值的集合分别为 $\{\lambda_1,\lambda_2,\cdots,\lambda_n\}$, $\{\mu_1,\mu_2,\cdots,\mu_n\}$, $\{\mathrm{i}\nu_1,\mathrm{i}\nu_2,\cdots,\mathrm{i}\nu_n\}$,这里的 μ_j 及 ν_j 是实数,并假设 $|\lambda_1|\geqslant|\lambda_2|\geqslant\cdots\geqslant|\lambda_n|$, $\mu_1\geqslant\mu_2\geqslant\cdots\geqslant\mu_n$, $\nu_1\geqslant\nu_2\geqslant\cdots\geqslant\nu_n$.

定理 1　若 n 阶复数矩阵 $\boldsymbol{A}=(a_{ij})$ 的特征值的集合($\boldsymbol{A}$ 的谱)为 $\{\lambda_1,\lambda_2,\cdots,\lambda_n\}$,则有不等式 $\sum\limits_{i=1}^{n}|\lambda_i|^2\leqslant\sum\limits_{i=1}^{n}\sum\limits_{j=1}^{n}|a_{ij}|^2$,等号当且仅当 $\boldsymbol{A}$ 为正规矩阵.

证明　由 Schur 定理知,存在酉矩阵 $\boldsymbol{P}$,使得 $\boldsymbol{P}^{\mathrm{H}}\boldsymbol{A}\boldsymbol{P}=\boldsymbol{P}^{-1}\boldsymbol{A}\boldsymbol{P}=R$ 为上三角阵,其中上三角阵 $\boldsymbol{R}$ 的主对角元属于 $\{\lambda_1,\lambda_2,\cdots,\lambda_n\}$.于是 $\boldsymbol{P}^{\mathrm{H}}\boldsymbol{A}^{\mathrm{H}}\boldsymbol{A}\boldsymbol{P}=\boldsymbol{P}^{-1}\boldsymbol{A}^{\mathrm{H}}\boldsymbol{A}\boldsymbol{P}=\boldsymbol{R}^{\mathrm{H}}\boldsymbol{R}$.

由于 $\mathrm{tr}(\boldsymbol{P}^{-1}\boldsymbol{A}^{\mathrm{H}}\boldsymbol{A}\boldsymbol{P})=\mathrm{tr}(\boldsymbol{A}^{\mathrm{H}}\boldsymbol{A})=\sum\limits_{i=1}^{n}\sum\limits_{j=1}^{n}|a_{ij}|^2$, $\mathrm{tr}(\boldsymbol{R}^{\mathrm{H}}\boldsymbol{R})\geqslant\sum\limits_{i=1}^{n}|\lambda_i|^2$,所以

$$\sum_{i=1}^{n}|\lambda_i|^2\leqslant\sum_{i=1}^{n}\sum_{j=1}^{n}|a_{ij}|^2.$$

等号成立当且仅当 $\mathrm{tr}(\boldsymbol{R}^{\mathrm{H}}\boldsymbol{R})=\sum\limits_{i=1}^{n}|\lambda_i|^2$,当且仅当上三角阵 $\boldsymbol{R}$ 是对角矩阵,当且仅当 $\boldsymbol{A}$ 为正规矩阵($\boldsymbol{A}^{\mathrm{H}}\boldsymbol{A}=\boldsymbol{A}\boldsymbol{A}^{\mathrm{H}}$).

推论 1　若 $\boldsymbol{A},\boldsymbol{B},\boldsymbol{C}$ 如上所设,则有:

(1) $|\lambda_i|\leqslant n\cdot\max\limits_{1\leqslant i,j\leqslant n}|a_{ij}|$;

(2) $|\mathrm{Re}\lambda_i|\leqslant n\cdot\max\limits_{1\leqslant i,j\leqslant n}|b_{ij}|$;

(3) $|\mathrm{Im}\lambda_i|\leqslant n\cdot\max\limits_{1\leqslant i,j\leqslant n}|c_{ij}|$.

推论 2 设 $\boldsymbol{A}=(a_{ij})_{n\times n}$ 是 n 阶复矩阵，则

$$|\mathrm{Im}\lambda_i|\leqslant\sqrt{\frac{n(n-1)}{2}}\cdot\max_{1\leqslant i,j\leqslant n}|c_{ij}|$$

$$\left(c_{ij}=\frac{a_{ij}-\overline{a_{ji}}}{2}\right).$$

例 1 估计下面特征值的界限：

$$\boldsymbol{A}=\begin{pmatrix}0&0.2&0.1\\-0.2&0&0.2\\-0.1&-0.2&0\end{pmatrix}.$$

解 由于 $\boldsymbol{B}=\dfrac{\boldsymbol{A}+\boldsymbol{A}^{\mathrm{H}}}{2}=\boldsymbol{O};\boldsymbol{C}=\dfrac{\boldsymbol{A}-\boldsymbol{A}^{\mathrm{H}}}{2}=\boldsymbol{A}.$

由推论 1，$|\lambda_i|\leqslant 3\times 0.2=0.6$；$|\mathrm{Re}\lambda_i|\leqslant 3\times 0=0$，

即 $\mathrm{Re}\lambda_i=0$；$|\mathrm{Im}\lambda_i|\leqslant 3\times 0.2=0.6$.

由推论 2，$|\mathrm{Im}\lambda_i|\leqslant\sqrt{\dfrac{3\times(3-1)}{2}}\times 0.2=0.346\ 4.$

第二节 谱半径的估计

若 $\boldsymbol{A}=(a_{ij})_{n\times n}$ 是复数域上的 n 阶方阵，又 $\lambda_1,\lambda_2,\cdots,\lambda_n$ 是 $\boldsymbol{A}$ 的全部特征值，则 $\rho(\boldsymbol{A})=\max\limits_{1\leqslant i\leqslant n}|\lambda_i|$ 称为 $\boldsymbol{A}$ 的谱半径.

定理 1 复数域上的任一 n 阶方阵 $\boldsymbol{A}=(a_{ij})$ 的谱半径 $\rho(\boldsymbol{A})$ 都不超过 $\boldsymbol{A}$ 的范数 $\|\boldsymbol{A}\|$，即 $\rho(\boldsymbol{A})\leqslant\|\boldsymbol{A}\|$. 这里 $\|\boldsymbol{A}\|$ 是任意范数.

推论

(1) $\rho(\boldsymbol{A})\leqslant\|\boldsymbol{A}\|_1=\max\limits_{1\leqslant j\leqslant n}\sum\limits_{i=1}^{n}|a_{ij}|$；

(2) $\rho(\boldsymbol{A})\leqslant\|\boldsymbol{A}\|_\infty=\max\limits_{1\leqslant i\leqslant n}\sum\limits_{j=1}^{n}|a_{ij}|$；

(3) $\rho(\boldsymbol{A})\leqslant\|\boldsymbol{A}\|_2=\sqrt{\lambda_{\boldsymbol{A}^{\mathrm{H}}\boldsymbol{A}}}$，这里 $\lambda_{\boldsymbol{A}^{\mathrm{H}}\boldsymbol{A}}$ 是矩阵 $\boldsymbol{A}^{\mathrm{H}}\boldsymbol{A}$ 的最大特征值.

定理 2 如果 $\boldsymbol{A}$ 为 n 阶正规矩阵（$\boldsymbol{A}^{\mathrm{H}}\boldsymbol{A}=\boldsymbol{A}\boldsymbol{A}^{\mathrm{H}}$），则 $\rho(\boldsymbol{A})=\|\boldsymbol{A}\|_2$.

证明　因为 $\boldsymbol{A}$ 是 n 阶正规矩阵，所以存在酉矩阵 $\boldsymbol{P}$，使

$$\boldsymbol{P}^{\mathrm{H}}\boldsymbol{A}\boldsymbol{P}=\boldsymbol{P}^{-1}\boldsymbol{A}\boldsymbol{P}=\begin{pmatrix}\lambda_1 & & \\ & \ddots & \\ & & \lambda_n\end{pmatrix},$$

由此可得 $\boldsymbol{P}^{\mathrm{H}}\boldsymbol{A}^{\mathrm{H}}\boldsymbol{P}=\begin{pmatrix}\overline{\lambda_1} & & \\ & \ddots & \\ & & \overline{\lambda_n}\end{pmatrix}$，

从而 $\boldsymbol{P}^{\mathrm{H}}\boldsymbol{A}^{\mathrm{H}}\boldsymbol{A}\boldsymbol{P}=\begin{pmatrix}|\lambda_1|^2 & & \\ & \ddots & \\ & & |\lambda_n|^2\end{pmatrix}$.

又 $\lambda_{\boldsymbol{A}^{\mathrm{H}}\boldsymbol{A}}=\max\{|\lambda_1|^2,|\lambda_2|^2,\cdots,|\lambda_n|^2\}$，$\|\boldsymbol{A}\|_2=\sqrt{\lambda_{\boldsymbol{A}^{\mathrm{H}}\boldsymbol{A}}}$，

而 $\rho(\boldsymbol{A})=\max\{|\lambda_1|,|\lambda_2|,\cdots,|\lambda_n|\}$，

所以 $\rho(\boldsymbol{A})=\|\boldsymbol{A}\|_2$.

第三节　广义逆矩阵与线性方程组的解

一、广义逆的历史背景

在实际问题中，如数据处理、多元分析、最优化理论、现代控制理论、网络理论等中，由于实验条件等多种因素，所遇到的方程组往往是不相容的方程（无解方程）. 此时，我们不能求实线性方程组 $\boldsymbol{AX}=\boldsymbol{b}$ 的解，而只能将要求合理地改成，寻求 $\boldsymbol{X}=(x_1,x_2,\cdots,x_n)^{\mathrm{T}}$，使 $|\boldsymbol{AX}-\boldsymbol{b}|$ 最小，即 $(a_{11}x_1+a_{12}x_2+\cdots+a_{1n}x_n-b_1)^2+(a_{21}x_1+a_{22}x_2+\cdots+a_{2n}x_n-b_2)^2+\cdots+(a_{s1}x_1+a_{s2}x_2+\cdots+a_{sn}x_n-b_s)^2$ 为最小. 类似地，对于复数域 $\mathbf{C}$ 上线性方程组 $\boldsymbol{AX}=\boldsymbol{b}$，则要求 $(a_{11}x_1+a_{12}x_2+\cdots+a_{1n}x_n-b_1)\overline{(a_{11}x_1+a_{12}x_2+\cdots+a_{1n}x_n-b_1)}+\cdots+(a_{s1}x_1+a_{s2}x_2+\cdots+a_{sn}x_n-b_s)\overline{(a_{s1}x_1+a_{s2}x_2+\cdots+a_{sn}x_n-b_s)}$ 为最小. 这样的解叫作线性方程

组 $AX=b$ 的最小二乘解.另外,若 $AX=b$ 有解,且在有无穷多解时,往往也需要求解向量 $X=(x_1,x_2,\cdots,x_n)^{\mathrm{T}}$ 中,满足 $x_1\overline{x_1}+x_2\overline{x_2}+\cdots+x_n\overline{x_n}$ 为最小的解,这样的解叫作线性方程组 $AX=b$ 的最小二乘解.这些就引出了广义逆的实际背景.

1955 年 Moore 和 Penrose 各自发表了广义逆的矩阵理论,所提及的广义逆定义如下.设 A 是 $m\times n$ 矩阵,如果一个 $n\times m$ 矩阵 G 满足如下 4 条(称为 Moore-Penrose 方程):

(1) $AGA=A$;

(2) $GAG=G$;

(3) $(AG)^{\mathrm{H}}=(\overline{AG})^{\mathrm{T}}=AG$;

(4) $(GA)^{\mathrm{H}}=GA$.

则称 G 为 Moore-Penrose 广义逆,简记为 A^{+}.可以证明对于任意复矩阵 A,A^{+} 一定存在且唯一.

同年 Rao 又提出了只满足第(1)个方程的广义逆 A^{-},称为 A 的{1}-广义逆或者 A 的减号逆.矩阵的减号逆主要用于解决在线性方程组有解的情况下,什么样的解 $X=(x_1,x_2,\cdots,x_n)^{\mathrm{T}}$,使 $x_1\overline{x_1}+x_2\overline{x_2}+\cdots+x_n\overline{x_n}$ 最小.

现在一般对广义逆的提法是:任意满足以上 4 条中的某些条的矩阵 G 都称为 A 的广义逆,从而有各种形式的广义逆,共有 $C_4^1+C_4^2+C_4^3+C_4^4=15$ 类.

比较常见的广义逆有以下 4 种:

① 只满足第(1)个方程的广义逆,称为 A 的{1}-广义逆或者 A 的减号逆,记为 A^{-};

② 满足上面条件(1)(3)的广义逆,称为 A 的{1,3}-广义逆或者最小二乘逆,记为 A_m^{-};

③ 满足上面条件(1)(4)的广义逆,称为 A 的{1,4}-广义逆或者极小范数逆,记为 A_l^{-};

④ 同时满足条件(1)~(4)的广义逆,称为 A 的 Moore-Penrose 广义逆或者 A 的加号逆,记为 A^{+}.

我们下面主要讨论矩阵的减号逆、最小二乘逆、极小范数逆和 Moore-Penrose 广义逆的求法和应用.

我们考虑线性方程组 $AX=b$ 的解.如果 A 为 n 阶可逆矩阵,则方程组 $AX=b$ 有唯一解 $X=A^{-1}b$.若 $r(A)=r(\overline{A})=r<n$,则线性方程组 $AX=b$ 有无穷多解,能否找到一个 n 阶矩

阵 $\boldsymbol{G}$,使解也能表示成 $\boldsymbol{X}=\boldsymbol{G}\boldsymbol{b}$ 的形式？若 $\boldsymbol{A}_{m\times n}$ 不是方阵,且 $\boldsymbol{A}\boldsymbol{X}=\boldsymbol{b}$ 有解,能否找到一个矩阵 $\boldsymbol{G}$,使 $\boldsymbol{X}=\boldsymbol{G}\boldsymbol{b}$？若 $\boldsymbol{A}\boldsymbol{X}=\boldsymbol{b}$ 无解,能否找到一个矩阵 $\boldsymbol{G}$,使 $\boldsymbol{X}=\boldsymbol{G}\boldsymbol{b}$ 为很满意的近似解？这些问题与矩阵的广义逆关系密切.

二、矩阵的广义逆的结构

定理 1　设 $m\times n$ 矩阵 $\boldsymbol{A}$ 的秩为 r,且

$$\boldsymbol{PAQ}=\begin{pmatrix}\boldsymbol{E}_r & \\ & \boldsymbol{O}\end{pmatrix}, \tag{1}$$

这里 $\boldsymbol{P},\boldsymbol{Q}$ 分别为 m 阶,n 阶可逆矩阵,则 $\boldsymbol{A}$ 的所有$\{1\}$－广义逆的集合为

$$\boldsymbol{A}\{1\}=\left\{\boldsymbol{Q}\begin{pmatrix}\boldsymbol{E}_r & \boldsymbol{X}\\ \boldsymbol{Y} & \boldsymbol{Z}\end{pmatrix}\boldsymbol{P}\right\},$$

这里 $\boldsymbol{X},\boldsymbol{Y},\boldsymbol{Z}$ 分别是任意的 $r\times(m-r)$,$(n-r)\times r$,$(n-r)\times(m-r)$ 矩阵.

证明　由 $\boldsymbol{PAQ}=\begin{pmatrix}\boldsymbol{E}_r & \\ & \boldsymbol{O}\end{pmatrix}$ 得 $\boldsymbol{A}=\boldsymbol{P}^{-1}\begin{pmatrix}\boldsymbol{E}_r & \\ & \boldsymbol{O}\end{pmatrix}\boldsymbol{Q}^{-1}$.代入 $\boldsymbol{AGA}=\boldsymbol{A}$ 得

$$\boldsymbol{P}^{-1}\begin{pmatrix}\boldsymbol{E}_r & \\ & \boldsymbol{O}\end{pmatrix}\boldsymbol{Q}^{-1}\boldsymbol{G}\boldsymbol{P}^{-1}\begin{pmatrix}\boldsymbol{E}_r & \\ & \boldsymbol{O}\end{pmatrix}\boldsymbol{Q}^{-1}=\boldsymbol{P}^{-1}\begin{pmatrix}\boldsymbol{E}_r & \\ & \boldsymbol{O}\end{pmatrix}\boldsymbol{Q}^{-1},$$

所以 $\boldsymbol{G}=\boldsymbol{Q}\begin{pmatrix}\boldsymbol{E}_r & \boldsymbol{X}\\ \boldsymbol{Y} & \boldsymbol{Z}\end{pmatrix}\boldsymbol{P}$.容易直接验证 $\boldsymbol{G}=\boldsymbol{Q}\begin{pmatrix}\boldsymbol{E}_r & \boldsymbol{X}\\ \boldsymbol{Y} & \boldsymbol{Z}\end{pmatrix}\boldsymbol{P}$ 满足 $\boldsymbol{AGA}=\boldsymbol{A}$.

由定理 1 可知,对任意 $m\times n$ 矩阵 $\boldsymbol{A}$,它的$\{1\}$－广义逆总是存在,即集合 $\boldsymbol{A}\{1\}$ 非空,又由 $\boldsymbol{X},\boldsymbol{Y},\boldsymbol{Z}$ 的任意性,一般 $\boldsymbol{A}$ 的$\{1\}$－广义逆不唯一,集合 $\boldsymbol{A}\{1\}$ 中的任一确定的元素常记为 $\boldsymbol{A}^{-}$,由定义 $\boldsymbol{A}\boldsymbol{A}^{-}\boldsymbol{A}=\boldsymbol{A}$.

当 $m=n=r$ 时,$\boldsymbol{A}$ 可逆,于是有 $\boldsymbol{A}^{-1}=\boldsymbol{A}^{-1}\boldsymbol{A}\boldsymbol{A}^{-1}=\boldsymbol{A}^{-1}(\boldsymbol{A}\boldsymbol{A}^{-}\boldsymbol{A})\boldsymbol{A}^{-1}=(\boldsymbol{A}^{-1}\boldsymbol{A})\boldsymbol{A}^{-}(\boldsymbol{A}\boldsymbol{A}^{-1})=\boldsymbol{A}^{-}$.这时 $\boldsymbol{A}\{1\}$ 只有唯一的元素 $\boldsymbol{A}^{-1}$,由此可知,当 $\boldsymbol{A}$ 可逆时,$\boldsymbol{A}$ 的$\{1\}$－广义逆 $\boldsymbol{A}^{-}$ 也就是 $\boldsymbol{A}$ 的通常的逆 $\boldsymbol{A}^{-1}$.

推论　设 $\boldsymbol{A},\boldsymbol{B}$ 是 $m\times n$ 矩阵,$\boldsymbol{P},\boldsymbol{Q}$ 分别为 m 级、n 级可逆矩阵使得 $\boldsymbol{B}=\boldsymbol{PAQ}$,$\boldsymbol{A}^{-}$ 是 $\boldsymbol{A}$ 的一个$\{1\}$－广义逆,那么:

(1) $r(\boldsymbol{A}^{-})\geqslant r(\boldsymbol{A})$;

(2)$\boldsymbol{A}^{-}\boldsymbol{A}$ 和 $\boldsymbol{A}\boldsymbol{A}^{-}$ 都是幂等矩阵,且 $r(\boldsymbol{A}^{-}\boldsymbol{A})=r(\boldsymbol{A}\boldsymbol{A}^{-})=r(\boldsymbol{A})$;

(3)$\boldsymbol{B}$ 的所有{1} - 广义逆的集合为 $\boldsymbol{B}\{1\}=\{\boldsymbol{Q}^{-1}\boldsymbol{A}^{-}\boldsymbol{P}^{-1}\}$,这里 $\boldsymbol{A}^{-}$ 遍取 $\boldsymbol{A}$ 的所有{1} - 广义逆.

类似地,有以下定理及推论:

定理 2　设 $m\times n$ 矩阵 $\boldsymbol{A}$ 的秩为 r,它的奇异值分解为

$$\boldsymbol{A}=\boldsymbol{U}\begin{pmatrix}\Sigma & \\ & \boldsymbol{O}\end{pmatrix}\boldsymbol{V}^{\mathrm{H}}.$$

这里 $\boldsymbol{U},\boldsymbol{V}$ 分别为 m 阶、n 阶酉矩阵,r 阶矩阵 $\Sigma=\operatorname{diag}(\sigma_1,\cdots,\sigma_r)$ 正定,则 $\boldsymbol{A}$ 的所有{1,3} - 广义逆的集合为

$$\boldsymbol{A}\{1,3\}=\left\{\boldsymbol{V}\begin{pmatrix}\Sigma^{-1} & \boldsymbol{O}\\ \boldsymbol{Y} & \boldsymbol{Z}\end{pmatrix}\boldsymbol{U}^{\mathrm{H}}\right\},$$

这里 $\boldsymbol{Y},\boldsymbol{Z}$ 分别是任意的 $(n-r)\times r,(n-r)\times(m-r)$ 矩阵.

定理 3　设 $m\times n$ 矩阵 $\boldsymbol{A}$ 的秩为 r,它的奇异值分解为

$$\boldsymbol{A}=\boldsymbol{U}\begin{pmatrix}\Sigma & \\ & \boldsymbol{O}\end{pmatrix}\boldsymbol{V}^{\mathrm{H}}.$$

这里 $\boldsymbol{U},\boldsymbol{V}$ 各为 m 阶、n 阶酉矩阵,r 阶矩阵 $\Sigma=\operatorname{diag}(\sigma_1,\cdots,\sigma_r)$ 正定,则 $\boldsymbol{A}$ 的所有{1,4} - 广义逆的集合为

$$\boldsymbol{A}\{1,4\}=\left\{\boldsymbol{V}\begin{pmatrix}\Sigma^{-1} & \boldsymbol{X}\\ \boldsymbol{O} & \boldsymbol{Z}\end{pmatrix}\boldsymbol{U}^{\mathrm{H}}\right\},$$

这里 $\boldsymbol{X},\boldsymbol{Z}$ 分别是任意的 $r\times(m-r),(n-r)\times(m-r)$ 矩阵.

定理 4　设 $\boldsymbol{A}$ 是 $m\times n$ 矩阵,则其 $\boldsymbol{M}-\boldsymbol{P}$ 广义逆矩阵 $\boldsymbol{A}^{+}$ 存在而且唯一,即满足下列全部 4 个条件的 $n\times m$ 矩阵 $\boldsymbol{G}$ 存在而且唯一,并记为 $\boldsymbol{A}^{+}$:

(1)$\boldsymbol{AGA}=\boldsymbol{A}$;

(2)$\boldsymbol{GAG}=\boldsymbol{G}$;

(3) $(\boldsymbol{AG})^{\mathrm{H}}=(\overline{\boldsymbol{AG}})^{\mathrm{T}}=\boldsymbol{AG}$;

(4) $(\boldsymbol{GA})^{\mathrm{H}}=\boldsymbol{GA}$.

证明　**存在性**　设$\boldsymbol{A}=\boldsymbol{U}\begin{pmatrix}\Sigma & \\ & \boldsymbol{O}\end{pmatrix}\boldsymbol{V}^{\mathrm{H}}$，$\boldsymbol{U},\boldsymbol{V}$分别为$m$阶、$n$阶酉矩阵，直接验证$\boldsymbol{G}=\boldsymbol{V}\begin{pmatrix}\Sigma^{-1} & \boldsymbol{O}\\ \boldsymbol{O} & \boldsymbol{O}\end{pmatrix}\boldsymbol{U}^{\mathrm{H}}$满足$M-P$方程(1) ~ (4).

唯一性　设$\boldsymbol{G}_1,\boldsymbol{G}_2$都是矩阵$\boldsymbol{A}$的$M-P$广义逆矩阵，那么

$$\begin{aligned}\boldsymbol{G}_1&=\boldsymbol{G}_1\boldsymbol{A}\boldsymbol{G}_1=\boldsymbol{G}_1\boldsymbol{A}\boldsymbol{G}_2\boldsymbol{A}\boldsymbol{G}_1=\boldsymbol{G}_1(\boldsymbol{A}\boldsymbol{G}_2)^{\mathrm{H}}(\boldsymbol{A}\boldsymbol{G}_1)^{\mathrm{H}}=\boldsymbol{G}_1\boldsymbol{G}_2^{\mathrm{H}}\boldsymbol{A}^{\mathrm{H}}\boldsymbol{G}_1^{\mathrm{H}}\boldsymbol{A}^{\mathrm{H}}\\&=\boldsymbol{G}_1\boldsymbol{G}_2^{\mathrm{H}}(\boldsymbol{A}\boldsymbol{G}_1\boldsymbol{A})^{\mathrm{H}}=\boldsymbol{G}_1\boldsymbol{G}_2^{\mathrm{H}}\boldsymbol{A}^{\mathrm{H}}=\boldsymbol{G}_1(\boldsymbol{A}\boldsymbol{G}_2)^{\mathrm{H}}=\boldsymbol{G}_1\boldsymbol{A}\boldsymbol{G}_2,\end{aligned}$$

同理

$$\begin{aligned}\boldsymbol{G}_2&=\boldsymbol{G}_2\boldsymbol{A}\boldsymbol{G}_2=\mathrm{G}_2\boldsymbol{A}\boldsymbol{G}_1\boldsymbol{A}\boldsymbol{G}_2=(\boldsymbol{G}_2\boldsymbol{A})^{\mathrm{H}}(\boldsymbol{G}_1\boldsymbol{A})^{\mathrm{H}}\boldsymbol{G}_2=\boldsymbol{A}^{\mathrm{H}}\boldsymbol{G}_2^{\mathrm{H}}\boldsymbol{A}^{\mathrm{H}}\boldsymbol{G}_1^{\mathrm{H}}\boldsymbol{G}_2\\&=(\boldsymbol{A}\boldsymbol{G}_2\boldsymbol{A})^{\mathrm{H}}\boldsymbol{G}_1^{\mathrm{H}}\boldsymbol{G}_2=\boldsymbol{A}^{\mathrm{H}}\boldsymbol{G}_1^{\mathrm{H}}\mathrm{G}_2=(\boldsymbol{G}_1\boldsymbol{A})^{\mathrm{H}}\boldsymbol{G}_2=\boldsymbol{G}_1\boldsymbol{A}\boldsymbol{G}_2.\end{aligned}$$

所以　$\boldsymbol{G}_1=\boldsymbol{G}_2$.

注意：若$\boldsymbol{A}$可逆，则可直接验证$\boldsymbol{A}^{-1}$满足$M-P$方程(1) ~ (4)的全部条件，故得知$\boldsymbol{A}^{+}=\boldsymbol{A}^{-1}$，所以$M-P$广义逆$\boldsymbol{A}^{+}$可以看作是逆矩阵$\boldsymbol{A}^{-1}$的推广.

推论　设$\boldsymbol{A}$是$m\times n$矩阵，其满秩分解为$\boldsymbol{A}=\boldsymbol{BC}$，其中$\boldsymbol{B}$是$m\times r$矩阵，$\boldsymbol{C}$是$r\times n$矩阵，$r(\boldsymbol{A})=r(\boldsymbol{B})=r(\boldsymbol{C})=r$，则$\boldsymbol{A}^{+}=\boldsymbol{C}^{\mathrm{H}}(\boldsymbol{C}\boldsymbol{C}^{\mathrm{H}})^{-1}(\boldsymbol{B}^{\mathrm{H}}\boldsymbol{B})^{-1}\boldsymbol{B}^{\mathrm{H}}$.特别地，

$$\boldsymbol{A}^{+}=\begin{cases}\boldsymbol{A}^{\mathrm{H}}(\boldsymbol{A}\boldsymbol{A}^{\mathrm{H}})^{-1}，当\ r(\boldsymbol{A})=m,\\(\boldsymbol{A}^{\mathrm{H}}\boldsymbol{A})^{-1}\boldsymbol{A}^{\mathrm{H}}，当\ r(\boldsymbol{A})=n.\end{cases}$$

证明　直接验证$\boldsymbol{A}^{+}=\boldsymbol{C}^{\mathrm{H}}(\boldsymbol{C}\boldsymbol{C}^{\mathrm{H}})^{-1}(\boldsymbol{B}^{\mathrm{H}}\boldsymbol{B})^{-1}\boldsymbol{B}^{\mathrm{H}}$满足$M-P$方程(1) ~ (4)的全部条件，再由$M-P$广义逆的唯一性得证.

三、矩阵的广义逆与线性方程组的解

首先我们讨论矩阵的减号逆与线性方程组的解的关系.

定理 5　$n\times m$矩阵$\boldsymbol{G}$是$m\times n$矩阵$\boldsymbol{A}$的一个$\{1\}-$广义逆，当且仅当对任意给出的$m\times 1$矩阵$\boldsymbol{b}$，只要方程组$\boldsymbol{AX}=\boldsymbol{b}$有解，则$\boldsymbol{X}=\boldsymbol{Gb}$.

证明　**必要性**　设$\boldsymbol{X}$是方程组$\boldsymbol{AX}=\boldsymbol{b}$的一个解，因为$\boldsymbol{G}$是$\boldsymbol{A}$的一个$\{1\}-$广义逆.所以$\boldsymbol{AGA}=\boldsymbol{A}$，于是有$\boldsymbol{AGAX}=\boldsymbol{AX}=\boldsymbol{b}$，即$\boldsymbol{AGb}=\boldsymbol{b}$成立.这表明$\hat{\boldsymbol{X}}=\boldsymbol{Gb}$是方程$\boldsymbol{AX}=\boldsymbol{b}$的解.

充分性 设任意的$m\times 1$矩阵$\boldsymbol{b}$,方程$\boldsymbol{AX}=\boldsymbol{b}$有解$\boldsymbol{X}=\boldsymbol{Gb}$,那么对任意$\boldsymbol{Z}\in \mathbf{C}^n$,$\boldsymbol{AZ}=\boldsymbol{b}$是$m\times 1$矩阵.由上述假设得$\boldsymbol{AGb}=\boldsymbol{b}$,于是$\boldsymbol{AGAZ}=\boldsymbol{AZ}$(任意$\boldsymbol{Z}\in \mathbf{C}^n$),因此,$\boldsymbol{AGA}=\boldsymbol{A}$,所以$\boldsymbol{G}$是$\boldsymbol{A}$的一个$\{1\}$-广义逆.

定理6 若$\boldsymbol{A}^-$是$m\times n$矩阵$\boldsymbol{A}$的一个$\{1\}$-广义逆,当方程组$\boldsymbol{AX}=\boldsymbol{b}$有解时,其通解可以表示为$\boldsymbol{X}=\boldsymbol{A}^-\boldsymbol{b}+(\boldsymbol{E}_n-\boldsymbol{A}^-\boldsymbol{A})Z$,这里$\boldsymbol{Z}$是任意的$n$维列向量.

证明 由定理5,如果方程组$\boldsymbol{AX}=\boldsymbol{b}$有解,那么$\boldsymbol{X}=\boldsymbol{A}^-\boldsymbol{b}$是它的解.容易看出,对任意$\boldsymbol{Z}\in \mathbf{C}^n$,$\boldsymbol{X}=(\boldsymbol{E}_n-\boldsymbol{A}^-\boldsymbol{A})\boldsymbol{Z}$都是$\boldsymbol{AX}=\boldsymbol{0}$的解,并且子空间$W=\{(\boldsymbol{E}_n-\boldsymbol{A}^-\boldsymbol{A})\boldsymbol{Z}\mid \boldsymbol{Z}\in \mathbf{C}^n\}$的维数为$r(\boldsymbol{E}_n-\boldsymbol{A}^-\boldsymbol{A})$.

设$\boldsymbol{A}$的秩为r,$\boldsymbol{PAQ}=\begin{pmatrix}\boldsymbol{E}_r & \\ & \boldsymbol{O}\end{pmatrix}$,这里$\boldsymbol{P},\boldsymbol{Q}$分别为$m$阶、$n$阶可逆矩阵.可设$\boldsymbol{A}^-=\boldsymbol{Q}\begin{pmatrix}\boldsymbol{E}_r & \boldsymbol{M}\\ \boldsymbol{Y} & \boldsymbol{Z}\end{pmatrix}\boldsymbol{P}$,于是

$$\boldsymbol{E}_n-\boldsymbol{A}^-\boldsymbol{A}=\boldsymbol{E}_n-\boldsymbol{Q}\begin{pmatrix}\boldsymbol{E}_r & \boldsymbol{M}\\ \boldsymbol{Y} & \boldsymbol{Z}\end{pmatrix}\begin{pmatrix}\boldsymbol{E}_r & \boldsymbol{O}\\ \boldsymbol{O} & \boldsymbol{O}\end{pmatrix}\boldsymbol{Q}^{-1}=\boldsymbol{Q}\begin{pmatrix}\boldsymbol{O} & \boldsymbol{O}\\ -\boldsymbol{Y} & \boldsymbol{E}_{n-r}\end{pmatrix}\boldsymbol{Q}^{-1}.$$

所以$r(\boldsymbol{E}_n-\boldsymbol{A}^-\boldsymbol{A})=n-r$,即$W=\{(\boldsymbol{E}_n-\boldsymbol{A}^-\boldsymbol{A})\boldsymbol{Z}\mid \boldsymbol{Z}\in \mathbf{C}^n\}$是$\boldsymbol{AX}=\boldsymbol{0}$的解空间,从而定理成立.

再讨论矩阵的$\{1,3\}$-广义逆与线性方程组的解的关系.

定理7 (1)G是$m\times n$矩阵$\boldsymbol{A}$的一个$\{1,3\}$-广义逆当且仅当$\boldsymbol{A}^{\mathrm{H}}\boldsymbol{AG}=\boldsymbol{A}^{\mathrm{H}}$;

(2)设G是$m\times n$矩阵$\boldsymbol{A}$的一个$\{1,3\}$-广义逆,那么对任意给定的m维列向量$\boldsymbol{b}$,$\boldsymbol{X}=\boldsymbol{Gb}$一定是方程组$\boldsymbol{AX}=\boldsymbol{b}$的最小二乘解,即对任意$\boldsymbol{X}\in \mathbf{C}^n$,有$\|\boldsymbol{AX}-\boldsymbol{b}\|_2\geqslant\|\boldsymbol{AGb}-\boldsymbol{b}\|_2$.

证明 (1)如果$\boldsymbol{G}$是$m\times n$矩阵$\boldsymbol{A}$的一个$\{1,3\}$-广义逆,那么

$$\boldsymbol{A}^{\mathrm{H}}\boldsymbol{AG}=\boldsymbol{A}^{\mathrm{H}}(\boldsymbol{AG})^{\mathrm{H}}=(\boldsymbol{AGA})^{\mathrm{H}}=\boldsymbol{A}^{\mathrm{H}}.$$

反之,如果$\boldsymbol{A}^{\mathrm{H}}\boldsymbol{AG}=\boldsymbol{A}^{\mathrm{H}}$,那么$\boldsymbol{G}^{\mathrm{H}}\boldsymbol{A}^{\mathrm{H}}\boldsymbol{AG}=\boldsymbol{G}^{\mathrm{H}}\boldsymbol{A}^{\mathrm{H}}$,即$(\boldsymbol{AG})^{\mathrm{H}}\boldsymbol{AG}=(\boldsymbol{AG})^{\mathrm{H}}$.这表明$\boldsymbol{AG}=(\boldsymbol{AG})^{\mathrm{H}}$.进而$(\boldsymbol{AGA}-\boldsymbol{A})^{\mathrm{H}}=\boldsymbol{A}^{\mathrm{H}}(\boldsymbol{AG})^{\mathrm{H}}-\boldsymbol{A}^{\mathrm{H}}=\boldsymbol{A}^{\mathrm{H}}\boldsymbol{AG}-\boldsymbol{A}^{\mathrm{H}}=\boldsymbol{O}$,所以$\boldsymbol{AGA}=\boldsymbol{A}$.

(2)对任意$\boldsymbol{X}\in \mathbf{C}^n$,有

$$\begin{aligned}\|\boldsymbol{AX}-\boldsymbol{b}\|_2^2&=\|\boldsymbol{A}(\boldsymbol{X}-\boldsymbol{Gb})+(\boldsymbol{AGb}-\boldsymbol{b})\|_2^2\\&=\|\boldsymbol{A}(\boldsymbol{X}-\boldsymbol{Gb})\|_2^2+\|\boldsymbol{AGb}-\boldsymbol{b}\|_2^2+[\boldsymbol{A}(\boldsymbol{X}-\boldsymbol{Gb})]^{\mathrm{H}}(\boldsymbol{AGb}-\boldsymbol{b})+\end{aligned}$$

$$(\boldsymbol{AGb}-\boldsymbol{b})^{\mathrm{H}}\boldsymbol{A}(\boldsymbol{X}-\boldsymbol{Gb}).$$

由(1) 得

$$[\boldsymbol{A}(\boldsymbol{X}-\boldsymbol{Gb})]^{\mathrm{H}}(\boldsymbol{AGb}-\boldsymbol{b})=(\boldsymbol{X}-\boldsymbol{Gb})^{\mathrm{H}}\boldsymbol{A}^{\mathrm{H}}(\boldsymbol{AGb}-\boldsymbol{b})=(\boldsymbol{X}-\boldsymbol{Gb})^{\mathrm{H}}(\boldsymbol{A}^{\mathrm{H}}\boldsymbol{AG}-\boldsymbol{A}^{\mathrm{H}})\boldsymbol{b}=\boldsymbol{O},$$

$$(\boldsymbol{AGb}-\boldsymbol{b})^{\mathrm{H}}\boldsymbol{A}(\boldsymbol{X}-\boldsymbol{Gb})=\boldsymbol{b}^{\mathrm{H}}(\boldsymbol{AG}-\boldsymbol{E})^{\mathrm{H}}\boldsymbol{A}(\boldsymbol{X}-\boldsymbol{Gb})=\boldsymbol{b}^{\mathrm{H}}(\boldsymbol{AG}-\boldsymbol{E})\boldsymbol{A}(\boldsymbol{X}-\boldsymbol{Gb})=\boldsymbol{O},$$

所以 $\|\boldsymbol{AX}-\boldsymbol{b}\|_2^2=\|\boldsymbol{A}(\boldsymbol{X}-\boldsymbol{Gb})\|_2^2+\|\boldsymbol{AGb}-\boldsymbol{b}\|_2^2$,从而 $\|\boldsymbol{AX}-\boldsymbol{b}\|_2\geqslant\|\boldsymbol{AGb}-\boldsymbol{b}\|_2$.

注意:不相容方程组 $\boldsymbol{AX}=\boldsymbol{b}$ 的最小二乘解就是相容方程组 $\boldsymbol{A}^{\mathrm{H}}\boldsymbol{AX}=\boldsymbol{A}^{\mathrm{H}}$ 的解;反之亦然.

定理 8 (1)$\boldsymbol{G}$ 是 $m\times n$ 矩阵 $\boldsymbol{A}$ 的一个$\{1,4\}$ - 广义逆当且仅当 $\boldsymbol{GAA}^{\mathrm{H}}=\boldsymbol{A}^{\mathrm{H}}$.

(2) 设$\boldsymbol{G}$是$m\times n$矩阵$\boldsymbol{A}$的一个$\{1,4\}$ - 广义逆,那么对任意给定的m维列向量$\boldsymbol{b}$,只要方程组 $\boldsymbol{AX}=\boldsymbol{b}$ 有解,则 $\boldsymbol{X}=\boldsymbol{Gb}$ 就是它的极小范数解.

(3) 如果方程组 $\boldsymbol{AX}=\boldsymbol{b}$ 有解,则它的极小范数解是唯一的.

证明 (1) 如果 $\boldsymbol{G}$ 是 $m\times n$ 矩阵 $\boldsymbol{A}$ 的一个$\{1,4\}$ - 广义逆,那么

$$\boldsymbol{GAA}^{\mathrm{H}}=(\boldsymbol{GA})^{\mathrm{H}}\boldsymbol{A}^{\mathrm{H}}=(\boldsymbol{AGA})^{\mathrm{H}}=\boldsymbol{A}^{\mathrm{H}}.$$

反之,如果 $\boldsymbol{GAA}^{\mathrm{H}}=\boldsymbol{A}^{\mathrm{H}}$,那么 $\boldsymbol{GAA}^{\mathrm{H}}\boldsymbol{G}^{\mathrm{H}}=\boldsymbol{A}^{\mathrm{H}}\boldsymbol{G}^{\mathrm{H}}$,即 $\boldsymbol{GA}(\boldsymbol{GA})^{\mathrm{H}}=(\boldsymbol{GA})^{\mathrm{H}}$.

这表明 $\boldsymbol{GA}=(\boldsymbol{GA})^{\mathrm{H}}$.

进而$(\boldsymbol{AGA}-\boldsymbol{A})^{\mathrm{H}}=(\boldsymbol{GA})^{\mathrm{H}}\boldsymbol{A}^{\mathrm{H}}-\boldsymbol{A}^{\mathrm{H}}=\boldsymbol{GAA}^{\mathrm{H}}-\boldsymbol{A}^{\mathrm{H}}=\boldsymbol{O}$,所以 $\boldsymbol{AGA}=\boldsymbol{A}$.

(2) 设 $\boldsymbol{G}$ 是 $m\times n$ 矩阵 $\boldsymbol{A}$ 的一个$\{1,4\}$ - 广义逆,首先 $\boldsymbol{X}=\boldsymbol{Gb}$ 是 $\boldsymbol{AX}=\boldsymbol{b}$ 的解.如果 $\boldsymbol{X}\in\mathbf{C}^n$ 为 $\boldsymbol{AX}=\boldsymbol{b}$ 的解,那么 $\boldsymbol{X}\in\mathbf{C}^n$ 可以写成 $\boldsymbol{X}=\boldsymbol{Gb}+(\boldsymbol{E}-\boldsymbol{GA})\boldsymbol{Y}$.

$$\begin{aligned}\|\boldsymbol{X}\|_2^2&=\|\boldsymbol{Gb}+(\boldsymbol{E}-\boldsymbol{GA})\boldsymbol{Y}\|_2^2\\&=\|\boldsymbol{Gb}\|_2^2+\|(\boldsymbol{E}-\boldsymbol{GA})\boldsymbol{Y}\|_2^2+(\boldsymbol{Gb})^{\mathrm{H}}(\boldsymbol{E}-\boldsymbol{GA})\boldsymbol{Y}+((\boldsymbol{E}-\boldsymbol{GA})\boldsymbol{Y})^{\mathrm{H}}\boldsymbol{Gb}.\end{aligned}$$

设 $\boldsymbol{AX}_0=\boldsymbol{b}$,那么

$$\begin{aligned}(\boldsymbol{Gb})^{\mathrm{H}}(\boldsymbol{E}-\boldsymbol{GA})\boldsymbol{Y}&=(\boldsymbol{GAX}_0)^{\mathrm{H}}(\boldsymbol{E}-\boldsymbol{GA})\boldsymbol{Y}=\boldsymbol{X}_0^{\mathrm{H}}(\boldsymbol{GA})^{\mathrm{H}}(\boldsymbol{E}-\boldsymbol{GA})\boldsymbol{Y}\\&=\boldsymbol{X}_0^{\mathrm{H}}(\boldsymbol{GA})(\boldsymbol{E}-\boldsymbol{GA})\boldsymbol{Y}=\boldsymbol{X}_0^{\mathrm{H}}(\boldsymbol{GA}-\boldsymbol{GAGA})\boldsymbol{Y}=\boldsymbol{O},\end{aligned}$$

$$[(\boldsymbol{E}-\boldsymbol{GA})\boldsymbol{Y}]^{\mathrm{H}}\boldsymbol{Gb}=[(\boldsymbol{E}-\boldsymbol{GA})\boldsymbol{Y}]^{\mathrm{H}}\boldsymbol{GAX}_0=\boldsymbol{Y}^{\mathrm{H}}(\boldsymbol{E}-\boldsymbol{GA})^{\mathrm{H}}\boldsymbol{GAX}_0=\boldsymbol{O},$$

所以 $\|\boldsymbol{X}\|_2^2=\|\boldsymbol{Gb}\|_2^2+\|(\boldsymbol{E}-\boldsymbol{GA})\boldsymbol{Y}\|_2^2$,

从而 $\|\boldsymbol{X}\|_2\geqslant\|\boldsymbol{Gb}\|_2$,即 $\boldsymbol{X}=\boldsymbol{Gb}$ 是极小范数解.

(3) 设$\boldsymbol{AX}_0=\boldsymbol{b}$,由(2),可设$\boldsymbol{X}_i=\boldsymbol{G}_i\boldsymbol{b}$是它的任意极小范数解,其中$\boldsymbol{G}_i$是$m\times n$矩阵$\boldsymbol{A}$的

$\{1,4\}$ - 广义逆，$i=1,2$，那么 $\boldsymbol{X}_i=\boldsymbol{G}_i\boldsymbol{b}=\boldsymbol{G}_i\boldsymbol{A}\boldsymbol{X}_0$，$i=1,2$.

由(1)，$\boldsymbol{G}_i\boldsymbol{A}\boldsymbol{A}^{\mathrm{H}}=\boldsymbol{A}^{\mathrm{H}}$，所以 $(\boldsymbol{G}_1-\boldsymbol{G}_2)\boldsymbol{A}\boldsymbol{A}^{\mathrm{H}}=\boldsymbol{O}$，从而 $[(\boldsymbol{G}_1-\boldsymbol{G}_2)\boldsymbol{A}][(\boldsymbol{G}_1-\boldsymbol{G}_2)\boldsymbol{A}]^{\mathrm{H}}=\boldsymbol{O}$，得到 $(\boldsymbol{G}_1-\boldsymbol{G}_2)\boldsymbol{A}=\boldsymbol{O}$.

因此 $\boldsymbol{X}_1=\boldsymbol{G}_1\boldsymbol{A}\boldsymbol{X}_0=\boldsymbol{G}_2\boldsymbol{A}\boldsymbol{X}_0=\boldsymbol{X}_2$.

广义逆矩阵 $\boldsymbol{A}^+$ 与线性方程组 $\boldsymbol{A}\boldsymbol{X}=\boldsymbol{b}$ 的最小二乘解也有联系，由于最小二乘解一般是不唯一的，故通常把它们中的2 - 范数最小的一个称为 $\boldsymbol{A}\boldsymbol{X}=\boldsymbol{b}$ 的极小最小二乘解（最佳逼近解）.

定理 9 任意方程组 $\boldsymbol{A}\boldsymbol{X}=\boldsymbol{b}$ 必有唯一的极小最小二乘解 $\boldsymbol{X}=\boldsymbol{A}^+\boldsymbol{b}$.

证明 如果 $\boldsymbol{A}\boldsymbol{X}=\boldsymbol{b}$ 有解，那么由定理 7 和定理 8 知 $\boldsymbol{X}=\boldsymbol{A}^+\boldsymbol{b}$ 就是极小最小二乘解.

如果 $\boldsymbol{A}\boldsymbol{X}=\boldsymbol{b}$ 无解，那么不相容方程组 $\boldsymbol{A}\boldsymbol{X}=\boldsymbol{b}$ 的最小二乘解就是相容方程组 $\boldsymbol{A}^{\mathrm{H}}\boldsymbol{A}\boldsymbol{X}=\boldsymbol{A}^{\mathrm{H}}\boldsymbol{b}$ 的解.所以根据定理 8，它有唯一的极小最小二乘解 $\boldsymbol{X}=(\boldsymbol{A}^{\mathrm{H}}\boldsymbol{A})^+\boldsymbol{A}^{\mathrm{H}}\boldsymbol{b}$.易知，$(\boldsymbol{A}^{\mathrm{H}})^+=(\boldsymbol{A}^+)^{\mathrm{H}}$，$(\boldsymbol{A}^{\mathrm{H}}\boldsymbol{A})^+=\boldsymbol{A}^+(\boldsymbol{A}^{\mathrm{H}})^+$.所以

$$(\boldsymbol{A}^{\mathrm{H}}\boldsymbol{A})^+\boldsymbol{A}^{\mathrm{H}}=\boldsymbol{A}^+(\boldsymbol{A}^{\mathrm{H}})^+\boldsymbol{A}^{\mathrm{H}}=\boldsymbol{A}^+(\boldsymbol{A}^+)^{\mathrm{H}}\boldsymbol{A}^{\mathrm{H}}=\boldsymbol{A}^+(\boldsymbol{A}\boldsymbol{A}^+)^{\mathrm{H}}=\boldsymbol{A}^+(\boldsymbol{A}\boldsymbol{A}^+)=\boldsymbol{A}^+,$$

即方程组 $\boldsymbol{A}\boldsymbol{X}=\boldsymbol{b}$ 必有唯一的极小最小二乘解 $\boldsymbol{X}=\boldsymbol{A}^+\boldsymbol{b}$.

例 1 证明：对任意 $m\times n$ 矩阵 $\boldsymbol{A}$，总存在 $n\times m$ 矩阵 $\boldsymbol{X}$ 满足 $\boldsymbol{A}\boldsymbol{X}\boldsymbol{A}=\boldsymbol{A}$，并且如果 $m\neq n$，这样的 $n\times m$ 矩阵 $\boldsymbol{X}$ 有无穷多.

证明 设矩阵 $\boldsymbol{A}$ 的秩为 r，则存在 m 阶可逆矩阵 $\boldsymbol{P}$ 与 n 阶可逆矩阵 $\boldsymbol{Q}$，使得 $\boldsymbol{P}\boldsymbol{A}\boldsymbol{Q}=\begin{pmatrix}\boldsymbol{E}_r & \boldsymbol{O}\\ \boldsymbol{O} & \boldsymbol{O}\end{pmatrix}$，

所以
$$\boldsymbol{A}=\boldsymbol{P}^{-1}\begin{pmatrix}\boldsymbol{E}_r & \boldsymbol{O}\\ \boldsymbol{O} & \boldsymbol{O}\end{pmatrix}\boldsymbol{Q}^{-1}.$$

代入 $\boldsymbol{A}\boldsymbol{X}\boldsymbol{A}=\boldsymbol{A}$，有

$$\begin{pmatrix}\boldsymbol{E}_r & \boldsymbol{O}\\ \boldsymbol{O} & \boldsymbol{O}\end{pmatrix}\boldsymbol{Q}^{-1}\boldsymbol{X}\boldsymbol{P}^{-1}\begin{pmatrix}\boldsymbol{E}_r & \boldsymbol{O}\\ \boldsymbol{O} & \boldsymbol{O}\end{pmatrix}=\begin{pmatrix}\boldsymbol{E}_r & \boldsymbol{O}\\ \boldsymbol{O} & \boldsymbol{O}\end{pmatrix},$$

令 $\boldsymbol{Q}^{-1}\boldsymbol{X}\boldsymbol{P}^{-1}=\begin{pmatrix}\boldsymbol{X}_{11} & \boldsymbol{X}_{12}\\ \boldsymbol{X}_{21} & \boldsymbol{X}_{22}\end{pmatrix}$，代入上式得

$$\begin{pmatrix}\boldsymbol{X}_{11} & \boldsymbol{O}\\ \boldsymbol{O} & \boldsymbol{O}\end{pmatrix}=\begin{pmatrix}\boldsymbol{E}_r & \boldsymbol{O}\\ \boldsymbol{O} & \boldsymbol{O}\end{pmatrix},$$

即 $X_{11}=E_r$，因此 $AXA=A$ 等价于 $X=Q\begin{pmatrix}X_{11} & X_{12}\\ X_{21} & X_{22}\end{pmatrix}P$，

由于 $m\neq n$，这样的 $n\times m$ 矩阵 X 有无穷多.

例 2　设 $A=\begin{pmatrix}1 & 2 & 3 & -1\\ 2 & -1 & 1 & 2\\ 0 & 1 & 1 & -1\end{pmatrix}$，求 A^+.

解　满秩分解 $A=BC$，其中 $B=\begin{pmatrix}1 & 2\\ 2 & -1\\ 0 & 1\end{pmatrix}$，$C=\begin{pmatrix}1 & 0 & 1 & 1\\ 0 & 1 & 1 & -1\end{pmatrix}$.

$$CC^{H}=\begin{pmatrix}3 & 0\\ 0 & 3\end{pmatrix},B^{H}B=\begin{pmatrix}5 & 0\\ 0 & 6\end{pmatrix},$$

所以　$A^+=C^{H}(CC^{H})^{-1}(B^{H}B)^{-1}B^{H}=\dfrac{1}{90}\begin{pmatrix}6 & 12 & 0\\ 10 & -5 & 5\\ 16 & 7 & 5\\ -4 & 17 & -5\end{pmatrix}$.

习　题

1. 设 A 是 $m\times n$ 矩阵，证明：

(1) $A^-A=E_n$ 的充要条件是 $r(A)=n$；

(2) $AA^-=E_m$ 的充要条件是 $r(A)=m$.

2. 求矩阵 $A=\begin{pmatrix}1 & 0 & 2\\ 0 & 1 & 0\\ 1 & 0 & 2\\ 1 & 0 & 2\end{pmatrix}$ 的一个减号逆，并求方程组 $AX=b$ 的通解，其中 $b=\begin{pmatrix}1\\ 0\\ 1\\ 1\end{pmatrix}$.

3. 设 A 是 $m\times n$ 矩阵，证明：

(1) $(A^{H})^+=(A^+)^{H}$；

(2) $(A^{H}A)^{+}=A^{+}(A^{H})^{+}$;

(3) $(A^{H}A)^{+}A^{H}=A^{H}(AA^{H})^{+}=A^{+}$;

(4) $A_m^{-}AA_l^{-}=A^{+}$;

(5) 如果 U,V 分别为 m 阶、n 阶酉矩阵,那么 $(UAV)^{+}=V^{H}A^{+}U^{H}$;

(6) 如果 $A=\begin{pmatrix} R & \\ & O \end{pmatrix}$,其中 R 是可逆矩阵,那么 $A^{+}=\begin{pmatrix} R^{-1} & \\ & O \end{pmatrix}$.

4.求下列矩阵的 $M-P$ 广义逆 A^{+}:

(1) $\begin{pmatrix} 1 & 2 & 0 \\ 0 & 0 & 1 \\ 1 & 2 & 2 \end{pmatrix}$;

(2) $\begin{pmatrix} 1 & 0 & 0 \\ 0 & 1 & -1 \\ 1 & 0 & 0 \\ 2 & 1 & -1 \end{pmatrix}$;

(3) $\begin{pmatrix} 1 & 0 & -1 \\ 0 & 2 & 3 \\ -1 & 2 & 4 \end{pmatrix}$;

(4) $\begin{pmatrix} 1 & 0 & -1 & 1 \\ 0 & 2 & 2 & 2 \\ -1 & 4 & 5 & 3 \end{pmatrix}$.

5.求矩阵 $A=\begin{pmatrix} 1 & 2 \\ 2 & 1 \\ 1 & 1 \end{pmatrix}$ 的最小二乘广义逆,并求方程组 $AX=b$ 的最小二乘解,其中 $b=\begin{pmatrix} 1 \\ 1 \\ 0 \end{pmatrix}$.

6.如果 A 是 n 级实对称矩阵,$A^{2}=A$,证明:$A^{+}=A$.

7.分别求下列方程组的极小范数解、最小二乘解、极小最小二乘解.

(1) $\begin{cases} x_1 - x_3 + x_4 = 1, \\ 2x_2 + 2x_3 + 2x_4 = 1, \\ -x_1 + 4x_2 + 5x_3 + 3x_4 = 0; \end{cases}$

(2) $\begin{cases} x_1 + x_2 + x_3 - x_4 = 0, \\ x_1 + x_2 = 1, \\ x_3 - x_4 = 0, \\ x_1 + 2x_2 + x_3 + x_4 = 1; \end{cases}$

(3) $\begin{cases} 2x_1 + x_2 + 5x_4 = 1, \\ x_1 + 2x_2 - 3x_3 + 4x_4 = 1, \\ x_1 - 4x_2 + 9x_3 - 2x_4 = 0. \end{cases}$

第七章　矩阵函数及其应用

前面我们讨论了矩阵的代数运算,本章主要讨论矩阵的分析运算,先建立范数理论,而后讨论矩阵函数,矩阵函数是矩阵论的重要内容,在力学、控制论、系统论、信号处理等学科都有广泛应用.最后还引入了矩阵函数的微分与积分的概念,并介绍了它们的一些应用.

第一节　向量范数

向量的范数是用来描述向量大小的一种度量,在前面的内积空间中,用内积定义了向量的长度 $|\boldsymbol{x}|=\sqrt{(\boldsymbol{x},\boldsymbol{x})}$,用 $\boldsymbol{x}$ 的长度来表示 $\boldsymbol{x}$ 的大小可以带来很多方便,把这种长度概念的推广,就是所谓的范数的概念.

定义 1　设 V 是数域 P 上的线性空间,如果对 V 中任意一个向量 $\boldsymbol{x}$,都有一个非负实数 $\|\boldsymbol{x}\|$ 与之对应,且满足下列三个条件:

(1) 正定性　$\|\boldsymbol{x}\| \geqslant 0$,且 $\|\boldsymbol{x}\|=0 \Leftrightarrow \boldsymbol{x}=\boldsymbol{0}$;

(2) 齐次性　对任何 $a \in P$,有 $\|a\boldsymbol{x}\|=|a|\,\|\boldsymbol{x}\|$;

(3) 三角不等式　$\forall \boldsymbol{x},\boldsymbol{y} \in V$,有 $\|\boldsymbol{x}+\boldsymbol{y}\| \leqslant \|\boldsymbol{x}\|+\|\boldsymbol{y}\|$,

则称非负实数 $\|\boldsymbol{x}\|$ 为向量 $\boldsymbol{x}$ 的范数.事实上向量的范数就是定义在线性空间上的实值函数.

在实内积空间和酉空间中向量的长度 $|\boldsymbol{x}|=\sqrt{(\boldsymbol{x},\boldsymbol{x})}$ 都是向量的范数.

例 1　若对酉空间 $\mathbf{C}^n$ 的每个向量 $\boldsymbol{x}=(\xi_1,\xi_2,\cdots,\xi_n)$,定义 $\|\boldsymbol{x}\|_1=\sum\limits_{i=1}^{n}|\xi_i|$, $\|\boldsymbol{x}\|_\infty=\max\limits_{1\leqslant i\leqslant n}|\xi_i|$, $\|\boldsymbol{x}\|_2=\left(\sum\limits_{i=1}^{n}|\xi_i|^2\right)^{\frac{1}{2}}$.则 $\|\boldsymbol{x}\|_1$, $\|\boldsymbol{x}\|_\infty$, $\|\boldsymbol{x}\|_2$ 都是酉空间 $\mathbf{C}^n$ 中的向量范数.

由定义很容易验证 $\|\boldsymbol{x}\|_1$, $\|\boldsymbol{x}\|_\infty$ 都是范数,对于 $\|\boldsymbol{x}\|_2$,正定性和齐次性显然成立,对于

(3),设$\boldsymbol{x}=(\xi_1,\xi_2,\cdots,\xi_n)$,$\boldsymbol{y}=(\eta_1,\eta_2,\cdots,\eta_n)$,由于$\|\boldsymbol{x}\|_2=\left(\sum\limits_{i=1}^{n}\xi_i\bar{\xi}_i\right)^{\frac{1}{2}}=\sqrt{(\boldsymbol{x},\boldsymbol{x})}$,故利用Cauchy - Schwarz不等式$\|\boldsymbol{x}+\boldsymbol{y}\|_2^2=(\boldsymbol{x}+\boldsymbol{y},\boldsymbol{x}+\boldsymbol{y})=\|\boldsymbol{x}\|_2^2+2(\boldsymbol{x},\boldsymbol{y})+\|\boldsymbol{y}\|_2^2\leqslant\|\boldsymbol{x}\|_2^2+2\|\boldsymbol{x}\|_2\|\boldsymbol{y}\|_2+\|\boldsymbol{y}\|_2^2=(\|\boldsymbol{x}\|_2+\|\boldsymbol{y}\|_2)^2$,即$\|\boldsymbol{x}+\boldsymbol{y}\|_2\leqslant\|\boldsymbol{x}\|_2+\|\boldsymbol{y}\|_2$.

例2　$\forall\boldsymbol{x}=(\xi_1,\xi_2,\cdots,\xi_n)\in\mathbf{C}^n$,定义$\|\boldsymbol{x}\|_p=\left(\sum\limits_{i=1}^{n}|\xi_i|^p\right)^{\frac{1}{p}}$,则$\|\boldsymbol{x}\|_p$也是$\mathbf{C}^n$中的一种向量范数,称为$p$ - 范数.

定义2　对于n维向量空间V上任意两种向量范数$\|\boldsymbol{x}\|_a$,$\|\boldsymbol{x}\|_b$,如果存在两个与$\boldsymbol{x}$无关的正常数C_1与C_2,使得对V中任一向量$\boldsymbol{x}$,都有$\|\boldsymbol{x}\|_a\leqslant C_1\|\boldsymbol{x}\|_b$,$\|\boldsymbol{x}\|_b\leqslant C_2\|\boldsymbol{x}\|_a$.称这两种向量的范数为等价的.

定理1　对于任何有限维向量空间V上任意两种向量的范数$\|\boldsymbol{x}\|_a$,$\|\boldsymbol{x}\|_b$都是等价的.

证明　略.

第二节　矩阵范数

本节讨论矩阵空间$\mathbf{C}^{m\times n}$上的范数问题,由于任一$m\times n$矩阵都可以看作mn维向量,因此我们可以把向量范数平移到$\mathbf{C}^{m\times n}$上.

定义1　在$\mathbf{C}^{m\times n}$上定义一个非负实值函数$\|\boldsymbol{A}\|$(对每个$\boldsymbol{A}\in\mathbf{C}^{m\times n}$),如果对任意的$\boldsymbol{A},\boldsymbol{B}\in\mathbf{C}^{m\times n}$都满足下列条件:

(1) 正定性　$\|\boldsymbol{A}\|\geqslant 0$($\|\boldsymbol{A}\|=0\Leftrightarrow\boldsymbol{A}=\boldsymbol{O}$);

(2) 齐次性　对任何$a\in P$,有$\|a\boldsymbol{A}\|=|a|\cdot\|\boldsymbol{A}\|$;

(3) 三角不等式　$\forall\boldsymbol{A},\boldsymbol{B}\in\mathbf{C}^{m\times n}$,有$\|\boldsymbol{A}+\boldsymbol{B}\|\leqslant\|\boldsymbol{A}\|+\|\boldsymbol{B}\|$,

则称非负实数$\|\boldsymbol{A}\|$为矩阵$\boldsymbol{A}$的向量范数(或广义矩阵范数).

虽然$\mathbf{C}^{m\times n}$上的$m\times n$矩阵都可以看作mn维向量,但要讨论矩阵范数还要考虑矩阵的乘法,所以我们主要讨论如下的矩阵范数.

定义2　在$\mathbf{C}^{n\times n}$上定义一个非负实值函数$\|\boldsymbol{A}\|$(对每个$\boldsymbol{A}\in\mathbf{C}^{n\times n}$),如果对任意的$\boldsymbol{A},\boldsymbol{B}\in\mathbf{C}^{n\times n}$都满足下列条件:

(1) 正定性　$\|\boldsymbol{A}\|\geqslant 0$($\|\boldsymbol{A}\|=0\Leftrightarrow\boldsymbol{A}=\boldsymbol{O}$);

(2) 齐次性　对任何 $a \in \mathbf{C}$,有 $\|a\boldsymbol{A}\| = |a| \cdot \|\boldsymbol{A}\|$;

(3) 三角不等式　$\forall \boldsymbol{A},\boldsymbol{B} \in \mathbf{C}^{n\times n}$,有 $\|\boldsymbol{A}+\boldsymbol{B}\| \leqslant \|\boldsymbol{A}\| + \|\boldsymbol{B}\|$;

(4) $\forall \boldsymbol{A},\boldsymbol{B} \in \mathbf{C}^{n\times n}$,有 $\|\boldsymbol{AB}\| \leqslant \|\boldsymbol{A}\| \cdot \|\boldsymbol{B}\|$,

则称非负实数 $\|\boldsymbol{A}\|$ 为方阵 $\boldsymbol{A}$ 的范数.

定义 3　对任何 $\boldsymbol{A} \in \mathbf{C}^{n\times n}$ 及 n 维列向量 $x \in \mathbf{C}^n$,方阵范数 $\|\boldsymbol{A}\|$ 能与某种向量范数 $\|\boldsymbol{x}\|_a$ 满足关系式 $\|\boldsymbol{Ax}\|_a = \|\boldsymbol{A}\| \cdot \|\boldsymbol{x}\|_a$,则称方阵范数 $\|\boldsymbol{A}\|$ 与向量范数 $\|\boldsymbol{x}\|_a$ 是相容的.

定理 1　(1) $\mathbf{C}^{n\times n}$ 上的每一种方阵范数,在 $\mathbf{C}^n$ 上都存在与它相容的向量范数;

(2) $\mathbf{C}^{n\times n}$ 上任意两种方阵范数 $\|\boldsymbol{A}\|_{\boldsymbol{\alpha}}$, $\|\boldsymbol{A}\|_{\boldsymbol{\beta}}$ 都等价,即存在两个与 $\boldsymbol{A}$ 无关的正常数 $\boldsymbol{C}_1$ 与 $\boldsymbol{C}_2$,都有 $\|\boldsymbol{A}\|_{\boldsymbol{\alpha}} \leqslant \boldsymbol{C}_1 \|\boldsymbol{A}\|_{\boldsymbol{\beta}}$, $\|\boldsymbol{A}\|_{\boldsymbol{\beta}} \leqslant \boldsymbol{C}_2 \|\boldsymbol{A}\|_{\boldsymbol{\alpha}}$;

(3) 若 $\boldsymbol{A} = (a_{ij})_{n\times n} \in \mathbf{C}^{n\times n}$,则 $\|\boldsymbol{A}\|_F = \sqrt{\sum\limits_{i,j=1}^{n} |a_{ij}|^2} = \sqrt{\operatorname{tr}(\boldsymbol{A}^{\mathrm{H}}\boldsymbol{A})}$,是一种与向量范数 $\|\boldsymbol{x}\|_2 = \sqrt{\sum\limits_{i=1}^{n} |\xi_i|^2}$ $(\boldsymbol{x} = (\xi_1,\xi_2,\cdots,\xi_n) \in \mathbf{C}^n)$ 相容的方阵范数,称为 Frobenius 范数.

定义 4　$\boldsymbol{A} = (a_{ij})_{n\times n} \in \mathbf{C}^{n\times n}$,常见矩阵范数如下:

(1) 列和范数　$\|\boldsymbol{A}\|_1 = \max\limits_{1\leqslant j\leqslant n} \sum\limits_{i=1}^{n} |a_{ij}|$(列模和最大者);

(2) 行和范数　$\|\boldsymbol{A}\|_\infty = \max\limits_{1\leqslant i\leqslant n} \sum\limits_{j=1}^{n} |a_{ij}|$(行模和最大者);

(3) 谱范数　$\|\boldsymbol{A}\|_2 = \sqrt{\lambda_{\boldsymbol{A}^{\mathrm{H}}\boldsymbol{A}}}$($\lambda_{\boldsymbol{A}^{\mathrm{H}}\boldsymbol{A}}$ 是 $\boldsymbol{A}^{\mathrm{H}}\boldsymbol{A}$ 的最大特征值);

(4) Frobenius 范数　$\|\boldsymbol{A}\|_F = \sqrt{\sum\limits_{i,j=1}^{n} |a_{ij}|^2} = \sqrt{\operatorname{tr}(\boldsymbol{A}^{\mathrm{H}}\boldsymbol{A})}$.

注意:上述范数分别与 $\|\boldsymbol{x}\|_1$, $\|\boldsymbol{x}\|_\infty$, $\|\boldsymbol{x}\|_2$ 相容.

常见矩阵范数的性质如下:

(1) 等价性,即 $m_1 \|\boldsymbol{A}\|_a \leqslant \|\boldsymbol{A}\|_b \leqslant m_2 \|\boldsymbol{A}\|_a$.

(2) 若 $\boldsymbol{U},\boldsymbol{V}$ 是两个酉矩阵,则 $\|\boldsymbol{UAV}\|_2 = \|\boldsymbol{UA}\|_2 = \|\boldsymbol{AV}\|_2 = \|\boldsymbol{A}\|_2$.

(3) $\|\boldsymbol{UA}\|_F = \|\boldsymbol{A}\|_F = \|\boldsymbol{AU}\|_F$.

第三节　向量和矩阵的极限

一、向量的极限

定义 1　设$\{\boldsymbol{x}^{(m)}\}$是向量序列,若$\boldsymbol{x}^{(m)}=(\boldsymbol{\xi}_1^{(m)},\boldsymbol{\xi}_2^{(m)},\cdots,\boldsymbol{\xi}_n^{(m)})\in\mathbf{C}^n(m=1,2,\cdots,\cdots)$,如果存在极限$\lim\limits_{m\to\infty}\boldsymbol{\xi}_i^{(m)}=\boldsymbol{\xi}_i(i=1,2,\cdots,n)$,则称酉空间 $\mathbf{C}^n$ 的向量序列$\{\boldsymbol{x}^{(m)}\}$收敛于向量$\boldsymbol{x}=(\boldsymbol{\xi}_1,\boldsymbol{\xi}_2,\cdots,\boldsymbol{\xi}_n)$,并记为$\lim\limits_{m\to\infty}\boldsymbol{x}^{(m)}=\boldsymbol{x}$或$\boldsymbol{x}^{(m)}\to\boldsymbol{x}(m\to\infty)$.

定理 1　$\lim\limits_{m\to\infty}\boldsymbol{x}^{(m)}=\boldsymbol{x}$的充要条件为$\lim\limits_{m\to\infty}\|\boldsymbol{x}^{(m)}-\boldsymbol{x}\|=0$(对任一向量范数 $\|\cdot\|$).

证明　由于向量范数的等价性,只要对一种向量范数证明成立,则对任意向量范数都成立,为此,我们取$\|\boldsymbol{x}\|_\infty$,

充分性　如果$\lim\limits_{m\to\infty}\boldsymbol{x}^{(m)}=\boldsymbol{x}$,则$\|\boldsymbol{x}^{(m)}-\boldsymbol{x}\|_\infty=\max|\boldsymbol{\xi}_i^{(m)}-\boldsymbol{\xi}_i|\to0(m\to\infty)$,即$\|\boldsymbol{x}^{(m)}-\boldsymbol{x}\|\to0(m\to\infty)$.

必要性　设$\|\boldsymbol{x}^{(m)}-\boldsymbol{x}\|\to0(m\to\infty)$,由于$\max|\boldsymbol{\xi}_i^{(m)}-\boldsymbol{\xi}_i|\geqslant|\boldsymbol{\xi}_i^{(m)}-\boldsymbol{\xi}_i|$,所以$|\boldsymbol{\xi}_i^{(m)}-\boldsymbol{\xi}_i|\to0$,即$\lim\limits_{m\to\infty}\boldsymbol{x}^{(m)}=\boldsymbol{x}$.

二、矩阵的极限

定义 2　$\boldsymbol{A}_m=(a_{ij}^{(m)})\in\mathbf{C}^{n\times n}(m=1,2,\cdots,)$,如果存在极限$\lim\limits_{m\to\infty}a_{ij}^{(m)}=a_{ij}(i,j=1,2,\cdots,n)$,则称方阵序列$\{\boldsymbol{A}_m\}$收敛于$\boldsymbol{A}=(a_{ij})\in\mathbf{C}^{n\times n}$,并记为$\lim\limits_{m\to\infty}\boldsymbol{A}_m=\boldsymbol{A}$或$\boldsymbol{A}_m\to\boldsymbol{A}(m\to\infty)$.

定理 2　$\lim\limits_{m\to\infty}\boldsymbol{A}_m=\boldsymbol{A}\Leftrightarrow\lim\limits_{m\to\infty}\|\boldsymbol{A}_m-\boldsymbol{A}\|=0$(对任一向量范数 $\|\cdot\|$).

$\mathbf{C}^{n\times n}$ 中收敛的方阵序列有下列基本性质:

(1) 若$\lim\limits_{m\to\infty}\boldsymbol{A}_m=\boldsymbol{A}$,则对 $\mathbf{C}^{n\times n}$ 中任何方阵范数 $\|\cdot\|$,$\|\boldsymbol{A}_m\|$ 有界.

(2) 若 $\boldsymbol{A}_m\to\boldsymbol{A},\boldsymbol{B}_m\to\boldsymbol{B}$,又 $a_m\to a,b_m\to b$(这里$\{a_m\}$,$\{b_m\}$为数列)则有$\lim\limits_{m\to\infty}(a_m\boldsymbol{A}_m+b_m\boldsymbol{B}_m)=a\boldsymbol{A}+b\boldsymbol{B}$,$\lim\limits_{m\to\infty}(\boldsymbol{A}_m\boldsymbol{B}_m)=\boldsymbol{AB}$.

(3) 若$\lim\limits_{m\to\infty}\boldsymbol{A}_m=\boldsymbol{A}$,且 $\boldsymbol{A}_m^{-1}$ 及 $\boldsymbol{A}^{-1}$ 都存在,则$\lim\limits_{m\to\infty}\boldsymbol{A}_m^{-1}=\boldsymbol{A}^{-1}$.

定理 3　$\lim\limits_{m\to\infty}\boldsymbol{A}^m=\boldsymbol{O}$(矩阵)的充分条件是有某一方阵范数 $\|\cdot\|$,使得 $\|\boldsymbol{A}\|<1$.

定理 4　$\lim\limits_{m\to\infty}\boldsymbol{A}^m=\boldsymbol{O}$(矩阵)的充要条件是 $\boldsymbol{A}$ 的所有特征值的绝对值都小于 1.

定理 5 矩阵 $\boldsymbol{A}$ 的每一个特征值 λ 的绝对值 $|\lambda|$，都不大于矩阵 $\boldsymbol{A}$ 的任何一种范数 $\|\boldsymbol{A}\|$，即 $|\lambda| \leqslant \|\boldsymbol{A}\|$.

例 1 设 $\boldsymbol{x}^{(m)} = \left(\frac{1}{m}, \frac{m+1}{m}, \frac{2}{m^2}\right)$，则 $\lim\limits_{m\to\infty}\boldsymbol{x}^{(m)} = (0,1,0)$，$\boldsymbol{y}^{(m)} = \begin{pmatrix} \frac{1}{2m+1} \\ \frac{m-1}{m+2} \\ \frac{1}{2^m} \end{pmatrix}$，则 $\lim\limits_{m\to\infty}\boldsymbol{y}^{(m)} = \begin{pmatrix} 0 \\ 1 \\ 0 \end{pmatrix}$.

例 2 已知 $\boldsymbol{A}_m = \begin{pmatrix} \frac{1}{m} & \frac{\sqrt{2}m-1}{3m+2} \\ 1-\frac{1}{m^2} & \sqrt{-1}\cos\frac{\pi}{m} \end{pmatrix}$，求 $\lim\limits_{m\to\infty}\boldsymbol{A}_m$.

解 $\lim\limits_{m\to\infty}\boldsymbol{A}_m = \begin{pmatrix} 0 & \frac{\sqrt{2}}{3} \\ 1 & \sqrt{-1} \end{pmatrix}$.

例 3 设 $\boldsymbol{A} = \begin{pmatrix} \frac{1}{2} & 1 & 3 \\ 0 & \frac{1}{3} & 2 \\ 0 & 0 & \frac{1}{5} \end{pmatrix}$，求 $\lim\limits_{k\to\infty}\boldsymbol{A}^k$.

解 $|\lambda\boldsymbol{E} - \boldsymbol{A}| = \left(\lambda - \frac{1}{2}\right)\left(\lambda - \frac{1}{3}\right)\left(\lambda - \frac{1}{5}\right)$.

所以 $\lambda_1 = \frac{1}{2}, \lambda_2 = \frac{1}{3}, \lambda_3 = \frac{1}{5}$.

存在可逆矩阵 $\boldsymbol{P}$，使 $\boldsymbol{A} = \boldsymbol{P}\begin{pmatrix} \frac{1}{2} & & \\ & \frac{1}{3} & \\ & & \frac{1}{5} \end{pmatrix}\boldsymbol{P}^{-1}$，故 $\lim\limits_{k\to\infty}\boldsymbol{A}^k = \boldsymbol{O}$.

第四节　矩阵幂级数

若给定 $\mathbf{C}^{n\times n}$ 中一方阵序列

$$\boldsymbol{A}_0,\boldsymbol{A}_1,\boldsymbol{A}_2,\cdots,\boldsymbol{A}_m,\cdots,$$

则和式 $\boldsymbol{A}_0+\boldsymbol{A}_1+\boldsymbol{A}_2+\cdots+\boldsymbol{A}_m+\cdots$ (1)

称为方阵级数,也常记为 $\sum\limits_{m=0}^{\infty}\boldsymbol{A}_m$.

令 $\boldsymbol{S}_N=\sum\limits_{m=0}^{N}\boldsymbol{A}_m$.

若方阵序列$\{\boldsymbol{S}_N\}$收敛于方阵 $\boldsymbol{S}$,则称方阵级数(1)收敛,且其和为 $\boldsymbol{S}$,记为 $\boldsymbol{S}=\sum\limits_{m=0}^{\infty}\boldsymbol{A}_m$.

方阵级数性质如下:

(1) 若方阵级数 $\sum\limits_{m=0}^{\infty}\boldsymbol{A}_m$ 绝对收敛,则它一定收敛,且任意交换各项的次序所得的新级数仍收敛,和也不变;

(2) 方阵级数 $\sum\limits_{m=0}^{\infty}\boldsymbol{A}_m$ 绝对收敛的充要条件是对任意一种方阵范数 $\|\cdot\|$,正项级数 $\sum\limits_{m=0}^{\infty}\|\boldsymbol{A}_m\|$ 收敛;

(3) 若 $\boldsymbol{P},\boldsymbol{Q}\in\mathbf{C}^{n\times n}$ 为给定矩阵,如果方阵级数 $\sum\limits_{m=0}^{\infty}\boldsymbol{A}_m$ 收敛(绝对收敛),则级数 $\sum\limits_{m=0}^{\infty}\boldsymbol{P}\boldsymbol{A}_m\boldsymbol{Q}$ 也收敛(绝对收敛),且 $\sum\limits_{m=0}^{\infty}\boldsymbol{P}\boldsymbol{A}_m\boldsymbol{Q}=\boldsymbol{P}\left(\sum\limits_{m=0}^{\infty}\boldsymbol{A}_m\right)\boldsymbol{Q}$.

方阵级数 $\sum\limits_{m=0}^{\infty}C_m\boldsymbol{A}^m$ 称为方阵 $\boldsymbol{A}$ 的幂级数.

如果$\lambda_1,\lambda_2,\cdots,\lambda_n$为方阵$\boldsymbol{A}\in\mathbf{C}^{n\times n}$ 的全部特征值,则$\rho(\boldsymbol{A})=\max\limits_{1\leqslant i\leqslant n}\{|\lambda_i|\}$ 称为$\boldsymbol{A}$的谱半径.

定理1　若$\boldsymbol{A}\in\mathbf{C}^{n\times n}$,则对于任给的正数$\varepsilon$,都有某一种方阵范数 $\|\cdot\|$,使得 $\|\boldsymbol{A}\|\leqslant\rho(\boldsymbol{A})+\varepsilon$.

定理2　若复变数幂级数 $\sum\limits_{m=0}^{\infty}C_m A^m$ 的收敛半径为 R,而方阵 $\boldsymbol{A}\in\mathbf{C}^{n\times n}$ 的谱半径 $\rho(\boldsymbol{A})$,则:

(1) 当 $\rho(\boldsymbol{A}) < R$ 时,方阵幂级数 $\sum_{m=0}^{\infty} C_m \boldsymbol{A}^m$ 绝对收敛;

(2) 当 $\rho(\boldsymbol{A}) > R$ 时,方阵幂级数 $\sum_{m=0}^{\infty} C_m \boldsymbol{A}^m$ 发散.

推论 若复变数幂级数 $\sum_{m=0}^{\infty} C_m \boldsymbol{A}^m$ 在整个复平面上都收敛,则对任意的方阵 $\boldsymbol{A} \in \boldsymbol{C}^{n\times n}$,方阵幂级数 $\sum_{m=0}^{\infty} C_m \boldsymbol{A}^m$ 也收敛.

第五节 矩阵函数

在复变函数中,我们知道,复变数幂级数

$$\sum_{m=0}^{\infty} \frac{z^m}{m!}, \sum_{m=1}^{\infty} (-1)^{m-1} \frac{z^{2m-1}}{(2m-1)!}, 1 + \sum_{m=1}^{\infty} (-1)^m \frac{z^{2m}}{(2m)!}$$

都在整个复平面上收敛,因而它们都有确定的和,并依次用 e^z, $\sin z$, $\cos z$ 来表示.

$$e^z = \sum_{m=0}^{\infty} \frac{z^m}{m!},$$

$$\sin z = \sum_{m=1}^{\infty} (-1)^{m-1} \frac{z^{2m-1}}{(2m-1)!},$$

$$\cos z = 1 + \sum_{m=1}^{\infty} (-1)^m \frac{z^{2m}}{(2m)!}.$$

由上节推论 $\sum_{m=0}^{\infty} \frac{\boldsymbol{A}^m}{m!}, \sum_{m=1}^{\infty} (-1)^{m-1} \frac{\boldsymbol{A}^{2m-1}}{(2m-1)!}, 1 + \sum_{m=1}^{\infty} (-1)^m \frac{\boldsymbol{A}^{2m}}{(2m)!}$ 都收敛,我们定义三个矩阵函数:

$$e^{\boldsymbol{A}} = \sum_{m=0}^{\infty} \frac{\boldsymbol{A}^m}{m!},$$

$$\sin \boldsymbol{A} = \sum_{m=1}^{\infty} (-1)^{m-1} \frac{\boldsymbol{A}^{2m-1}}{(2m-1)!},$$

$$\cos \boldsymbol{A} = 1 + \sum_{m=1}^{\infty} (-1)^m \frac{\boldsymbol{A}^{2m}}{(2m)!}$$

分别称之为方阵 $\boldsymbol{A}$ 的指数函数、正弦函数及余弦函数.

定理 1　若对任一方阵 $\boldsymbol{X}$,幂级数 $\sum_{m=0}^{\infty}\boldsymbol{C}_m\boldsymbol{X}^m$ 都收敛,其和为 $f(\boldsymbol{X})=\sum_{m=0}^{\infty}\boldsymbol{C}_m\boldsymbol{X}^m$,则当 $\boldsymbol{X}$ 为准对角矩阵 $\boldsymbol{X}=\begin{pmatrix}\boldsymbol{X}_1 & & & \\ & \boldsymbol{X}_2 & & \\ & & \ddots & \\ & & & \boldsymbol{X}_k\end{pmatrix}$ 时,有 $f(\boldsymbol{X})=\begin{pmatrix}f(\boldsymbol{X}_1) & & & \\ & f(\boldsymbol{X}_2) & & \\ & & \ddots & \\ & & & f(\boldsymbol{X}_k)\end{pmatrix}$.

证明

$$f(\boldsymbol{X})=\lim_{N\to+\infty}\sum_{m=0}^{N}\begin{pmatrix}\boldsymbol{C}_m\boldsymbol{X}_1^m & & & \\ & \boldsymbol{C}_m\boldsymbol{X}_2^m & & \\ & & \ddots & \\ & & & \boldsymbol{C}_m\boldsymbol{X}_k^m\end{pmatrix}$$

$$=\begin{pmatrix}\lim\limits_{N\to+\infty}\sum\limits_{m=0}^{N}\boldsymbol{C}_m\boldsymbol{X}_1^m & & & \\ & \lim\limits_{N\to+\infty}\sum\limits_{m=0}^{N}\boldsymbol{C}_m\boldsymbol{X}_2^m & & \\ & & \ddots & \\ & & & \lim\limits_{N\to+\infty}\sum\limits_{m=0}^{N}\boldsymbol{C}_m\boldsymbol{X}_k^m\end{pmatrix}$$

$$=\begin{pmatrix}f(\boldsymbol{X}_1) & & & \\ & f(\boldsymbol{X}_2) & & \\ & & \ddots & \\ & & & f(\boldsymbol{X}_k)\end{pmatrix}.$$

定理 2　若 $f(z)=\sum_{m=0}^{\infty}\boldsymbol{C}_m\boldsymbol{A}^m\ (|z|<R)$ 是收敛半径为 R 的复变函数幂级数,又 $\boldsymbol{J}_0=\begin{pmatrix}\lambda_0 & & & \\ 1 & \lambda_0 & & \\ & \ddots & \ddots & \\ & & 1 & \lambda_0\end{pmatrix}$ 是 n 阶若尔当块,则当 $|\lambda_0|<R$ 时,方阵幂级数 $\sum_{m=0}^{\infty}\boldsymbol{C}_m\boldsymbol{J}_0^m$ 绝对收敛.其

$$和为f(\boldsymbol{J}_0)=\begin{pmatrix} f(\lambda_0) & & & & \\ f'(\lambda_0) & \ddots & & & \\ \frac{1}{2!}f''(\lambda_0) & \ddots & & & \\ \vdots & \ddots & \ddots & \ddots & \\ \frac{1}{(n-1)!}f^{(n-1)}(\lambda_0) & \cdots & \frac{1}{2!}f''(\lambda_0) & f'(\lambda_0) & f(\lambda_0) \end{pmatrix}.$$

证明 略.

现在,我们用矩阵 $\boldsymbol{A}$ 的相似标准形来计算矩阵函数 $f(\boldsymbol{A})$.

(1) 若 $\boldsymbol{A}$ 相似于对角矩阵,则

$$\boldsymbol{A}=\boldsymbol{P}\begin{pmatrix} \lambda_1 & & & \\ & \lambda_2 & & \\ & & \ddots & \\ & & & \lambda_n \end{pmatrix}\boldsymbol{P}^{-1},简记为 \boldsymbol{A}=\boldsymbol{PJP}^{-1}.$$

当方阵 $\boldsymbol{A}$ 的谱半径 $\rho(\boldsymbol{A})<R$ 时,方阵幂级数 $\sum\limits_{m=0}^{\infty}\boldsymbol{C}_m\boldsymbol{A}^m$ 绝对收敛,且其和为

$$f(\boldsymbol{A})=\sum_{m=0}^{\infty}\boldsymbol{C}_m\boldsymbol{A}^m=f(\boldsymbol{PJP}^{-1})=\sum_{m=0}^{\infty}\boldsymbol{C}_m(\boldsymbol{PJP}^{-1})^m=\sum_{m=0}^{\infty}\boldsymbol{C}_m\boldsymbol{PJ}^m\boldsymbol{P}^{-1}=\boldsymbol{P}\Big(\sum_{m=0}^{\infty}\boldsymbol{C}_m\boldsymbol{J}^m\Big)\boldsymbol{P}^{-1}$$
$$=\boldsymbol{P}f(\boldsymbol{J})\boldsymbol{P}^{-1}.$$

$$由定理 1\quad f(\boldsymbol{A})=\boldsymbol{P}\begin{pmatrix} f(\lambda_1) & & & \\ & f(\lambda_2) & & \\ & & \ddots & \\ & & & f(\lambda_n) \end{pmatrix}\boldsymbol{P}^{-1}.$$

$$特别地,我们有\ \mathrm{e}^{\boldsymbol{A}}=\boldsymbol{P}\begin{pmatrix} \mathrm{e}^{\lambda_1} & & & \\ & \mathrm{e}^{\lambda_2} & & \\ & & \ddots & \\ & & & \mathrm{e}^{\lambda_n} \end{pmatrix}\boldsymbol{P}^{-1},$$

$$\sin \boldsymbol{A} = \boldsymbol{P}\begin{pmatrix} \sin\lambda_1 & & & \\ & \sin\lambda_2 & & \\ & & \ddots & \\ & & & \sin\lambda_n \end{pmatrix}\boldsymbol{P}^{-1},$$

$$\cos \boldsymbol{A} = \boldsymbol{P}\begin{pmatrix} \cos\lambda_1 & & & \\ & \cos\lambda_2 & & \\ & & \ddots & \\ & & & \cos\lambda_n \end{pmatrix}\boldsymbol{P}^{-1}.$$

例 1　设 $\boldsymbol{A} = \begin{pmatrix} 0 & 1 \\ 0 & 2 \end{pmatrix}$,求 $e^{\boldsymbol{A}}$,$\sin \boldsymbol{A}$,$\cos \boldsymbol{A}$.

解　$|\lambda \boldsymbol{E} - \boldsymbol{A}| = \begin{vmatrix} \lambda & -1 \\ 0 & \lambda - 2 \end{vmatrix} = \lambda(\lambda - 2)$,

$\boldsymbol{A}$ 有两个不同的特征值 $\lambda_1 = 0$,$\lambda_2 = 2$,

所以 $\boldsymbol{A}$ 能与对角矩阵相似,有

$$\boldsymbol{\alpha}_1 = \begin{pmatrix} 1 \\ 0 \end{pmatrix},\boldsymbol{\alpha}_2 = \begin{pmatrix} 1 \\ 2 \end{pmatrix},\boldsymbol{P} = \begin{pmatrix} 1 & 1 \\ 0 & 2 \end{pmatrix},\boldsymbol{P}^{-1} = \frac{1}{2}\begin{pmatrix} 2 & -1 \\ 0 & 1 \end{pmatrix},\boldsymbol{A} = \boldsymbol{P}\begin{pmatrix} 0 & 0 \\ 0 & 2 \end{pmatrix}\boldsymbol{P}^{-1}.$$

所以

$$e^{\boldsymbol{A}} = \boldsymbol{P}\begin{pmatrix} 1 & \\ & e^2 \end{pmatrix}\boldsymbol{P}^{-1} = \begin{pmatrix} 1 & -\frac{1}{2} + \frac{1}{2}e^2 \\ 0 & e^2 \end{pmatrix},$$

$$\sin \boldsymbol{A} = \begin{pmatrix} 1 & 1 \\ 0 & 2 \end{pmatrix}\begin{pmatrix} 0 & \\ & \sin 2 \end{pmatrix}\begin{pmatrix} 1 & -\frac{1}{2} \\ 0 & \frac{1}{2} \end{pmatrix} = \begin{pmatrix} 0 & \frac{1}{2}\sin 2 \\ 0 & \sin 2 \end{pmatrix},$$

$$\cos \boldsymbol{A} = \begin{pmatrix} 1 & 1 \\ 0 & 2 \end{pmatrix}\begin{pmatrix} 1 & \\ & \cos 2 \end{pmatrix}\begin{pmatrix} 1 & -\frac{1}{2} \\ 0 & \frac{1}{2} \end{pmatrix} = \begin{pmatrix} 1 & -\frac{1}{2} + \frac{1}{2}\cos 2 \\ 0 & \cos 2 \end{pmatrix}.$$

我们在解决问题时,常常遇到的不是常数矩阵 $\boldsymbol{A}$ 的矩阵函数 $f(\boldsymbol{A})$,而是变量 t 的函数矩阵 $\boldsymbol{A}t$ 的矩阵函数 $f(\boldsymbol{A}t)$.

当 $\boldsymbol{A}=\boldsymbol{P}\boldsymbol{J}\boldsymbol{P}^{-1}=\boldsymbol{P}\begin{pmatrix}\lambda_1 & & & \\ & \lambda_2 & & \\ & & \ddots & \\ & & & \lambda_n\end{pmatrix}\boldsymbol{P}^{-1}$ 时,

有 $\boldsymbol{A}t=\boldsymbol{P}(\boldsymbol{J}t)\boldsymbol{P}^{-1}=\boldsymbol{P}\begin{pmatrix}\lambda_1 t & & & \\ & \lambda_2 t & & \\ & & \ddots & \\ & & & \lambda_n t\end{pmatrix}\boldsymbol{P}^{-1}$

则 $f(\boldsymbol{A}t)=\boldsymbol{P}\begin{pmatrix}f(\lambda_1 t) & & & \\ & f(\lambda_2 t) & & \\ & & \ddots & \\ & & & f(\lambda_n t)\end{pmatrix}\boldsymbol{P}^{-1}$.

特别地,我们有

$$\mathrm{e}^{\boldsymbol{A}t}=\boldsymbol{P}\begin{pmatrix}\mathrm{e}^{\lambda_1 t} & & & \\ & \mathrm{e}^{\lambda_2 t} & & \\ & & \ddots & \\ & & & \mathrm{e}^{\lambda_n t}\end{pmatrix}\boldsymbol{P}^{-1},$$

$$\sin \boldsymbol{A}t=\boldsymbol{P}\begin{pmatrix}\sin \lambda_1 t & & & \\ & \sin \lambda_2 t & & \\ & & \ddots & \\ & & & \sin \lambda_n t\end{pmatrix}\boldsymbol{P}^{-1},$$

$$\cos \boldsymbol{A}t=\boldsymbol{P}\begin{pmatrix}\cos \lambda_1 t & & & \\ & \cos \lambda_2 t & & \\ & & \ddots & \\ & & & \cos \lambda_n t\end{pmatrix}\boldsymbol{P}^{-1}.$$

在例 1 中

$$e^{At}=P\begin{pmatrix}1&\\&e^{2t}\end{pmatrix}P^{-1}=\begin{pmatrix}1&-\frac{1}{2}+\frac{1}{2}e^{2t}\\0&e^{2t}\end{pmatrix},$$

$$\sin At=\begin{pmatrix}1&1\\0&2\end{pmatrix}\begin{pmatrix}0&\\&\sin 2t\end{pmatrix}\begin{pmatrix}1&-\frac{1}{2}\\0&\frac{1}{2}\end{pmatrix}=\begin{pmatrix}0&\frac{1}{2}\sin 2t\\0&\sin 2t\end{pmatrix},$$

$$\cos At=\begin{pmatrix}1&1\\0&2\end{pmatrix}\begin{pmatrix}1&\\&\cos 2t\end{pmatrix}\begin{pmatrix}1&-\frac{1}{2}\\0&\frac{1}{2}\end{pmatrix}=\begin{pmatrix}1&-\frac{1}{2}+\frac{1}{2}\cos 2t\\0&\cos 2t\end{pmatrix}.$$

例 2　设 $A=\begin{pmatrix}4&6&0\\-3&-5&0\\-3&-6&1\end{pmatrix}$，求 e^{At}，$\cos A$.

解　$|\lambda E-A|=\begin{vmatrix}\lambda-4&-6&0\\3&\lambda+5&0\\3&6&\lambda-1\end{vmatrix}=(\lambda-1)^2(\lambda+2)$.

所以 $\lambda_1=\lambda_2=1,\lambda_3=-2$，由 $(\lambda E-A)X=\mathbf{0}$，可求出对应的三个线性无关特征向量：

$$\alpha_1=\begin{pmatrix}-2\\1\\0\end{pmatrix},\alpha_2=\begin{pmatrix}0\\0\\1\end{pmatrix},\alpha_3=\begin{pmatrix}-1\\1\\1\end{pmatrix}.$$

令 $P=\begin{pmatrix}-2&0&-1\\1&0&1\\0&1&1\end{pmatrix}$，则 $P^{-1}AP=\begin{pmatrix}1&0&0\\0&1&0\\0&0&-2\end{pmatrix}$，

$$e^{At}=P\begin{pmatrix}e^t&0&0\\0&e^t&0\\0&0&e^{-2t}\end{pmatrix}P^{-1}=\begin{pmatrix}2e^t-e^{-2t}&2e^t-2e^{-2t}&0\\e^{-2t}-e^t&2e^{-2t}-e^t&0\\e^{-2t}-e^t&2e^{-2t}-2e^t&e^t\end{pmatrix},$$

$$\cos A=P\begin{pmatrix}\cos 1&&\\&\cos 1&\\&&\cos(-2)\end{pmatrix}P^{-1}=\begin{pmatrix}2\cos 1-\cos 2&2\cos 1-2\cos 2&0\\\cos 2-\cos 1&2\cos 2-\cos 1&0\\\cos 2-\cos 1&2\cos 2-2\cos 1&\cos 1\end{pmatrix}.$$

(2) 当 $\boldsymbol{A}$ 不能与对角矩阵相似时，$\boldsymbol{A}$ 必可与某若尔当标准形相似.

$$\boldsymbol{A}=\boldsymbol{P}\begin{pmatrix}\boldsymbol{J}_1(\lambda_1) & & & \\ & \boldsymbol{J}_2(\lambda_2) & & \\ & & \ddots & \\ & & & \boldsymbol{J}_k(\lambda_k)\end{pmatrix}\boldsymbol{P}^{-1},$$

其中若尔当块 $\boldsymbol{J}_i(\lambda_i)=\begin{pmatrix}\lambda_i & & & \\ 1 & \lambda_i & & \\ & \ddots & \ddots & \\ & & 1 & \lambda_i\end{pmatrix}_{n_i\times n_i}$ 由初等因子 $(\lambda-\lambda_i)^{n_i}$ 所决定，

又 $n_1+n_2+\cdots+n_k=n$，有

$$\begin{aligned}f(\boldsymbol{A})&=\sum_{m=0}^{\infty}\boldsymbol{C}_m\boldsymbol{A}^m=f(\boldsymbol{PJP}^{-1})=\sum_{m=0}^{\infty}\boldsymbol{C}_m(\boldsymbol{PJP}^{-1})^m=\sum_{m=0}^{\infty}\boldsymbol{C}_m\boldsymbol{PJ}^m\boldsymbol{P}^{-1}=\boldsymbol{P}\Big(\sum_{m=0}^{\infty}\boldsymbol{C}_m\boldsymbol{J}^m\Big)\boldsymbol{P}^{-1}\\&=\boldsymbol{P}f(\boldsymbol{J})\boldsymbol{P}^{-1}\\&=\boldsymbol{P}\begin{pmatrix}f(\boldsymbol{J}_1) & & & \\ & f(\boldsymbol{J}_2) & & \\ & & \ddots & \\ & & & f(\boldsymbol{J}_k)\end{pmatrix}\boldsymbol{P}^{-1},\end{aligned}$$

再由定理 2 的公式计算出每个 $f(\boldsymbol{J}_i)$：

$$f(\boldsymbol{J}_i)=\begin{pmatrix}f(\lambda_i) & & & & \\ f'(\lambda_i) & \ddots & & & \\ \frac{1}{2!}f''(\lambda_i) & \ddots & & & \\ \vdots & \ddots & \ddots & \ddots & \\ \frac{1}{(n_i-1)!}f^{(n_i-1)}(\lambda_i) & \cdots & \frac{1}{2!}f''(\lambda_i) & f'(\lambda_i) & f(\lambda_i)\end{pmatrix}.$$

类似地，有

$$f(\boldsymbol{A}t)=\boldsymbol{P}\begin{pmatrix} f(\boldsymbol{J}_1t) & & & \\ & f(\boldsymbol{J}_2t) & & \\ & & \ddots & \\ & & & f(\boldsymbol{J}_kt)\end{pmatrix}\boldsymbol{P}^{-1}.$$

例 3　设 $\boldsymbol{A}=\begin{pmatrix}-1 & 1 & 0\\ -4 & 3 & 0\\ 1 & 0 & 2\end{pmatrix}$，求 $e^{\boldsymbol{A}}$.

解　$\boldsymbol{A}$ 的初等因子为 $\lambda-2,(\lambda-1)^2$，

于是有可逆矩阵 $\boldsymbol{P}=(\boldsymbol{X}_1,\boldsymbol{X}_2,\boldsymbol{X}_3)$，

使得，有$\boldsymbol{P}^{-1}\boldsymbol{A}\boldsymbol{P}=\boldsymbol{J}=\begin{pmatrix}2 & 0 & 0\\ 0 & 1 & 0\\ 0 & 1 & 1\end{pmatrix}$，

$$\boldsymbol{P}=\begin{pmatrix}0 & 0 & 1\\ 0 & 1 & 2\\ 1 & -1 & -1\end{pmatrix},\boldsymbol{P}^{-1}=\begin{pmatrix}-1 & 1 & 1\\ -2 & 1 & 0\\ 1 & 0 & 0\end{pmatrix},$$

$$e^{\boldsymbol{A}}=\begin{pmatrix}0 & 0 & 1\\ 0 & 1 & 2\\ 1 & -1 & -1\end{pmatrix}\begin{pmatrix}e^2 & 0 & 0\\ 0 & e^1 & 0\\ 0 & e^1 & e^1\end{pmatrix}\begin{pmatrix}-1 & 1 & 1\\ -2 & 1 & 0\\ 1 & 0 & 0\end{pmatrix}$$

$$=\begin{pmatrix}0 & e & e\\ 0 & 3e & 2e\\ e^2 & -2e & -e\end{pmatrix}\begin{pmatrix}-1 & 1 & 1\\ -2 & 1 & 0\\ 1 & 0 & 0\end{pmatrix}=\begin{pmatrix}-e & e & 0\\ -4e & 3e & 0\\ 3e-e^2 & e^2-2e & e^2\end{pmatrix}.$$

如果用$\begin{pmatrix}e^{2t} & 0 & 0\\ 0 & e^t & 0\\ 0 & te^t & e^t\end{pmatrix}$代替$\begin{pmatrix}e^2 & 0 & 0\\ 0 & e & 0\\ 0 & e & e\end{pmatrix}$，可以求 $e^{\boldsymbol{A}t}$.

求 $f(\boldsymbol{A})$ 的另一种方法：

设 $\varphi(\lambda)$ 是方阵 $\boldsymbol{A}$ 的最小多项式，它的次数为 m，若 $f(\lambda)$ 是 $l(>m)$ 次多项式，用 $\varphi(\lambda)$ 去除 $f(\lambda)$，则 $f(\lambda)=\varphi(\lambda)q(\lambda)+r(\lambda)$，这里余式 $r(\lambda)=0$，或次数低于 $\varphi(\lambda)$ 的

次数.

因此 $f(\boldsymbol{A})=\varphi(\boldsymbol{A})q(\boldsymbol{A})+r(\boldsymbol{A})=r(\boldsymbol{A})$.

由此可得,次数高于m的任一多项式$f(\boldsymbol{A})$都可以化为次数$\leqslant m-1$的$\boldsymbol{A}$的多项式$r(\boldsymbol{A})$来计算.

设$f(\boldsymbol{A})=a_0\boldsymbol{E}+a_1\boldsymbol{A}+\cdots+a_l\boldsymbol{A}^l(l\geqslant m)$,$\varphi(\lambda)$是方阵$\boldsymbol{A}$的最小多项式,它的次数为$m$,则有

$$f(\boldsymbol{A})=r(\boldsymbol{A})=b_0\boldsymbol{E}+b_1\boldsymbol{A}+\cdots+b_{m-1}\boldsymbol{A}^{m-1}.$$

定理 3 设 n 阶方阵 $\boldsymbol{A}$ 的最小多项式为 m 次多项式,$\varphi(\lambda)=(\lambda-\lambda_1)^{n_1}(\lambda-\lambda_2)^{n_2}\cdots(\lambda-\lambda_s)^{n_s}$,其中$\lambda_1,\lambda_2,\cdots,\lambda_s$是$\boldsymbol{A}$的互不相同的特征值,则$f(\boldsymbol{A})=a_0\boldsymbol{E}+a_1\boldsymbol{A}+a_2\boldsymbol{A}^2+\cdots+a_{m-1}\boldsymbol{A}^{m-1}$,其中系数$a_0,a_1,a_2,\cdots,a_{m-1}$由下列方程组给出:

$$\begin{cases}a_0+a_1\lambda_i+a_2\lambda_i^2+\cdots+a_{m-1}\lambda_i^{m-1}=f(\lambda_i),\\ a_1+2a_2\lambda_i+\cdots+(m-1)a_{m-1}\lambda_i^{m-2}=f'(\lambda_i),\\ \qquad\cdots\cdots\cdots\cdots\\ (n_i-1)!\ a_{n_i-1}+\cdots+(m-1)\cdots(m-n_i+1)a_{m-1}\lambda_i^{m-n_i}=f^{(n_i-1)}(\lambda_i)\end{cases}$$

$(\forall\lambda_i,i=1,2,\cdots,s)$.

例 4 用定理 3 给出的方法求例 1 中矩阵 $\boldsymbol{A}$ 的 $e^{\boldsymbol{A}}$.

解 $\boldsymbol{A}$ 的特征多项式$|\lambda\boldsymbol{E}-\boldsymbol{A}|=\lambda(\lambda-2)$,由最小多项式的性质可知,$\boldsymbol{A}$ 的最小多项式为$\varphi(\lambda)=\lambda(\lambda-2)$,即$m=2$,所以,可设$e^{\boldsymbol{A}}=a_0\boldsymbol{E}+a_1\boldsymbol{A}$,由于$\lambda_1=0$及$\lambda_2=2$,可得方程组

$$\begin{cases}a_0+a_1\cdot 0=e^0,\\ a_0+a_1\cdot 2=e^2.\end{cases}$$

解得 $a_0=1,a_1=\frac{1}{2}(e^2-1)$,所以

$$e^{\boldsymbol{A}}=\boldsymbol{E}+\frac{1}{2}(e^2-1)\boldsymbol{A}=\begin{pmatrix}1&0\\0&1\end{pmatrix}+\frac{1}{2}(e^2-1)\begin{pmatrix}0&1\\0&2\end{pmatrix}=\begin{pmatrix}1&\frac{1}{2}(e^2-1)\\0&e^2\end{pmatrix}.$$

求$f(\boldsymbol{A}t)$有类似的方法:$f(\boldsymbol{A}t)=a_0(t)\boldsymbol{E}+a_1(t)\boldsymbol{A}+a_2(t)\boldsymbol{A}^2+\cdots+a_{m-1}(t)\boldsymbol{A}^{m-1}$.

其中$a_i(t)(i=0,1,2,\cdots,m-1)$是$t$的函数,而确定$a_i(t)$的方程组为

$$\begin{cases} a_0(t)+a_1(t)\lambda_i+a_2(t)\lambda_i^2+\cdots+a_{m-1}(t)\lambda_i^{m-1}=f(\lambda_i t), \\ a_1(t)+2a_2(t)\lambda_i+\cdots+(m-1)a_{m-1}(t)\lambda_i^{m-2}=\left.\dfrac{\mathrm{d}f(\lambda t)}{\mathrm{d}\lambda}\right|_{\lambda=\lambda_i}, \\ \qquad\cdots\cdots\cdots\cdots \\ (n_i-1)!\ a_{n_i-1}(t)+\cdots+(m-1)\cdots(m-n_i+1)a_{m-1}(t)\lambda_i^{m-n_i}=\left.\dfrac{\mathrm{d}^{(n_i-1)}f(\lambda t)}{\mathrm{d}\lambda^{n_i-1}}\right|_{\lambda=\lambda_i} \end{cases}$$

$(\forall\lambda_i, i=1,2,\cdots,s)$.

例 5　计算 $\mathrm{e}^{\boldsymbol{A}t}$，$\sin\boldsymbol{A}t$，其中 $\boldsymbol{A}=\begin{pmatrix}2&1&4\\0&2&0\\0&3&1\end{pmatrix}$.

解　$|\lambda\boldsymbol{E}-\boldsymbol{A}|=\begin{vmatrix}\lambda-2&-1&-4\\0&\lambda-2&0\\0&-3&\lambda-1\end{vmatrix}=(\lambda-1)(\lambda-2)^2$,

由于 $(\lambda-1)(\lambda-2)$ 不是 $\boldsymbol{A}$ 的零化多项式，

所以 $\boldsymbol{A}$ 的最小多项式为 $\varphi(\lambda)=(\lambda-1)(\lambda-2)^2$.

又记 $f_1(\boldsymbol{A}t)=\mathrm{e}^{\boldsymbol{A}t}$，$f_1(\lambda t)=\mathrm{e}^{\lambda t}$，

$$f_2(\boldsymbol{A}t)=\sin\boldsymbol{A}t, f_2(\lambda t)=\sin\lambda t, \lambda_1=2, \lambda_2=1,$$

因 $\varphi(\lambda)=(\lambda-1)(\lambda-2)^2$ 为 3 次多项式，故设

$$\mathrm{e}^{\boldsymbol{A}t}=a_0(t)\boldsymbol{E}+a_1(t)\boldsymbol{A}+a_2(t)\boldsymbol{A}^2,$$

由此得方程组

$$\begin{cases} a_0(t)+a_1(t)\lambda_1+a_2(t)\lambda_1^2=f_1(\lambda_1 t), \\ a_1(t)+2a_2(t)\lambda_1=\dfrac{\mathrm{d}f_1(\lambda t)}{\mathrm{d}\lambda}\Big|_{\lambda=\lambda_1}, \\ a_0(t)+a_1(t)\lambda_2+a_2(t)\lambda_2^2=f_1(\lambda_2 t), \end{cases}$$

即
$$\begin{cases} a_0(t)+2a_1(t)+4a_2(t)=\mathrm{e}^{2t}, \\ a_1(t)+4a_2(t)=t\mathrm{e}^{2t}, \\ a_0(t)+a_1(t)+a_2(t)=\mathrm{e}^{t}, \end{cases}$$

由此求得
$$\begin{cases} a_0(t)=4e^t-3e^{2t}+2te^{2t}, \\ a_1(t)=-4e^t+4e^{2t}-3te^{2t}, \\ a_2(t)=e^t-e^{2t}+te^{2t}. \end{cases}$$

$$\boldsymbol{E}=\begin{pmatrix} 1 & & \\ & 1 & \\ & & 1 \end{pmatrix},\boldsymbol{A}=\begin{pmatrix} 2 & 1 & 4 \\ 0 & 2 & 0 \\ 0 & 3 & 1 \end{pmatrix},\boldsymbol{A}^2=\begin{pmatrix} 4 & 16 & 12 \\ 0 & 4 & 0 \\ 0 & 9 & 1 \end{pmatrix}.$$

代入 $e^{\boldsymbol{A}t}=a_0(t)\boldsymbol{E}+a_1(t)\boldsymbol{A}+a_2(t)\boldsymbol{A}^2$ 得

$$e^{\boldsymbol{A}t}=\begin{pmatrix} e^{2t} & 12e^t-12e^{2t}+13te^{2t} & -4e^t+4e^{2t} \\ 0 & e^{2t} & 0 \\ 0 & -3e^t+3e^{2t} & e^t \end{pmatrix}.$$

类似地,设 $\sin \boldsymbol{A}t=a_0(t)\boldsymbol{E}+a_1(t)\boldsymbol{A}+a_2(t)\boldsymbol{A}^2$,由此得方程组:

$$\begin{cases} a_0(t)+a_1(t)\lambda_1+a_2(t)\lambda_1^2=f_2(\lambda_1 t), \\ a_1(t)+2a_2(t)\lambda_1=\dfrac{df_2(\lambda t)}{d\lambda}\Big|_{\lambda=\lambda_1}, \\ a_0(t)+a_1(t)\lambda_2+a_2(t)\lambda_2^2=f_2(\lambda_2 t), \end{cases}$$

即
$$\begin{cases} a_0(t)+2a_1(t)+4a_2(t)=\sin 2t, \\ a_1(t)+4a_2(t)=t\cos 2t, \\ a_0(t)+a_1(t)+a_2(t)=\sin t, \end{cases}$$

由此求得
$$\begin{cases} a_0(t)=4\sin t-3\sin 2t+2t\cos 2t, \\ a_1(t)=-4\sin t+4\sin 2t-3t\cos 2t, \\ a_2(t)=\sin t-\sin 2t+t\cos 2t, \end{cases}$$

代入 $\sin \boldsymbol{A}t=a_0(t)\boldsymbol{E}+a_1(t)\boldsymbol{A}+a_2(t)\boldsymbol{A}^2$ 得

$$\sin \boldsymbol{A}t=\begin{pmatrix} \sin 2t & 12\sin t-12\sin 2t+13t\cos 2t & -4\sin t+4\sin 2t \\ 0 & \sin 2t & 0 \\ 0 & -3\sin t+3\sin 2t & \sin t \end{pmatrix}.$$

第六节　矩阵的微分与积分

一、函数矩阵的导数

定义1　设$\boldsymbol{A}(t)=(a_{ij}(t))_{m\times n}$的每个元素$a_{ij}(t)$都是复变量$t$的函数，且都在$t$的某个区间内可导，则称$\boldsymbol{A}(t)=(a_{ij}(t))_{m\times n}$在$t$处可导，且记导数为$\frac{\mathrm{d}}{\mathrm{d}t}\boldsymbol{A}(t)=\left(\frac{\mathrm{d}}{\mathrm{d}t}a_{ij}(t)\right)_{m\times n}$或$\boldsymbol{A}'(t)=(a'_{ij}(t))_{m\times n}$.

例1　已知$\boldsymbol{A}(t)=\begin{pmatrix} t^2+1 & \cos t \\ 5 & \mathrm{e}^t \end{pmatrix}$，求$\frac{\mathrm{d}}{\mathrm{d}t}\boldsymbol{A}(t)$.

解　$\frac{\mathrm{d}}{\mathrm{d}t}\boldsymbol{A}(t)=\begin{pmatrix} 2t & -\sin t \\ 0 & \mathrm{e}^t \end{pmatrix}$.

函数矩阵的性质如下：

(1) $(\boldsymbol{A}(t)+\boldsymbol{B}(t))'=\boldsymbol{A}'(t)+\boldsymbol{B}'(t)$；

(2) $\lambda(t)$是可导函数，则$(\lambda(t)\cdot\boldsymbol{B}(t))'=\lambda'(t)\boldsymbol{B}(t)+\lambda(t)\boldsymbol{B}'(t)$；

(3) $(\boldsymbol{A}(t)\cdot\boldsymbol{B}(t))'=\boldsymbol{A}'(t)\boldsymbol{B}(t)+\boldsymbol{A}(t)\boldsymbol{B}'(t)$，$(C\cdot\boldsymbol{A}(t))'=C\cdot\boldsymbol{A}'(t)$，$C$为常数；

(4) 如果$\boldsymbol{A}(u)=(a_{ij}(u))_{m\times n}$，函数$u=f(t)$都可导，则$\frac{\mathrm{d}}{\mathrm{d}t}\boldsymbol{A}(u)=\frac{\mathrm{d}\boldsymbol{A}(u)}{\mathrm{d}u}\cdot\frac{\mathrm{d}u}{\mathrm{d}t}$；

(5) 若n阶函数矩阵$\boldsymbol{A}(t)=(a_{ij}(t))_{n\times n}$可逆，且$\boldsymbol{A}(t)$及其逆矩阵$\boldsymbol{A}^{-1}(t)$都可导，则$\frac{\mathrm{d}}{\mathrm{d}t}\boldsymbol{A}^{-1}(t)=-\boldsymbol{A}^{-1}(t)\cdot\frac{\mathrm{d}}{\mathrm{d}t}\boldsymbol{A}(t)\cdot\boldsymbol{A}^{-1}(t)$.

证明　(1)(2)(3)(4)由函数矩阵导数的定义，容易得出，下证(5)：

由于$\boldsymbol{A}(t)\boldsymbol{A}^{-1}(t)=\boldsymbol{E}$，两边对$t$求导，得

$$\left(\frac{\mathrm{d}}{\mathrm{d}t}\boldsymbol{A}(t)\right)\boldsymbol{A}^{-1}(t)+\boldsymbol{A}(t)\cdot\left(\frac{\mathrm{d}}{\mathrm{d}t}\boldsymbol{A}^{-1}(t)\right)=\boldsymbol{O},$$

所以$\frac{\mathrm{d}}{\mathrm{d}t}\boldsymbol{A}^{-1}(t)=-\boldsymbol{A}^{-1}(t)\cdot\frac{\mathrm{d}}{\mathrm{d}t}\boldsymbol{A}(t)\cdot\boldsymbol{A}^{-1}(t)$.

以下都是常用函数矩阵的一些基本性质，所讨论的矩阵$\boldsymbol{A}$，$\boldsymbol{B}$都是n阶复数矩阵.

(1) $\frac{\mathrm{d}}{\mathrm{d}t}\mathrm{e}^{\boldsymbol{A}t}=\boldsymbol{A}\mathrm{e}^{\boldsymbol{A}t}=\mathrm{e}^{\boldsymbol{A}t}\boldsymbol{A}$；

(2) $\frac{\mathrm{d}}{\mathrm{d}t}\sin\boldsymbol{A}t=\boldsymbol{A}\cos\boldsymbol{A}t=(\cos\boldsymbol{A}t)\boldsymbol{A}$；

(3) $\frac{\mathrm{d}}{\mathrm{d}t}\cos \boldsymbol{A}t=-\boldsymbol{A}\sin \boldsymbol{A}t=-(\sin \boldsymbol{A}t)\boldsymbol{A}$;

(4) 若 $\boldsymbol{AB}=\boldsymbol{BA}$,则 $\mathrm{e}^{\boldsymbol{A}t}\boldsymbol{B}=\boldsymbol{B}\mathrm{e}^{\boldsymbol{A}t}$;

(5) 若 $\boldsymbol{AB}=\boldsymbol{BA}$,则 $\mathrm{e}^{\boldsymbol{A}}\cdot\mathrm{e}^{\boldsymbol{B}}=\mathrm{e}^{\boldsymbol{B}}\cdot\mathrm{e}^{\boldsymbol{A}}=\mathrm{e}^{\boldsymbol{A}+\boldsymbol{B}}$;

(6) $\mathrm{e}^{\mathrm{i}\boldsymbol{A}}=\cos \boldsymbol{A}+\mathrm{i}\sin \boldsymbol{A}$,

$$\cos \boldsymbol{A}=\frac{1}{2}(\mathrm{e}^{\mathrm{i}\boldsymbol{A}}+\mathrm{e}^{-\mathrm{i}\boldsymbol{A}}),\sin \boldsymbol{A}=\frac{1}{2\mathrm{i}}(\mathrm{e}^{\mathrm{i}\boldsymbol{A}}-\mathrm{e}^{-\mathrm{i}\boldsymbol{A}}),$$

$$\cos(-\boldsymbol{A})=\cos \boldsymbol{A},\sin(-\boldsymbol{A})=-\sin \boldsymbol{A};$$

(7) 若 $\boldsymbol{AB}=\boldsymbol{BA}$,则有:

$$\cos(\boldsymbol{A}+\boldsymbol{B})=\cos \boldsymbol{A}\cos \boldsymbol{B}-\sin \boldsymbol{A}\sin \boldsymbol{B},$$

$$\sin(\boldsymbol{A}+\boldsymbol{B})=\sin \boldsymbol{A}\cos \boldsymbol{B}+\cos \boldsymbol{A}\sin \boldsymbol{B};$$

(8) $\sin^2\boldsymbol{A}+\cos^2\boldsymbol{A}=\boldsymbol{E}$,

$$\sin(\boldsymbol{A}+2\pi\boldsymbol{E})=\sin \boldsymbol{A},\cos(\boldsymbol{A}+2\pi\boldsymbol{E})=\cos \boldsymbol{A},\mathrm{e}^{\boldsymbol{A}+\mathrm{i}2\pi\boldsymbol{E}}=\mathrm{e}^{\boldsymbol{A}}.$$

证明　(1) 由 $\mathrm{e}^{\boldsymbol{A}t}=\sum\limits_{k=0}^{\infty}\frac{t^k}{k!}\boldsymbol{A}^k$,得

$$\frac{\mathrm{d}}{\mathrm{d}t}\mathrm{e}^{\boldsymbol{A}t}=\frac{\mathrm{d}}{\mathrm{d}t}\left(\sum_{k=0}^{\infty}\frac{t^k}{k!}\boldsymbol{A}^k\right)=\sum_{k=1}^{\infty}\frac{t^{k-1}}{(k-1)!}\boldsymbol{A}^k=\boldsymbol{A}\left(\sum_{k=1}^{\infty}\frac{t^{k-1}}{(k-1)!}\boldsymbol{A}^{k-1}\right)=\boldsymbol{A}\mathrm{e}^{\boldsymbol{A}t}=\mathrm{e}^{\boldsymbol{A}t}\boldsymbol{A}.$$

(2)(3) 类似于(1) 可得.

(4) 由 $\boldsymbol{AB}=\boldsymbol{BA}$,得 $\boldsymbol{A}^k\boldsymbol{B}=\boldsymbol{B}\boldsymbol{A}^k$,因此有

$$\mathrm{e}^{\boldsymbol{A}t}\boldsymbol{B}=\left(\sum_{k=0}^{\infty}\frac{1}{k!}\boldsymbol{A}^k t^k\right)\boldsymbol{B}=\sum_{k=0}^{\infty}\frac{t^k}{k!}\boldsymbol{A}^k\boldsymbol{B}=\sum_{k=0}^{\infty}\frac{t^k}{k!}\boldsymbol{B}\boldsymbol{A}^k=B\left(\sum_{k=0}^{\infty}\frac{t^k}{k!}\boldsymbol{A}^k\right)=\boldsymbol{B}\mathrm{e}^{\boldsymbol{A}t}.$$

二、函数矩阵的积分

类似于函数矩阵的导数,也可以定义函数矩阵的积分.

若函数矩阵 $\boldsymbol{A}(x)=(a_{ij}(x))_{m\times n}$ 的每个元素 $a_{ij}(x)$ 都是实变量 x 的函数,且都在 $[a,b]$ 上可积,则 $\boldsymbol{A}(x)$ 的定积分与不定积分可以定义如下:

$$\int_a^b\boldsymbol{A}(x)\mathrm{d}x=\begin{pmatrix}\int_a^b a_{11}(x)\mathrm{d}x & \cdots & \int_a^b a_{1n}(x)\mathrm{d}x\\ \vdots & & \vdots\\ \int_a^b a_{m1}(x)\mathrm{d}x & \cdots & \int_a^b a_{mn}(x)\mathrm{d}x\end{pmatrix},$$

$$\int\boldsymbol{A}(x)\mathrm{d}x=\begin{pmatrix}\int a_{11}(x)\mathrm{d}x & \cdots & \int a_{1n}(x)\mathrm{d}x\\ \vdots & & \vdots\\ \int a_{m1}(x)\mathrm{d}x & \cdots & \int a_{mn}(x)\mathrm{d}x\end{pmatrix}.$$

函数矩阵积分有如下性质：

(1) $\int \boldsymbol{A}^{\mathrm{T}}(x)\,\mathrm{d}x = \left(\int \boldsymbol{A}(x)\,\mathrm{d}x\right)^{\mathrm{T}}$；

(2) $\int (a\boldsymbol{A}(x) + b\boldsymbol{B}(x))\,\mathrm{d}x = a\int \boldsymbol{A}(x)\,\mathrm{d}x + b\int \boldsymbol{B}(x)\,\mathrm{d}x$（$a,b$ 为非零实数）；

(3) $\int \boldsymbol{C}\cdot \boldsymbol{A}(x)\,\mathrm{d}x = \boldsymbol{C}\int \boldsymbol{A}(x)\,\mathrm{d}x$（$\boldsymbol{C}$ 为非零常数矩阵）；

(4) 若 n 阶函数矩阵 $\boldsymbol{A}(z) = (a_{ij}(z))_{n\times n}$ 可逆，且 $\boldsymbol{A}(z)$ 及其逆矩阵 $\boldsymbol{A}^{-1}(z)$ 都可导，则 $\int \boldsymbol{A}(x)\cdot \boldsymbol{B}'(x)\,\mathrm{d}x = \boldsymbol{A}(x)\boldsymbol{B}(x) - \int \boldsymbol{A}'(x)\cdot \boldsymbol{B}(x)\,\mathrm{d}x.$

第七节 矩阵函数在微分方程组中的应用

定理 1 一阶线性常系数微分方程组的定解问题：

$$\begin{cases}\dfrac{\mathrm{d}\boldsymbol{X}}{\mathrm{d}t} = \boldsymbol{A}\boldsymbol{X},\\ \boldsymbol{X}(0) = (x_1(0),\cdots,x_n(0))^{\mathrm{T}}\end{cases}$$

有唯一解 $\boldsymbol{X} = \mathrm{e}^{\boldsymbol{A}t}\cdot \boldsymbol{X}(0)$；

$$\begin{cases}\dfrac{\mathrm{d}\boldsymbol{X}}{\mathrm{d}t} = \boldsymbol{A}\boldsymbol{X},\\ \boldsymbol{X}(t)\big|_{t=t_0} = \boldsymbol{X}(t_0)\end{cases}$$

有唯一解 $\boldsymbol{X}(t) = \mathrm{e}^{\boldsymbol{A}(t-t_0)}\cdot \boldsymbol{X}(t_0)$.

例 1 求定解问题：

$$\begin{cases}\dfrac{\mathrm{d}\boldsymbol{X}}{\mathrm{d}t} = \boldsymbol{A}\boldsymbol{X},\\ \boldsymbol{X}(0) = (1,1,1)^{\mathrm{T}},\end{cases}\quad 其中\ \boldsymbol{A} = \begin{pmatrix}3 & -1 & 1\\ 2 & 0 & -1\\ 1 & -1 & 2\end{pmatrix}.$$

解

$$|\lambda\boldsymbol{E} - \boldsymbol{A}| = \begin{vmatrix}\lambda-3 & 1 & -1\\ -2 & \lambda & 1\\ -1 & 1 & \lambda-2\end{vmatrix} = \begin{vmatrix}\lambda & -\lambda & -\lambda\\ -2 & \lambda & 1\\ -1 & 1 & \lambda-2\end{vmatrix} = \lambda\begin{vmatrix}1 & -1 & -1\\ -2 & \lambda & 1\\ -1 & 1 & \lambda-2\end{vmatrix}$$

$$= \lambda(\lambda-2)(\lambda-3).$$

所以 $\lambda_1 = 0, \lambda_2 = 2, \lambda_3 = 3$.

由 $(\lambda\boldsymbol{E} - \boldsymbol{A})\boldsymbol{X} = \boldsymbol{0}$，可求出对应的三个线性无关特征向量：

$$\boldsymbol{\alpha}_1=\begin{pmatrix}1\\5\\2\end{pmatrix},\boldsymbol{\alpha}_2=\begin{pmatrix}1\\1\\0\end{pmatrix},\boldsymbol{\alpha}_3=\begin{pmatrix}2\\1\\1\end{pmatrix},$$

故 $\boldsymbol{P}=\begin{pmatrix}1&1&2\\5&1&1\\2&0&1\end{pmatrix},\boldsymbol{P}^{-1}=-\dfrac{1}{6}\begin{pmatrix}1&-1&-1\\-3&-3&9\\-2&2&-4\end{pmatrix}$.

所以,由定理 1 可得所求的解为

$$\boldsymbol{X}=\mathrm{e}^{\boldsymbol{A}t}\cdot\boldsymbol{X}(0)=\boldsymbol{P}\begin{pmatrix}1&&\\&\mathrm{e}^{2t}&\\&&\mathrm{e}^{3t}\end{pmatrix}\boldsymbol{P}^{-1}\cdot\boldsymbol{X}(0).$$

例 2 求微分方程组

$$\begin{cases}\dfrac{\mathrm{d}x_1(t)}{\mathrm{d}t}=2x_1+2x_2-x_3,\\ \dfrac{\mathrm{d}x_2(t)}{\mathrm{d}t}=-x_1-x_2+x_3,\\ \dfrac{\mathrm{d}x_3(t)}{\mathrm{d}t}=-x_1-2x_2+2x_3\end{cases}$$

满足初始条件 $\boldsymbol{X}(0)=\begin{pmatrix}x_1(0)\\x_2(0)\\x_3(0)\end{pmatrix}=\begin{pmatrix}1\\1\\3\end{pmatrix}$ 的解.

解 $\boldsymbol{A}=\begin{pmatrix}2&2&-1\\-1&-1&1\\-1&-2&2\end{pmatrix}$,

$$|\lambda\boldsymbol{E}-\boldsymbol{A}|=\begin{vmatrix}\lambda-2&-2&1\\1&\lambda+1&-1\\1&2&\lambda-2\end{vmatrix}=(\lambda-1)^3,$$

所以 $\lambda_1=\lambda_2=\lambda_3=1$.

$$\boldsymbol{A}(\lambda)=\lambda\boldsymbol{E}-\boldsymbol{A}=\begin{pmatrix}\lambda-2&-2&1\\1&\lambda+1&-1\\1&2&\lambda-2\end{pmatrix}.$$

初等因子为 $(\lambda-1)$, $(\lambda-1)^2$,故 $\boldsymbol{A}$ 的若尔当标准形为 $\boldsymbol{J}=\begin{pmatrix}1&&\\&1&\\&1&1\end{pmatrix}$.

再设 $\boldsymbol{P}=(\boldsymbol{X}_1,\boldsymbol{X}_2,\boldsymbol{X}_3)$，$\boldsymbol{P}^{-1}\boldsymbol{A}\boldsymbol{P}=\boldsymbol{J}$，

$\boldsymbol{A}(\boldsymbol{X}_1,\boldsymbol{X}_2,\boldsymbol{X}_3)=(\boldsymbol{X}_1,\boldsymbol{X}_2,\boldsymbol{X}_3)\boldsymbol{J}$，于是有 $(\boldsymbol{A}\boldsymbol{X}_1,\boldsymbol{A}\boldsymbol{X}_2,\boldsymbol{A}\boldsymbol{X}_3)=(\boldsymbol{X}_1,\boldsymbol{X}_2+\boldsymbol{X}_3,\boldsymbol{X}_3)$，即

$$(\boldsymbol{E}-\boldsymbol{A})\boldsymbol{X}_1=\boldsymbol{0},\tag{1}$$

$$(\boldsymbol{E}-\boldsymbol{A})\boldsymbol{X}_2=-\boldsymbol{X}_3,\tag{2}$$

$$(\boldsymbol{E}-\boldsymbol{A})\boldsymbol{X}_3=\boldsymbol{0}.\tag{3}$$

解方程(1)的基础解系为 $\boldsymbol{e}_1=(1,0,1)^{\mathrm{T}}$，$\boldsymbol{e}_2=(-2,1,0)^{\mathrm{T}}$.

我们选取 $\boldsymbol{X}_1=(1,0,1)^{\mathrm{T}}$，

由于方程(3)与(1)是一样的，所以(3)的任意解具有 $\boldsymbol{X}_3=c_1\boldsymbol{e}_1+c_2\boldsymbol{e}_2=(c_1-2c_2,c_2,c_1)^{\mathrm{T}}$.

为了使(2)有解，可选择 c_1,c_2 的值使下列两矩阵的秩相等：

$$-(\boldsymbol{E}-\boldsymbol{A})=\begin{pmatrix}1&2&-1\\-1&-2&1\\-1&-2&1\end{pmatrix},\begin{pmatrix}1&2&-1&c_1-2c_2\\-1&-2&1&c_2\\-1&-2&1&c_1\end{pmatrix},$$

可得 $c_1=1,c_2=1$.所以 $\boldsymbol{X}_3=(-1,0,0)^{\mathrm{T}}$.

将 $\boldsymbol{X}_3=(-1,1,1)^{\mathrm{T}}$ 代入(2)，

得 $\boldsymbol{X}_2=(-1,0,0)^{\mathrm{T}}$，

易知 $\boldsymbol{X}_1,\boldsymbol{X}_2,\boldsymbol{X}_3$ 线性无关，

故取 $\boldsymbol{P}=(\boldsymbol{X}_1,\boldsymbol{X}_2,\boldsymbol{X}_3)$，

即 $\boldsymbol{P}=\begin{pmatrix}1&-1&-1\\0&0&1\\1&0&1\end{pmatrix}$，有 $\boldsymbol{P}^{-1}\boldsymbol{A}\boldsymbol{P}=\boldsymbol{J}$.

所以，由定理1可得所求的解为

$$\boldsymbol{X}=\mathrm{e}^{\boldsymbol{A}t}\cdot\boldsymbol{X}(0)=\boldsymbol{P}\begin{pmatrix}\mathrm{e}^t&&\\&\mathrm{e}^t&\\&t\mathrm{e}^t&\mathrm{e}^t\end{pmatrix}\boldsymbol{P}^{-1}\cdot\boldsymbol{X}(0)=\begin{pmatrix}\mathrm{e}^t\\\mathrm{e}^t\\3\mathrm{e}^t\end{pmatrix}.$$

习　题

1.已知 $\boldsymbol{A}=\begin{pmatrix}1&2&-1\\\mathrm{i}&2+\mathrm{i}&1+\mathrm{i}\\2&1+\mathrm{i}&1-\mathrm{i}\end{pmatrix}$，$\boldsymbol{X}=\begin{pmatrix}1\\1\\1\end{pmatrix}$，求：

(1) $\|A\|_1,\|A\|_\infty$;

(2) $\|AX\|_1,\|AX\|_\infty$.

2.已知 $A=\begin{pmatrix}-1&0&2&1\\3+\mathrm{i}&3&1+\mathrm{i}&0\\2&\mathrm{i}&-2&3\end{pmatrix}$,$X=\begin{pmatrix}-1\\2\\0\\-\mathrm{i}\end{pmatrix}$,求 $\|AX\|_1,\|AX\|_2,\|AX\|_\infty$.

3.已知 $\mathrm{e}^{At}=\begin{pmatrix}2\mathrm{e}^{2t}-\mathrm{e}^{t}&\mathrm{e}^{2t}-\mathrm{e}^{t}&\mathrm{e}^{t}-\mathrm{e}^{2t}\\\mathrm{e}^{2t}-\mathrm{e}^{t}&2\mathrm{e}^{2t}-\mathrm{e}^{t}&\mathrm{e}^{t}-\mathrm{e}^{2t}\\3\mathrm{e}^{2t}-3\mathrm{e}^{t}&3\mathrm{e}^{2t}-3\mathrm{e}^{t}&3\mathrm{e}^{t}-2\mathrm{e}^{2t}\end{pmatrix}$,求 A.

4.已知 $A(t)=\begin{pmatrix}\cos t&t\mathrm{e}^{t}&t+1\\\mathrm{e}^{-2t}&2\mathrm{e}^{t}&\sin t\\0&t^2&t\end{pmatrix}$,求:

(1) $\dfrac{\mathrm{d}A(t)}{\mathrm{d}t}$;

(2) $\int A(t)\,\mathrm{d}t$.

5.设 $A=\begin{pmatrix}5&4&2\\4&5&-2\\2&-2&8\end{pmatrix}$,计算 e^{At},$\sin At$.

6.设 $A=\begin{pmatrix}3&0&1\\-1&2&-1\\-1&0&1\end{pmatrix}$,计算 e^{At},$\cos A$.

7.设 $A=\begin{pmatrix}-1&0&1\\1&2&0\\-4&0&3\end{pmatrix}$,计算 e^{A},$\sin At$.

8.求解 $\begin{cases}\dfrac{\mathrm{d}X}{\mathrm{d}t}=AX,\\X(0)=(1,0,-1)^{\mathrm{T}}.\end{cases}$ 其中 $A=\begin{pmatrix}2&0&0\\1&1&1\\1&-1&3\end{pmatrix}$.

9.证明:$\dfrac{1}{\sqrt{n}}\|A\|_F\leqslant\|A\|_2\leqslant\|A\|_F$.

10.设 $A=\begin{pmatrix}1&1\\-1&1\end{pmatrix}$,计算 $\|A\|_1,\|A\|_2,\|A\|_F,\|A\|_\infty$ 以及谱半径 $\rho(A)$.

第八章　习题汇总

第一节　例题选讲

例 1　求下列矩阵的满秩分解：

(1)$\boldsymbol{A}=\begin{pmatrix}1&2&3&0\\0&2&1&-1\\1&0&2&1\end{pmatrix}$；

(2)$\boldsymbol{A}=\begin{pmatrix}1&-1&1&1\\-1&1&-1&-1\\-1&-1&1&1\\1&1&-1&-1\end{pmatrix}$.

解　(1)$\boldsymbol{A}=\begin{pmatrix}1&2&3&0\\0&2&1&-1\\1&0&2&1\end{pmatrix}\xrightarrow{\text{行变换}}\begin{pmatrix}1&0&2&1\\0&1&\frac{1}{2}&-\frac{1}{2}\\0&0&0&0\end{pmatrix}=\boldsymbol{B}$,

$r(\boldsymbol{B})=2$，且 $\boldsymbol{B}$ 的第 1 列、第 2 列为单位矩阵的前两列，

故 $\boldsymbol{A}=\begin{pmatrix}1&2&3&0\\0&2&1&-1\\1&0&2&1\end{pmatrix}=\begin{pmatrix}1&2\\0&2\\1&0\end{pmatrix}\begin{pmatrix}1&0&2&1\\0&1&\frac{1}{2}&-\frac{1}{2}\end{pmatrix}$.

(2)$\boldsymbol{A}=\begin{pmatrix}1&-1&1&1\\-1&1&-1&-1\\-1&-1&1&1\\1&1&-1&-1\end{pmatrix}\xrightarrow{\text{行变换}}\begin{pmatrix}1&0&0&0\\0&1&-1&-1\\0&0&0&0\\0&0&0&0\end{pmatrix}=\boldsymbol{B}$.

$r(\boldsymbol{B})=2$，且 $\boldsymbol{B}$ 的第 1 列、第 2 列为单位矩阵的前两列，

故 $A=\begin{pmatrix}1&-1&1&1\\-1&1&-1&-1\\-1&-1&1&1\\1&1&-1&-1\end{pmatrix}=\begin{pmatrix}1&-1\\-1&1\\-1&-1\\1&1\end{pmatrix}\begin{pmatrix}1&0&0&0\\0&1&-1&-1\end{pmatrix}$.

例 2 用 Schmidt 正交化的方法求矩阵 $A=\begin{pmatrix}0&1&1\\1&1&0\\1&0&1\end{pmatrix}$ 的 QR 分解.

解 令 $\alpha_1=\begin{pmatrix}0\\1\\1\end{pmatrix},\alpha_2=\begin{pmatrix}1\\1\\0\end{pmatrix},\alpha_3=\begin{pmatrix}1\\0\\1\end{pmatrix},\beta_1=\alpha_1=\begin{pmatrix}0\\1\\1\end{pmatrix},\beta_2=\alpha_2-\frac{(\alpha_2,\beta_1)}{(\beta_1,\beta_1)}\beta_1=\begin{pmatrix}1\\\frac{1}{2}\\-\frac{1}{2}\end{pmatrix}$,

$$\beta_3=\alpha_3-\frac{(\alpha_3,\beta_1)}{(\beta_1,\beta_1)}\beta_1-\frac{(\alpha_3,\beta_2)}{(\beta_2,\beta_2)}\beta_2=\begin{pmatrix}\frac{2}{3}\\-\frac{2}{3}\\\frac{2}{3}\end{pmatrix},$$

再单位化后,可得

$$Q=\begin{pmatrix}0&\frac{2}{\sqrt{6}}&\frac{1}{\sqrt{3}}\\\frac{1}{\sqrt{2}}&\frac{1}{\sqrt{6}}&\frac{-1}{\sqrt{3}}\\\frac{1}{\sqrt{2}}&\frac{-1}{\sqrt{6}}&\frac{1}{\sqrt{3}}\end{pmatrix},R=\begin{pmatrix}\sqrt{2}&\frac{1}{\sqrt{2}}&\frac{1}{\sqrt{2}}\\0&\frac{3}{\sqrt{6}}&\frac{1}{\sqrt{6}}\\0&0&\frac{2}{\sqrt{3}}\end{pmatrix}.$$

例 3 用 Schmidt 正交化的方法求矩阵 $A=\begin{pmatrix}1&2&2\\2&1&2\\1&2&1\end{pmatrix}$ 的 QR 分解.

解 令 $\alpha_1=\begin{pmatrix}1\\2\\1\end{pmatrix},\alpha_2=\begin{pmatrix}2\\1\\2\end{pmatrix},\alpha_3=\begin{pmatrix}2\\2\\1\end{pmatrix}$,

$$\boldsymbol{\beta}_1=\boldsymbol{\alpha}_1=\begin{pmatrix}1\\2\\1\end{pmatrix},$$

$$\boldsymbol{\beta}_2=\boldsymbol{\alpha}_2-\frac{(\boldsymbol{\alpha}_2,\boldsymbol{\beta}_1)}{(\boldsymbol{\beta}_1,\boldsymbol{\beta}_1)}\boldsymbol{\beta}_1=\begin{pmatrix}1\\-1\\1\end{pmatrix},$$

$$\boldsymbol{\beta}_3=\boldsymbol{\alpha}_3-\frac{(\boldsymbol{\alpha}_3,\boldsymbol{\beta}_1)}{(\boldsymbol{\beta}_1,\boldsymbol{\beta}_1)}\boldsymbol{\beta}_1-\frac{(\boldsymbol{\alpha}_3,\boldsymbol{\beta}_2)}{(\boldsymbol{\beta}_2,\boldsymbol{\beta}_2)}\boldsymbol{\beta}_2=\begin{pmatrix}\frac{1}{2}\\0\\-\frac{1}{2}\end{pmatrix},$$

再单位化：

$$\boldsymbol{\gamma}_1=\begin{pmatrix}\frac{1}{\sqrt{6}}\\\frac{2}{\sqrt{6}}\\\frac{1}{\sqrt{6}}\end{pmatrix},\boldsymbol{\gamma}_2=\begin{pmatrix}\frac{1}{\sqrt{3}}\\-\frac{1}{\sqrt{3}}\\\frac{1}{\sqrt{3}}\end{pmatrix},\boldsymbol{\gamma}_3=\begin{pmatrix}\frac{1}{\sqrt{2}}\\0\\-\frac{1}{\sqrt{2}}\end{pmatrix},$$

可得　$$\boldsymbol{Q}=\begin{pmatrix}\frac{1}{\sqrt{6}}&\frac{1}{\sqrt{3}}&\frac{1}{\sqrt{2}}\\\frac{2}{\sqrt{6}}&-\frac{1}{\sqrt{3}}&0\\\frac{1}{\sqrt{6}}&\frac{1}{\sqrt{3}}&-\frac{1}{\sqrt{2}}\end{pmatrix},$$

$$\boldsymbol{R}=\begin{pmatrix}\|\boldsymbol{\beta}_1\|&(\boldsymbol{\alpha}_2,\boldsymbol{\gamma}_1)&(\boldsymbol{\alpha}_3,\boldsymbol{\gamma}_1)\\0&\|\boldsymbol{\beta}_2\|&(\boldsymbol{\alpha}_3,\boldsymbol{\gamma}_2)\\0&0&\|\boldsymbol{\beta}_3\|\end{pmatrix}=\begin{pmatrix}\sqrt{6}&\sqrt{6}&\frac{7\sqrt{6}}{6}\\0&\sqrt{3}&\frac{\sqrt{3}}{3}\\0&0&\frac{\sqrt{2}}{2}\end{pmatrix}.$$

例 4 求矩阵 $\boldsymbol{A}=\begin{pmatrix}1 & 4 & -1\\ -1 & -3 & 0\\ 0 & 0 & 1\end{pmatrix}$ 的若尔当标准形.

解 $\boldsymbol{A}(\lambda)=\lambda\boldsymbol{E}-\boldsymbol{A}=\begin{pmatrix}\lambda-1 & -4 & 1\\ 1 & \lambda+3 & 0\\ 0 & 0 & \lambda-1\end{pmatrix}$

$$\rightarrow\begin{pmatrix}1 & \lambda+3 & 0\\ \lambda-1 & -4 & 1\\ 0 & 0 & \lambda-1\end{pmatrix}\rightarrow\begin{pmatrix}1 & 0 & 0\\ 0 & 1 & 0\\ 0 & 0 & (\lambda-1)(\lambda+1)^2\end{pmatrix},$$

初等因子为$(\lambda-1)$,$(\lambda+1)^2$,故 $\boldsymbol{A}$ 的若尔当标准形为 $\boldsymbol{J}=\begin{pmatrix}1 & & \\ & -1 & \\ & 1 & -1\end{pmatrix}$.

例 5 求复矩阵 $\boldsymbol{A}=\begin{pmatrix}-1 & -2 & 1\\ 4 & 5 & -2\\ 4 & 4 & -1\end{pmatrix}$ 的若尔当标准形 $\boldsymbol{J}$,并求可逆矩阵 $\boldsymbol{T}$,使 $\boldsymbol{T}^{-1}\boldsymbol{A}\boldsymbol{T}=\boldsymbol{J}$.

解 $\lambda\boldsymbol{E}-\boldsymbol{A}=\begin{pmatrix}\lambda+1 & 2 & -1\\ -4 & \lambda-5 & 2\\ -4 & -4 & \lambda+1\end{pmatrix}\rightarrow\begin{pmatrix}1 & 0 & 0\\ 0 & \lambda-1 & 0\\ 0 & 0 & (\lambda-1)^2\end{pmatrix}$,

所以 $\boldsymbol{A}$ 的若尔当标准形为$\begin{pmatrix}1 & 0 & 0\\ 0 & 1 & 0\\ 0 & 1 & 1\end{pmatrix}$.

设 $\boldsymbol{T}$ 可逆,使 $\boldsymbol{T}^{-1}\boldsymbol{A}\boldsymbol{T}=\boldsymbol{J}$,那么 $\boldsymbol{A}\boldsymbol{T}=\boldsymbol{T}\boldsymbol{J}$,

令 $\boldsymbol{T}=(\boldsymbol{X}_1,\boldsymbol{X}_2,\boldsymbol{X}_3)$,

$$则\begin{cases}\boldsymbol{A}\boldsymbol{X}_1=\boldsymbol{X}_1,\\ \boldsymbol{A}\boldsymbol{X}_2=\boldsymbol{X}_2+\boldsymbol{X}_3,\\ \boldsymbol{A}\boldsymbol{X}_3=\boldsymbol{X}_3,\end{cases}$$

$\boldsymbol{A}$ 属于 1 的特征子空间的基为$(1,-1,0)^{\mathrm{T}}$,$(1,0,2)^{\mathrm{T}}$.

故 $\boldsymbol{X}_3 = k_1(1,-1,0)^{\mathrm{T}} + k_2(1,0,2)^{\mathrm{T}}$,

由于集合$\{(\boldsymbol{A}-\boldsymbol{E})\boldsymbol{X} \mid \boldsymbol{X} \in \mathbf{C}^3\}$是由$(1,-2,-2)^{\mathrm{T}}$生成的子空间,

取 $\boldsymbol{X}_1 = (1,-1,0)^{\mathrm{T}}, \boldsymbol{X}_2 = (0,0,1)^{\mathrm{T}}, \boldsymbol{X}_3 = (1,-2,-2)^{\mathrm{T}}$,

所以 $\boldsymbol{T} = \begin{pmatrix} 1 & 0 & 1 \\ -1 & 0 & -2 \\ 0 & 1 & -2 \end{pmatrix}$ 可逆, $\boldsymbol{T}^{-1}\boldsymbol{A}\boldsymbol{T} = \boldsymbol{J}$.

例 6　求下面 λ - 矩阵的标准形、不变因子、行列式因子:

$$\begin{pmatrix} 1-\lambda & \lambda^2 & \lambda \\ \lambda & \lambda & -\lambda \\ 1+\lambda^2 & \lambda^2 & -\lambda^2 \end{pmatrix}.$$

解

$$\begin{pmatrix} 1-\lambda & \lambda^2 & \lambda \\ \lambda & \lambda & -\lambda \\ 1+\lambda^2 & \lambda^2 & -\lambda^2 \end{pmatrix} \to \begin{pmatrix} 1 & \lambda^2 & \lambda \\ 0 & \lambda & -\lambda \\ 1 & \lambda^2 & -\lambda^2 \end{pmatrix} \to \begin{pmatrix} 1 & \lambda^2 & \lambda \\ 0 & \lambda & -\lambda \\ 0 & 0 & -\lambda^2-\lambda \end{pmatrix} \to \begin{pmatrix} 1 & 0 & 0 \\ 0 & \lambda & 0 \\ 0 & 0 & \lambda^2+\lambda \end{pmatrix}.$$

不变因子为 $1,\lambda,\lambda(\lambda+1)$,行列式因子为 $1,\lambda,\lambda^2(\lambda+1)$,标准形为

$$\begin{pmatrix} 1 & 0 & 0 \\ 0 & \lambda & 0 \\ 0 & 0 & \lambda^2+\lambda \end{pmatrix}.$$

例 7　(1) 设 $\boldsymbol{\alpha} = (1,2,3), \boldsymbol{\beta} = \left(1,\frac{1}{2},\frac{1}{3}\right), \boldsymbol{A} = \boldsymbol{\alpha}^{\mathrm{T}}\boldsymbol{\beta}$,求 $\boldsymbol{A}^n$;

(2) 设 $\boldsymbol{A} = \begin{pmatrix} 1 & 2 & 3 \\ 2 & 4 & 6 \\ 3 & 6 & 9 \end{pmatrix}$,求 $\boldsymbol{A}^n$.

解　(1) $\boldsymbol{A}^n = (\boldsymbol{\alpha}^{\mathrm{T}}\boldsymbol{\beta})(\boldsymbol{\alpha}^{\mathrm{T}}\boldsymbol{\beta})\cdots(\boldsymbol{\alpha}^{\mathrm{T}}\boldsymbol{\beta}) = 3^{n-1}\boldsymbol{\alpha}^{\mathrm{T}}\boldsymbol{\beta} = 3^{n-1}\begin{pmatrix} 1 & \frac{1}{2} & \frac{1}{3} \\ 2 & 1 & \frac{2}{3} \\ 3 & \frac{3}{2} & 1 \end{pmatrix}$.

(2) $A=\begin{pmatrix}1&2&3\\2&4&6\\3&6&9\end{pmatrix}=\begin{pmatrix}1\\2\\3\end{pmatrix}(1,2,3)=\boldsymbol{\alpha}^{\mathrm{T}}\boldsymbol{\alpha}$, $A^n=14^{n-1}A$.

例 8　设 E 为有理数域上的三维向量空间，$\mathscr{A}$ 为 E 到 E 的线性变换，若对 $x\neq 0$，y，$z\in E$，有 $\mathscr{A}x=y$，$\mathscr{A}y=z$，$\mathscr{A}z=x+y$，证明：x，y，z 线性无关.

证明　先证 x，y 线性无关，否则，因 $x\neq 0$，存在有理数 a，使 $y=ax$，而 $z=\mathscr{A}y=a^2x$，$\mathscr{A}z=a^3x$，另一方面，$\mathscr{A}z=x+y=x+ax$，故有 $a^3x=x+ax$，$a^3-a-1=0$，此表明，$x^3-x-1=0$ 有有理根，矛盾.

再证，x，y，z 线性无关，否则，由 x，y 线性无关，必有有理数 a，b，使 $z=ax+by$，$\mathscr{A}z=ay+abx+b^2y$，另一方面，$\mathscr{A}z=x+y=ay+abx+b^2y$，由 x，y 线性无关，则 $ab=1$，$a+b^2=1$，故 $b^3-b-1=0$，这又与 $x^3-x-1=0$ 无有理根矛盾，综上所述，x，y，z 线性无关.

例 9　求复矩阵 $A=\begin{pmatrix}1&2&3\\-2&-4&-6\\1&2&3\end{pmatrix}$ 的初等因子和若尔当标准形.

解　$\lambda E-A=\begin{pmatrix}\lambda-1&-2&-3\\2&\lambda+4&6\\-1&-2&\lambda-3\end{pmatrix}\to\begin{pmatrix}1&0&0\\0&\lambda&0\\0&0&\lambda^2\end{pmatrix}$，

所以 A 的初等因子为 λ，λ^2.

若尔当标准形为 $\begin{pmatrix}0&0&0\\0&0&0\\0&1&0\end{pmatrix}$ 或 $\begin{pmatrix}0&0&0\\0&0&1\\0&0&0\end{pmatrix}$.

例 10　已知 $\mathrm{e}^{At}=\begin{pmatrix}2\mathrm{e}^{2t}-\mathrm{e}^{t}&\mathrm{e}^{2t}-\mathrm{e}^{t}&\mathrm{e}^{t}-\mathrm{e}^{2t}\\\mathrm{e}^{2t}-\mathrm{e}^{t}&2\mathrm{e}^{2t}-\mathrm{e}^{t}&\mathrm{e}^{t}-\mathrm{e}^{2t}\\3\mathrm{e}^{2t}-3\mathrm{e}^{t}&3\mathrm{e}^{2t}-3\mathrm{e}^{t}&3\mathrm{e}^{t}-2\mathrm{e}^{2t}\end{pmatrix}$，求 A.

解　因为 $(\mathrm{e}^{At})'=A\mathrm{e}^{At}$，当 $t=0$ 时，$\mathrm{e}^{A0}=\mathrm{e}^0=E$，所以 $A=(\mathrm{e}^{At})'|_{t=0}$.

$(\mathrm{e}^{At})'=\begin{pmatrix}4\mathrm{e}^{2t}-\mathrm{e}^{t}&2\mathrm{e}^{2t}-\mathrm{e}^{t}&\mathrm{e}^{t}-2\mathrm{e}^{2t}\\2\mathrm{e}^{2t}-\mathrm{e}^{t}&4\mathrm{e}^{2t}-\mathrm{e}^{t}&\mathrm{e}^{t}-2\mathrm{e}^{2t}\\6\mathrm{e}^{2t}-3\mathrm{e}^{t}&6\mathrm{e}^{2t}-3\mathrm{e}^{t}&3\mathrm{e}^{t}-4\mathrm{e}^{2t}\end{pmatrix}$，所以 $A=(\mathrm{e}^{At})'|_{t=0}=\begin{pmatrix}3&1&-1\\1&3&-1\\3&3&-1\end{pmatrix}$.

例 11　已知 $\boldsymbol{A}(t)=\begin{pmatrix} e^{2t} & te^{t} & t+1 \\ e^{-2t} & 2e^{2t} & \sin t \\ 3t & 0 & t \end{pmatrix}$，求 $\int_0^t \boldsymbol{A}(\tau)\mathrm{d}\tau$.

解

$$\int_0^t \boldsymbol{A}(\tau)\mathrm{d}\tau=\begin{pmatrix} \int_0^t e^{2\tau}\mathrm{d}\tau & \int_0^t \tau e^{\tau}\mathrm{d}\tau & \int_0^t (1+\tau)\mathrm{d}\tau \\ \int_0^t e^{-2\tau}\mathrm{d}\tau & \int_0^t 2e^{2\tau}\mathrm{d}\tau & \int_0^t \sin\tau\mathrm{d}\tau \\ \int_0^t 3\tau\mathrm{d}\tau & 0 & \int_0^t \tau\mathrm{d}\tau \end{pmatrix}$$

$$=\begin{pmatrix} \frac{1}{2}(e^{2t}-1) & e^{t}(t-1)+1 & \frac{t^2}{2}+1 \\ \frac{1}{2}(1-e^{-2t}) & e^{2t}-1 & 1-\cos t \\ \frac{3t^2}{2} & 0 & \frac{t^2}{2} \end{pmatrix}.$$

例 12　求微分方程组 $\begin{cases} \frac{\mathrm{d}\xi_1}{\mathrm{d}t}=3\xi_1+8\xi_3, \\ \frac{\mathrm{d}\xi_2}{\mathrm{d}t}=3\xi_1-\xi_3+6\xi_3, \\ \frac{\mathrm{d}\xi_3}{\mathrm{d}t}=-2\xi_1-5\xi_3 \end{cases}$

满足初始条件 $\xi_1(0)=1,\xi_2(0)=1,\xi_3(0)=1$ 的解.

解　$\boldsymbol{A}=\begin{pmatrix} 3 & 0 & 8 \\ 3 & -1 & 6 \\ -2 & 0 & -5 \end{pmatrix}$，$\boldsymbol{X}(0)=\begin{pmatrix} 1 \\ 1 \\ 1 \end{pmatrix}$，$f(\lambda)=|\lambda\boldsymbol{E}-\boldsymbol{A}|=(\lambda+1)^3$.

容易验证，$\boldsymbol{A}$ 的最小多项式 $m(\lambda)=(\lambda+1)^2$.

令 $g(\lambda)=e^{\lambda t}$，由于 $\boldsymbol{A}$ 的最小多项式 $m(\lambda)=(\lambda+1)^2$ 是 2 次的，

可令 $g(\lambda)=a_0+a_1\lambda$.

由 $g(-1)=e^{-t}$，$g'(-1)=te^{-t}$，可得 $\begin{cases} a_0-a_1=e^{-t}, \\ a_1=te^{-t}, \end{cases}$ 解得 $\begin{cases} a_0=(1+t)e^{-t}, \\ a_1=te^{-t}. \end{cases}$

于是 $e^{At}=(1+t)e^{-t}\boldsymbol{E}+te^{-t}\boldsymbol{A}=e^{-t}\begin{pmatrix}1+4t & 0 & 8t\\ 3t & 1 & 6t\\ -2t & 0 & 1-4t\end{pmatrix}$,

$$\boldsymbol{X}(t)=e^{At}\boldsymbol{X}(0)=e^{-t}\begin{pmatrix}1+12t\\ 1+9t\\ 1-6t\end{pmatrix}.$$

例 13 (1) 若 $\boldsymbol{A}^2=\boldsymbol{A}$,求 $\sin\boldsymbol{A}$,$e^{\boldsymbol{A}}$;

(2) 若 $\boldsymbol{A}^2=\boldsymbol{E}$,求 $\sin\boldsymbol{A}$,$e^{\boldsymbol{A}}$.

解 (1)$\boldsymbol{A}^2=\boldsymbol{A}$,设 $r(\boldsymbol{A})=r$,则 $\boldsymbol{A}$ 的特征值为 1 或 0,且 $\boldsymbol{A}$ 可对角化,有

$$\boldsymbol{P}^{-1}\boldsymbol{A}\boldsymbol{P}=\begin{pmatrix}\boldsymbol{E}_r & \boldsymbol{O}\\ \boldsymbol{O} & \boldsymbol{O}\end{pmatrix}=\boldsymbol{J},$$

故

$$\sin\boldsymbol{A}=\boldsymbol{P}(\sin\boldsymbol{J})\boldsymbol{P}^{-1}=\boldsymbol{P}\begin{pmatrix}\sin 1 & & & & & \\ & \ddots & & & & \\ & & \sin 1 & & & \\ & & & 0 & & \\ & & & & \ddots & \\ & & & & & 0\end{pmatrix}\boldsymbol{P}^{-1}$$

$$=(\sin 1)\boldsymbol{P}\begin{pmatrix}\boldsymbol{E}_r & \boldsymbol{O}\\ \boldsymbol{O} & \boldsymbol{O}\end{pmatrix}\boldsymbol{P}^{-1}=(\sin 1)\boldsymbol{A},$$

$$e^{\boldsymbol{A}}=\boldsymbol{P}(e^{\boldsymbol{J}})\boldsymbol{P}^{-1}=\boldsymbol{P}\begin{pmatrix}e & & & & & \\ & \ddots & & & & \\ & & e & & & \\ & & & 1 & & \\ & & & & \ddots & \\ & & & & & 1\end{pmatrix}\boldsymbol{P}^{-1}.$$

(2)$\boldsymbol{A}^2=\boldsymbol{E}$,则 $\boldsymbol{A}$ 的特征值为 1 或 -1,且 $\boldsymbol{A}$ 有 r 个特征值为 1,有 $n-r$ 个特征值为 -1,可对角化,有

$$P^{-1}AP=\begin{pmatrix} E_r & O \\ O & -E_{n-r} \end{pmatrix}=J,$$

故 $$\sin A=P(\sin J)P^{-1}=P\begin{pmatrix} \sin 1 & & & & & \\ & \ddots & & & & \\ & & \sin 1 & & & \\ & & & -\sin 1 & & \\ & & & & \ddots & \\ & & & & & -\sin 1 \end{pmatrix}P^{-1}$$

$$=(\sin 1)P\begin{pmatrix} E_r & O \\ O & -E_{n-r} \end{pmatrix}P^{-1}=(\sin 1)A,$$

$$e^{A}=P(e^{J})P^{-1}=P\begin{pmatrix} e & & & & & \\ & \ddots & & & & \\ & & e & & & \\ & & & e^{-1} & & \\ & & & & \ddots & \\ & & & & & e^{-1} \end{pmatrix}P^{-1}.$$

例 14　设 V 是实数域 $\mathbf{R}$ 上 2 阶矩阵全体构成的线性空间，设 $P=\begin{pmatrix} 1 & 0 \\ 2 & 1 \end{pmatrix}$，定义 V 的一个变换 $\mathscr{A}$ 如下：$\mathscr{A}(X)=PXP^{-1}, X\in V$.

(1) 证明：$\mathscr{A}$ 是线性变换；

(2) 求 $\mathscr{A}$ 在基 $E_{11},E_{12},E_{21},E_{22}$ 下的矩阵；

(3) 求 $\mathscr{A}$ 的特征值与特征向量.

解　(1) 证明：$P=\begin{pmatrix} 1 & 0 \\ 2 & 1 \end{pmatrix}$，则 $\mathscr{A}(X)=PXP^{-1}, X\in V, \forall X,Y\in V, \forall k\in\mathbf{R}$,

$\mathscr{A}(X+Y)=P(X+Y)P^{-1}=PXP^{-1}+PYP^{-1}=\mathscr{A}X+\mathscr{A}Y$,

$\mathscr{A}(kX)=P(kX)P^{-1}=k\mathscr{A}X$,

所以 $\mathscr{A}$ 是线性变换.

(2) $\boldsymbol{P}=\begin{pmatrix}1 & 0\\ -2 & 1\end{pmatrix}$, $\mathscr{A}\boldsymbol{E}_{11}=\boldsymbol{P}\boldsymbol{E}_{11}\boldsymbol{P}^{-1}=\begin{pmatrix}1 & 0\\ 2 & 0\end{pmatrix}=(\boldsymbol{E}_{11},\boldsymbol{E}_{12},\boldsymbol{E}_{21},\boldsymbol{E}_{22})\begin{pmatrix}1\\0\\2\\0\end{pmatrix}$,

$$\mathscr{A}\boldsymbol{E}_{12}=\boldsymbol{P}\boldsymbol{E}_{12}\boldsymbol{P}^{-1}=\begin{pmatrix}-2 & 1\\ -4 & 2\end{pmatrix}=(\boldsymbol{E}_{11},\boldsymbol{E}_{12},\boldsymbol{E}_{21},\boldsymbol{E}_{22})\begin{pmatrix}-2\\1\\-4\\2\end{pmatrix},$$

$$\mathscr{A}\boldsymbol{E}_{21}=\boldsymbol{P}\boldsymbol{E}_{21}\boldsymbol{P}^{-1}=\begin{pmatrix}0 & 0\\ 1 & 0\end{pmatrix}=(\boldsymbol{E}_{11},\boldsymbol{E}_{12},\boldsymbol{E}_{21},\boldsymbol{E}_{22})\begin{pmatrix}0\\0\\1\\0\end{pmatrix},$$

$$\mathscr{A}\boldsymbol{E}_{22}=\boldsymbol{P}\boldsymbol{E}_{22}\boldsymbol{P}^{-1}=\begin{pmatrix}0 & 0\\ -2 & 1\end{pmatrix}=(\boldsymbol{E}_{11},\boldsymbol{E}_{12},\boldsymbol{E}_{21},\boldsymbol{E}_{22})\begin{pmatrix}0\\0\\-2\\1\end{pmatrix},$$

$$\mathscr{A}(\boldsymbol{E}_{11},\boldsymbol{E}_{12},\boldsymbol{E}_{21},\boldsymbol{E}_{22})=(\boldsymbol{E}_{11},\boldsymbol{E}_{12},\boldsymbol{E}_{21},\boldsymbol{E}_{22})\begin{pmatrix}1 & -2 & 0 & 0\\ 0 & 1 & 0 & 0\\ 2 & -4 & 1 & -2\\ 0 & 2 & 0 & 1\end{pmatrix},$$

$\mathscr{A}$ 在基 $\boldsymbol{E}_{11},\boldsymbol{E}_{12},\boldsymbol{E}_{21},\boldsymbol{E}_{22}$ 下的矩阵是 $\boldsymbol{A}=\begin{pmatrix}1 & -2 & 0 & 0\\ 0 & 1 & 0 & 0\\ 2 & -4 & 1 & -2\\ 0 & 2 & 0 & 1\end{pmatrix}$.

(3) 求得 $\boldsymbol{A}=\begin{pmatrix}1 & -2 & 0 & 0\\ 0 & 1 & 0 & 0\\ 2 & -4 & 1 & -2\\ 0 & 2 & 0 & 1\end{pmatrix}$ 的特征值为 $\lambda_1=\lambda_2=\lambda_3=\lambda_4=1$,

特征向量为

$$\boldsymbol{\beta}_1=\begin{pmatrix}0\\0\\1\\0\end{pmatrix},\quad \boldsymbol{\beta}_2=\begin{pmatrix}1\\0\\0\\1\end{pmatrix},$$

所以 $\mathscr{A}$ 的特征值为 $\boldsymbol{\lambda}_1=\boldsymbol{\lambda}_2=\boldsymbol{\lambda}_3=\boldsymbol{\lambda}_4=1$,

特征向量为 $\boldsymbol{X}=(\boldsymbol{E}_{11},\boldsymbol{E}_{12},\boldsymbol{E}_{21},\boldsymbol{E}_{22})(k_1\boldsymbol{\beta}_1+k_2\boldsymbol{\beta}_2)=k_1\begin{pmatrix}0&0\\1&0\end{pmatrix}+k_2\begin{pmatrix}1&0\\0&1\end{pmatrix}$.

例 15　求 $\begin{cases}x_1-x_2=5,\\-x_1+x_2=-4,\\2x_1-x_2=10\end{cases}$ 的最小二乘解.

解　$\boldsymbol{A}=\begin{pmatrix}1&-1\\-1&1\\2&-1\end{pmatrix},\boldsymbol{A}^{\mathrm{T}}=\begin{pmatrix}1&-1&2\\-1&1&-1\end{pmatrix},\boldsymbol{b}=\begin{pmatrix}5\\-4\\10\end{pmatrix}$,

$$\boldsymbol{A}^{\mathrm{T}}\boldsymbol{A}=\begin{pmatrix}6&-4\\-4&3\end{pmatrix},(\boldsymbol{A}^{\mathrm{T}}\boldsymbol{A})^{-1}=\begin{pmatrix}\frac{3}{2}&2\\2&3\end{pmatrix},\boldsymbol{A}^{\mathrm{T}}\boldsymbol{b}=\begin{pmatrix}1&-1&2\\-1&1&-1\end{pmatrix}\begin{pmatrix}5\\-4\\10\end{pmatrix}=\begin{pmatrix}29\\-19\end{pmatrix},$$

$$\begin{pmatrix}x_1\\x_2\end{pmatrix}=\begin{pmatrix}\frac{3}{2}&2\\2&3\end{pmatrix}\begin{pmatrix}29\\-19\end{pmatrix}=\begin{pmatrix}\frac{11}{2}\\1\end{pmatrix}.$$

例 16　(1) 已知 $\boldsymbol{A}=\begin{pmatrix}1&2&1\\0&1&1\end{pmatrix}$,求 $\boldsymbol{A}^+$;

(2) 已知 $\boldsymbol{A}=\begin{pmatrix}\mathrm{i}&0\\1&\mathrm{i}\\0&1\end{pmatrix}$,求 $\boldsymbol{A}^+$;

(3) 已知 $\boldsymbol{A}=\begin{pmatrix}1&0\\2&-1\\-1&2\end{pmatrix}$,求 $\boldsymbol{A}^+$.

解 (1)$\boldsymbol{A}^{+}=\boldsymbol{A}_{\mathrm{R}}^{-}=\boldsymbol{A}^{\mathrm{T}}(\boldsymbol{A}\boldsymbol{A}^{\mathrm{T}})^{-1}$

$$=\begin{pmatrix}1&0\\2&1\\1&1\end{pmatrix}\left(\begin{pmatrix}1&2&1\\0&1&1\end{pmatrix}\begin{pmatrix}1&0\\2&1\\1&1\end{pmatrix}\right)^{-1}=\begin{pmatrix}1&0\\2&1\\1&1\end{pmatrix}\begin{pmatrix}6&3\\3&2\end{pmatrix}^{-1}$$

$$=\frac{1}{3}\begin{pmatrix}1&0\\2&1\\1&1\end{pmatrix}\begin{pmatrix}2&-3\\-3&6\end{pmatrix}=\frac{1}{3}\begin{pmatrix}2&-3\\1&0\\-1&3\end{pmatrix}.$$

(2)$\boldsymbol{A}^{+}=\boldsymbol{A}_{\mathrm{L}}^{-}=(\boldsymbol{A}^{\mathrm{H}}\boldsymbol{A})^{-1}\boldsymbol{A}^{\mathrm{H}}$

$$=\left(\begin{pmatrix}-\mathrm{i}&1&0\\0&-\mathrm{i}&1\end{pmatrix}\begin{pmatrix}\mathrm{i}&0\\1&\mathrm{i}\\0&1\end{pmatrix}\right)^{-1}\begin{pmatrix}-\mathrm{i}&1&0\\0&-\mathrm{i}&1\end{pmatrix}=\begin{pmatrix}2&\mathrm{i}\\-\mathrm{i}&2\end{pmatrix}^{-1}\begin{pmatrix}-\mathrm{i}&1&0\\0&-\mathrm{i}&1\end{pmatrix}$$

$$=\frac{1}{3}\begin{pmatrix}2&-\mathrm{i}\\\mathrm{i}&2\end{pmatrix}\begin{pmatrix}-\mathrm{i}&1&0\\0&-\mathrm{i}&1\end{pmatrix}=\frac{1}{3}\begin{pmatrix}-2\mathrm{i}&1&-\mathrm{i}\\1&-\mathrm{i}&2\end{pmatrix}.$$

(3)$\boldsymbol{A}^{+}=\boldsymbol{A}_{\mathrm{L}}^{-}=(\boldsymbol{A}^{\mathrm{H}}\boldsymbol{A})^{-1}\boldsymbol{A}^{\mathrm{H}}$

$$=\left(\begin{pmatrix}1&2&-1\\0&-1&2\end{pmatrix}\begin{pmatrix}1&0\\2&-1\\-1&2\end{pmatrix}\right)^{-1}\begin{pmatrix}1&2&-1\\0&-1&2\end{pmatrix}$$

$$=\begin{pmatrix}6&-4\\-4&5\end{pmatrix}^{-1}\begin{pmatrix}1&2&-1\\0&-1&2\end{pmatrix}=\frac{1}{14}\begin{pmatrix}5&4\\4&6\end{pmatrix}\begin{pmatrix}1&2&-1\\0&-1&2\end{pmatrix}=\frac{1}{14}\begin{pmatrix}5&6&3\\4&2&8\end{pmatrix}.$$

例 17 求$\begin{cases}x_1+x_2+2x_3=1,\\2x_2+2x_3=1,\\x_1+x_3=2\end{cases}$的极小最小二乘解.

解 $(\boldsymbol{A},\boldsymbol{b})=\begin{pmatrix}1&1&2&1\\0&2&2&1\\1&0&1&2\end{pmatrix}\to\begin{pmatrix}1&1&2&1\\0&2&2&1\\0&0&0&1\end{pmatrix}$,不相容,对 $\boldsymbol{A}$ 做满秩分解

$$\boldsymbol{B}=\begin{pmatrix}1&1\\0&2\\1&0\end{pmatrix},\boldsymbol{C}=\begin{pmatrix}1&0&1\\0&1&1\end{pmatrix},\boldsymbol{A}=\boldsymbol{BC},$$

$$CC^{\mathrm{T}}=\begin{pmatrix}2&1\\1&2\end{pmatrix},(CC^{\mathrm{T}})^{-1}=\frac{1}{3}\begin{pmatrix}2&-1\\-1&2\end{pmatrix},$$

$$B^{\mathrm{T}}B=\begin{pmatrix}2&1\\1&5\end{pmatrix},(B^{\mathrm{T}}B)^{-1}=\frac{1}{9}\begin{pmatrix}5&-1\\-1&2\end{pmatrix},$$

$$X_0=A^{+}b=C^{\mathrm{T}}(CC^{\mathrm{T}})^{-1}(B^{\mathrm{T}}B)^{-1}B^{\mathrm{T}}b=\frac{1}{9}\begin{pmatrix}7\\-2\\5\end{pmatrix}.$$

例 18 求酉矩阵 P,使 $P^{-1}AP$ 为对角形,其中 $A=\begin{pmatrix}0&\mathrm{i}&1\\-\mathrm{i}&0&0\\1&0&0\end{pmatrix}$.

解 $|\lambda E-A|=\begin{vmatrix}\lambda&-\mathrm{i}&-1\\\mathrm{i}&\lambda&0\\-1&0&\lambda\end{vmatrix}=\lambda(\lambda^2-2)$.

所以 $\lambda_1=0,\lambda_2=-\sqrt{2},\lambda_3=\sqrt{2}$.

由 $(\lambda E-A)X=\mathbf{0}$,可求出对应的三个线性无关特征向量:

$$\alpha_1=\begin{pmatrix}0\\\mathrm{i}\\1\end{pmatrix},\alpha_2=\begin{pmatrix}-\sqrt{2}\\\mathrm{i}\\-1\end{pmatrix},\alpha_3=\begin{pmatrix}-\sqrt{2}\\-\mathrm{i}\\1\end{pmatrix},$$

$$\eta_1=\frac{1}{\sqrt{\alpha_1^{\mathrm{H}}\alpha_1}}\alpha_1=\frac{1}{\sqrt{2}}\begin{pmatrix}0\\\mathrm{i}\\1\end{pmatrix},\eta_2=\frac{1}{\sqrt{\alpha_2^{\mathrm{H}}\alpha_2}}\alpha_2=\frac{1}{2}\begin{pmatrix}-\sqrt{2}\\\mathrm{i}\\-1\end{pmatrix},\eta_3=\frac{1}{\sqrt{\alpha_3^{\mathrm{H}}\alpha_3}}\alpha_3=\frac{1}{2}\begin{pmatrix}-\sqrt{2}\\-\mathrm{i}\\1\end{pmatrix}.$$

令 $P=(\eta_1\quad\eta_2\quad\eta_3)$,则 $P^{-1}AP=\begin{pmatrix}0&0&0\\0&-\sqrt{2}&0\\0&0&\sqrt{2}\end{pmatrix}$.

例 19 已知 $A=\begin{pmatrix}1&-1&1\\\mathrm{i}&2+\mathrm{i}&1+\mathrm{i}\\2&\mathrm{i}&1-\mathrm{i}\end{pmatrix},X=\begin{pmatrix}1\\1\\1\end{pmatrix}$.求:

(1) $\|A\|_1, \|A\|_\infty$;

(2) $\|AX\|_1, \|AX\|_\infty$.

解 $\|A\|_1 = \max\{4, 2+\sqrt{5}, 1+2\sqrt{2}\} = 2+\sqrt{5}$,

$\|A\|_\infty = \max\{3, 1+\sqrt{2}+\sqrt{5}, 3+\sqrt{2}\} = 1+\sqrt{2}+\sqrt{5}$,

$$AX = \begin{pmatrix} 1 \\ 3+3\mathrm{i} \\ 3 \end{pmatrix}, \|AX\|_1 = \sum_{\mathrm{i}=1}^{n} |x_\mathrm{i}| = 4+3\sqrt{2},$$

$\|AX\|_\infty = \max\limits_{1\leqslant \mathrm{i}\leqslant n}\{|x_\mathrm{i}|\} = \max\{1, 3\sqrt{2}, 3\} = 3\sqrt{2}$.

例 20 已知 $A = \begin{pmatrix} 1 & 1+\mathrm{i} & 2 \\ 3 & 1 & \mathrm{i} \\ 1 & 5 & 2 \end{pmatrix}, X = \begin{pmatrix} 1 \\ 1 \\ 1 \end{pmatrix}$.求:

(1) $\|A\|_1, \|A\|_\infty$;

(2) $\|AX\|_1, \|AX\|_\infty$.

解 $\|A\|_1 = \max\{5, 6+\sqrt{2}, 5\} = 6+\sqrt{2}$, $\|A\|_\infty = \max\{3+\sqrt{2}, 5, 8\} = 8$,

$$AX = \begin{pmatrix} 4+\mathrm{i} \\ 4+\mathrm{i} \\ 8 \end{pmatrix}, \|AX\|_1 = \sum_{\mathrm{i}=1}^{n} |x_\mathrm{i}| = 8+2\sqrt{17},$$

$\|AX\|_\infty = \max\limits_{1\leqslant \mathrm{i}\leqslant n}\{|x_\mathrm{i}|\} = \max\{\sqrt{17}, 8\} = 8$.

例 21 设 A, B 为 n 阶方阵,已知 $E-AB$ 可逆,证明:$E-BA$ 可逆,且 $(E-BA)^{-1} = B(E-AB)^{-1}A+E$.

证明 1 验证 $[B(E-AB)^{-1}A+E](E-BA) = E$,即可.

证明 2 由 $E-AB$ 可逆,设 $C = (E-AB)^{-1}$,则

$C(E-AB) = E$,

$BCA - BCABA = BA, (BCA+E)(E-BA) = E$,

所以 $E-BA$ 可逆.

例 22 设 $V = P^{2\times 2}$ 是数域 P 上线性空间,$\alpha_1 = \begin{pmatrix} 1 & 2 \\ 1 & 0 \end{pmatrix}, \alpha_2 = \begin{pmatrix} -1 & 1 \\ 1 & 1 \end{pmatrix}, \beta_1 =$

$\begin{pmatrix}2 & -1\\0 & 1\end{pmatrix}$，$\boldsymbol{\beta}_2=\begin{pmatrix}1 & -1\\3 & 7\end{pmatrix}$，令 V 的子空间 $W_1=L(\boldsymbol{\alpha}_1,\boldsymbol{\alpha}_2)$，$W_2=L(\boldsymbol{\beta}_1,\boldsymbol{\beta}_2)$，求 W_1+W_2 的维数.

解　设 V 的一组基 $\boldsymbol{E}_{11},\boldsymbol{E}_{12},\boldsymbol{E}_{21},\boldsymbol{E}_{22}$，则 $\boldsymbol{\alpha}_1,\boldsymbol{\alpha}_2,\boldsymbol{\beta}_1,\boldsymbol{\beta}_2$ 之间的线性关系完全由它们在这组基下的坐标决定，$W_1+W_2=L(\boldsymbol{\alpha}_1,\boldsymbol{\alpha}_2,\boldsymbol{\beta}_1,\boldsymbol{\beta}_2)$，

$$\text{令 } \boldsymbol{A}=\begin{pmatrix}1 & -1 & 2 & 1\\2 & 1 & -1 & -1\\1 & 1 & 0 & 3\\0 & 1 & 1 & 7\end{pmatrix}\to\begin{pmatrix}1 & -1 & 2 & 1\\0 & 1 & -1 & 1\\0 & 0 & -2 & -6\\0 & 0 & 0 & 0\end{pmatrix},$$

所以 $\boldsymbol{\alpha}_1,\boldsymbol{\alpha}_2,\boldsymbol{\beta}_1$ 线性无关，故 $\dim(W_1+W_2)=3$.

例 23　设 $\mathscr{A},\mathscr{B}$ 是 n 维线性空间 V 中的线性变换，且 $\mathscr{A}^2=\mathscr{A},\mathscr{B}^2=\mathscr{B}$，证明：$\mathscr{A}$ 与 $\mathscr{B}$ 有相同的值域等价于 $\mathscr{A}\mathscr{B}=\mathscr{B},\mathscr{B}\mathscr{A}=\mathscr{A}$.

证明　**必要性**　设 $\mathscr{A}$ 与 $\mathscr{B}$ 有相同的值域，即 $\mathscr{A}V=\mathscr{B}V$，$\forall\boldsymbol{\alpha}\in V$，$\mathscr{A}\boldsymbol{\alpha}\in\mathscr{B}V$，

$\exists\delta\in V$，使得 $\mathscr{A}\boldsymbol{\alpha}=\mathscr{B}\delta$，$\mathscr{B}\mathscr{A}\boldsymbol{\alpha}=\mathscr{B}(\mathscr{B}\delta)=\mathscr{B}^2\delta=\mathscr{B}\delta=\mathscr{A}\boldsymbol{\alpha}$，

所以 $\mathscr{B}\mathscr{A}=\mathscr{A}$，同理 $\mathscr{A}\mathscr{B}=\mathscr{B}$.

充分性　设 $\mathscr{A}\mathscr{B}=\mathscr{B},\mathscr{B}\mathscr{A}=\mathscr{A}$，$\forall\mathscr{A}\boldsymbol{\alpha}\in\mathscr{A}V$，则有 $\mathscr{A}\boldsymbol{\alpha}=\mathscr{B}\mathscr{A}\boldsymbol{\alpha}\in\mathscr{B}V$，$\mathscr{A}V\subset\mathscr{B}V$.

同理 $\mathscr{B}V\subset\mathscr{A}V$，即 $\mathscr{A}V=\mathscr{B}V$.

例 24　在 $\mathbf{R}^4$ 中求分别由向量 $\boldsymbol{\alpha}_1=(1,-2,-1,2)$，$\boldsymbol{\alpha}_2=(2,1,1,1)$，$\boldsymbol{\alpha}_3=(-1,-3,-2,0)$ 与 $\boldsymbol{\beta}_1=(2,-4,-2,3)$，$\boldsymbol{\beta}_2=(1,7,0,5)$ 生成的子空间 $L(\boldsymbol{\alpha}_1,\boldsymbol{\alpha}_2,\boldsymbol{\alpha}_3)$，$L(\boldsymbol{\beta}_1,\boldsymbol{\beta}_2)$ 的和空间与交空间的基以及维数.

解　对列向量作行变换：

$$\begin{pmatrix}1 & 2 & -1 & 2 & 1\\-2 & 1 & -3 & -4 & 7\\-1 & 1 & -2 & -2 & 0\\2 & 1 & 0 & 3 & 5\end{pmatrix}\to\begin{pmatrix}1 & 0 & 0 & 1 & 0\\0 & 1 & 0 & 1 & 0\\0 & 0 & 1 & 1 & 0\\0 & 0 & 0 & 0 & 1\end{pmatrix}.$$

所以
$$\dim L(\boldsymbol{\alpha}_1,\boldsymbol{\alpha}_2,\boldsymbol{\alpha}_3)=3,\ \dim L(\boldsymbol{\beta}_1,\boldsymbol{\beta}_2)=2,$$
$$V_1+V_2=L(\boldsymbol{\alpha}_1,\boldsymbol{\alpha}_2,\boldsymbol{\alpha}_3,\boldsymbol{\beta}_2),\ \dim(V_1+V_2)=4,$$

$\boldsymbol{\alpha}_1,\boldsymbol{\alpha}_2,\boldsymbol{\alpha}_3,\boldsymbol{\beta}_2$ 是 V_1+V_2 的基，$\dim(V_1\cap V_2)=1$，$V_1\cap V_2$ 由一个向量生成，

又$\boldsymbol{\beta}_1=\boldsymbol{\alpha}_1+\boldsymbol{\alpha}_2+\boldsymbol{\alpha}_3\in V_1\cap V_2$,所以$V_1\cap V_2=L(\boldsymbol{\beta}_1)$,$\boldsymbol{\beta}_1$是$V_1\cap V_2$的基.

例25 设V是数域P上的线性空间,已知V中的向量$\boldsymbol{\alpha}_1,\boldsymbol{\alpha}_2,\boldsymbol{\alpha}_3,\boldsymbol{\alpha}_4$线性无关,向量$\boldsymbol{\beta}_1=\boldsymbol{\alpha}_1+\boldsymbol{\alpha}_2$,$\boldsymbol{\beta}_2=\boldsymbol{\alpha}_2+\boldsymbol{\alpha}_3$,$\boldsymbol{\beta}_3=\boldsymbol{\alpha}_3+\boldsymbol{\alpha}_4$,$\boldsymbol{\beta}_4=\boldsymbol{\alpha}_4+\boldsymbol{\alpha}_1$,则子空间$W=L(\boldsymbol{\beta}_1,\boldsymbol{\beta}_2,\boldsymbol{\beta}_3,\boldsymbol{\beta}_4)$的维数是__________.

答 3

例26 设$\boldsymbol{A},\boldsymbol{B}$是$n$阶复矩阵,$r(\boldsymbol{A})+r(\boldsymbol{B})<n$,证明:$\boldsymbol{A},\boldsymbol{B}$有公共的特征向量.

证明 因为$r(\boldsymbol{A})+r(\boldsymbol{B})<n$,所以$r(\boldsymbol{A}),r(\boldsymbol{B})<n$,

从而$|\boldsymbol{A}|=|\boldsymbol{B}|=0$,0是$\boldsymbol{A},\boldsymbol{B}$公共特征值,$\boldsymbol{A},\boldsymbol{B}$关于0的特征子空间$V_A,V_B$分别为$\boldsymbol{AX}=\boldsymbol{0}$和$\boldsymbol{BX}=\boldsymbol{0}$的解空间,有

$$\dim V_A=n-r(\boldsymbol{A}),\dim V_{\boldsymbol{B}}=n-r(\boldsymbol{B}).$$

因为$\dim(V_A+V_B)$不超过n,所以

$\dim(V_A\cap V_B)=\dim V_A+\dim V_B-\dim(V_A+V_B)\geqslant n-r(\boldsymbol{A})-r(\boldsymbol{B})>0$,

所以$\boldsymbol{A},\boldsymbol{B}$有属于特征值0的公共特征向量.

例27 设$V=P^{n\times n}$为数域P上全体n阶矩阵构成的线性空间,W_1为V中全体对称矩阵构成的子空间,W_2为V中全体反对称矩阵构成的子空间,证明:$V=W_1\oplus W_2$.

证明一 令$\boldsymbol{E}_{ij}$表示(i,j)-元素为1,其余元素都为0的n阶矩阵,那么$\{\boldsymbol{E}_{ij}\mid i,j=1,2,\cdots,n\}$是$P^{n\times n}$的基,$\{\boldsymbol{E}_{ij}+\boldsymbol{E}_{ji}\mid i<j\}\cup\{\boldsymbol{E}_{ii}\mid i=1,2,\cdots,n\}$是$W_1$的基,$\{\boldsymbol{E}_{ij}-\boldsymbol{E}_{ji}\mid i<j\}$是$W_2$的基,因为$\{\boldsymbol{E}_{ij}\mid i,j=1,2,\cdots,n\}$与$\{\boldsymbol{E}_{ij}+\boldsymbol{E}_{ji}\mid i<j\}\cup\{\boldsymbol{E}_{ii}\mid i=1,2,\cdots,n\}\cup\{\boldsymbol{E}_{ij}-\boldsymbol{E}_{ji}\mid i<j\}$等价,

而且$\{\boldsymbol{E}_{ij}+\boldsymbol{E}_{ji}\mid i<j\}\cup\{\boldsymbol{E}_{ii}\mid i=1,2,\cdots,n\}\cup\{\boldsymbol{E}_{ij}-\boldsymbol{E}_{ji}\mid i<j\}$线性无关,

所以$\{\boldsymbol{E}_{ij}+\boldsymbol{E}_{ji}\mid i<j\}\cup\{\boldsymbol{E}_{ii}\mid i=1,2,\cdots,n\}\cup\{\boldsymbol{E}_{ij}-\boldsymbol{E}_{ji}\mid i<j\}$也是$P^{n\times n}$的基,

从而$V=W_1\oplus W_2$.

证明二 $\forall \boldsymbol{A}\in P^{n\times n}$,则$\boldsymbol{A}=\dfrac{\boldsymbol{A}+\boldsymbol{A}^{\mathrm{T}}}{2}+\dfrac{\boldsymbol{A}-\boldsymbol{A}^{\mathrm{T}}}{2}$,$\left(\dfrac{\boldsymbol{A}+\boldsymbol{A}^{\mathrm{T}}}{2}\right)^{\mathrm{T}}=\dfrac{\boldsymbol{A}+\boldsymbol{A}^{\mathrm{T}}}{2}$,$\left(\dfrac{\boldsymbol{A}-\boldsymbol{A}^{\mathrm{T}}}{2}\right)^{\mathrm{T}}=-\dfrac{\boldsymbol{A}-\boldsymbol{A}^{\mathrm{T}}}{2}$,故$\dfrac{\boldsymbol{A}+\boldsymbol{A}^{\mathrm{T}}}{2}\in W_1$,$\dfrac{\boldsymbol{A}-\boldsymbol{A}^{\mathrm{T}}}{2}\in W_2$,即$V=W_1+W_2$设$B\in W_1\cap W_2$,则$\boldsymbol{B}=-\boldsymbol{B}$,因而$\boldsymbol{B}=\boldsymbol{O}$,即有$V=W_1\oplus W_2$.

例 28　设 $\boldsymbol{A}=\begin{pmatrix}8 & -2 & -2\\ -2 & 5 & -4\\ -2 & -4 & 5\end{pmatrix}$，证明：

(1) 存在秩为 2 的 3×2 矩阵 $\boldsymbol{B}$ 与秩为 2 的 2×3 矩阵 $\boldsymbol{C}$，使 $\boldsymbol{A}=\boldsymbol{BC}$；

(2) 对任意满足 $\boldsymbol{A}=\boldsymbol{BC}$ 的 3×2 矩阵 $\boldsymbol{B}$ 与 2×3 矩阵 $\boldsymbol{C}$，总有 $\boldsymbol{CB}$ 为数量矩阵.

解　$|\lambda\boldsymbol{E}-\boldsymbol{A}|=0$，$\boldsymbol{A}$ 的特征值为 $\lambda_1=\lambda_2=9,\lambda_3=0$，

由于 $\boldsymbol{A}$ 是实对称矩阵，所以存在正交矩阵 $\boldsymbol{Q}$，使得

$$\boldsymbol{Q}^{\mathrm{T}}\boldsymbol{A}\boldsymbol{Q}=\begin{pmatrix}9 & & \\ & 9 & \\ & & 0\end{pmatrix}，即\boldsymbol{A}=\boldsymbol{Q}\begin{pmatrix}9 & & \\ & 9 & \\ & & 0\end{pmatrix}\boldsymbol{Q}^{\mathrm{T}}=\boldsymbol{Q}\begin{pmatrix}3 & 0\\ 0 & 3\\ 0 & 0\end{pmatrix}\begin{pmatrix}3 & 0 & 0\\ 0 & 3 & 0\end{pmatrix}\boldsymbol{Q}^{\mathrm{T}},\boldsymbol{A}^2=9\boldsymbol{A}.$$

$$(1)\boldsymbol{A}=\boldsymbol{BC},\boldsymbol{B}=\boldsymbol{Q}\begin{pmatrix}3 & 0\\ 0 & 3\\ 0 & 0\end{pmatrix},\boldsymbol{C}=\begin{pmatrix}3 & 0 & 0\\ 0 & 3 & 0\end{pmatrix}\boldsymbol{Q}^{\mathrm{T}}.$$

(2) $r(\boldsymbol{A})=2$，由 $\boldsymbol{A}=\boldsymbol{BC}$ 知，$r(\boldsymbol{A})\leqslant r(\boldsymbol{B})\leqslant 2$，

所以 $r(\boldsymbol{B})=2$，同理 $r(\boldsymbol{C})=2$.

由 $\boldsymbol{A}^2=9\boldsymbol{A},\boldsymbol{A}=\boldsymbol{BC}$ 知 $\boldsymbol{BCBC}=9\boldsymbol{BC}$，

所以 $\boldsymbol{B}(\boldsymbol{CB}-9\boldsymbol{E})\boldsymbol{C}=\boldsymbol{O}$.

因为 $r(\boldsymbol{B})=2$，

所以方程组 $\boldsymbol{BX}=\boldsymbol{0}$ 只有零解，$(\boldsymbol{CB}-9\boldsymbol{E})\boldsymbol{C}$ 的列向量都是 $\boldsymbol{BX}=\boldsymbol{0}$ 的解，

所以 $(\boldsymbol{CB}-9\boldsymbol{E})\boldsymbol{C}=\boldsymbol{O}$，进而 $\boldsymbol{C}^{\mathrm{T}}(\boldsymbol{CB}-9\boldsymbol{E})^{\mathrm{T}}=\boldsymbol{O}$.

类似地有 $(\boldsymbol{CB}-9\boldsymbol{E})^{\mathrm{T}}=\boldsymbol{O}$.

因此 $\boldsymbol{CB}=9\boldsymbol{E}$.

例 29　设 $\mathscr{A}$ 是数域 P 上 n 维线性空间 V 的一个线性变换，并且满足 $\mathscr{A}^2=\mathscr{A}$，证明：

(1) $V=V_0\oplus V_1$（此处 V_0,V_1 分别是 $\mathscr{A}$ 的属于特征值 0 及 1 的特征子空间）；

(2) $V=\mathscr{A}V\oplus \mathrm{Ker}\mathscr{A}$（其中 $\mathscr{A}V,\mathrm{Ker}\mathscr{A}$ 分别是 $\boldsymbol{A}$ 的值域与核）.

证明　(1) 由 $\mathscr{A}^2=\mathscr{A}$ 可知，$\boldsymbol{A}$ 的特征值是0或1，且 $V_0=\mathscr{A}^{-1}(\boldsymbol{0}),V_1=(\mathscr{A}-\boldsymbol{E})^{-1}(\boldsymbol{0})$.

设 $\boldsymbol{A}$ 在 V 的一组基 $\boldsymbol{\varepsilon}_1,\boldsymbol{\varepsilon}_2,\cdots,\boldsymbol{\varepsilon}_n$ 下的矩阵为 $\boldsymbol{A}$，可以证明

$r(\boldsymbol{A})+r(\boldsymbol{A}-\boldsymbol{E})=n$，

由于 $r(\boldsymbol{A}-\boldsymbol{E})=r(\boldsymbol{E}-\boldsymbol{A})$，$r(\boldsymbol{A})+r(\boldsymbol{A}-\boldsymbol{E})=r(\boldsymbol{A})+r(\boldsymbol{E}-\boldsymbol{A})\geqslant r(\boldsymbol{A}+\boldsymbol{E}-\boldsymbol{A})=n$.

另一方面，由 $\boldsymbol{A}(\boldsymbol{A}-\boldsymbol{E})=\boldsymbol{A}^2-\boldsymbol{A}=\boldsymbol{O}$，知 $r(\boldsymbol{A})+r(\boldsymbol{A}-\boldsymbol{E})\leqslant n$，

所以 $r(\boldsymbol{A})+r(\boldsymbol{A}-\boldsymbol{E})=n$.

由于 $\dim V_0=n-r(\boldsymbol{A})$，$\dim V_1=n-r(\boldsymbol{E}-\boldsymbol{A})$，$V_0+V_1$ 是 V 的子空间，且 $V_0\cap V_1=\{\boldsymbol{0}\}$（属于不同特征值的特征向量是线性无关的），所以 $V_0+V_1=V_0\oplus V_1$，$V=V_0\oplus V_1$.

(2) 容易证明，$V_0=\mathrm{Ker}\mathscr{A}$，$V_1=\mathscr{A}V$，所以 $V=\mathscr{A}V\oplus\mathrm{Ker}\mathscr{A}$.

例 30 设 V 为数域 P 上 n 维线性空间，$n>1$，W 是 V 的非平凡子空间，证明：存在 V 的一组基 $\boldsymbol{\alpha}_1,\boldsymbol{\alpha}_2,\cdots,\boldsymbol{\alpha}_n$，使得 $\boldsymbol{\alpha}_1,\boldsymbol{\alpha}_2,\cdots,\boldsymbol{\alpha}_n$ 都不属于 W.

证明 取 W 的一组基 $\boldsymbol{\varepsilon}_1,\boldsymbol{\varepsilon}_2,\cdots,\boldsymbol{\varepsilon}_r$，并扩充为 V 的基 $\boldsymbol{\varepsilon}_1,\boldsymbol{\varepsilon}_2,\cdots,\boldsymbol{\varepsilon}_r\cdots,\boldsymbol{\varepsilon}_n$.因为 W 是 V 的非平凡子空间，那么 $\boldsymbol{\varepsilon}_i$ 不属于 W，$i=r+1,\cdots,n$，而向量组 $\boldsymbol{\varepsilon}_n+\boldsymbol{\varepsilon}_1,\boldsymbol{\varepsilon}_n+\boldsymbol{\varepsilon}_2,\cdots,\boldsymbol{\varepsilon}_n+\boldsymbol{\varepsilon}_r,\boldsymbol{\varepsilon}_{r+1},\cdots,\boldsymbol{\varepsilon}_n$ 与 $\boldsymbol{\varepsilon}_1,\boldsymbol{\varepsilon}_2,\cdots,\boldsymbol{\varepsilon}_r,\cdots,\boldsymbol{\varepsilon}_n$ 等价，所以 $\boldsymbol{\varepsilon}_n+\boldsymbol{\varepsilon}_1,\boldsymbol{\varepsilon}_n+\boldsymbol{\varepsilon}_2,\cdots,\boldsymbol{\varepsilon}_n+\boldsymbol{\varepsilon}_r,\boldsymbol{\varepsilon}_{r+1},\cdots,\boldsymbol{\varepsilon}_n$ 也是 V 的一组基，而且 $\boldsymbol{\varepsilon}_n+\boldsymbol{\varepsilon}_1,\boldsymbol{\varepsilon}_n+\boldsymbol{\varepsilon}_2,\cdots,\boldsymbol{\varepsilon}_n+\boldsymbol{\varepsilon}_r,\boldsymbol{\varepsilon}_{r+1},\cdots,\boldsymbol{\varepsilon}_n$ 都不属于 W.

例 31 设 V 是数域 P 上 n 维线性空间，V_1 是 V 的非平凡子空间.

(1) 如果 $\dim V_1\geqslant\dfrac{n}{2}$，证明：存在 V 的子空间 W_1,W_2 使得 $V=V_1\oplus W_1$，$V=V_1\oplus W_2$，并且 $W_1\cap W_2=\{\boldsymbol{0}\}$；

(2) 若 $\dim V_1<\dfrac{n}{2}$，上述结论是否可能成立？说明理由.

解 (1) 证明：设 $\dim V_1=r$，$\boldsymbol{\varepsilon}_1,\boldsymbol{\varepsilon}_2,\cdots,\boldsymbol{\varepsilon}_r$ 为 V_1 的一组基，把它扩充为 V 的基 $\boldsymbol{\varepsilon}_1,\boldsymbol{\varepsilon}_2,\cdots,\boldsymbol{\varepsilon}_r,\cdots,\boldsymbol{\varepsilon}_n$，令 $W_1=L(\boldsymbol{\varepsilon}_{r+1},\cdots,\boldsymbol{\varepsilon}_n)$，则有 $V=V_1\oplus W_1$.

由于 $\dim V_1\geqslant\dfrac{n}{2}$，所以 $\boldsymbol{\varepsilon}_1,\boldsymbol{\varepsilon}_2,\cdots,\boldsymbol{\varepsilon}_r,\cdots,\boldsymbol{\varepsilon}_n$ 与 $\boldsymbol{\varepsilon}_1,\boldsymbol{\varepsilon}_2,\cdots,\boldsymbol{\varepsilon}_r,\boldsymbol{\varepsilon}_1+\boldsymbol{\varepsilon}_{r+1},\cdots,\boldsymbol{\varepsilon}_{n-r}+\boldsymbol{\varepsilon}_n$ 等价，$\boldsymbol{\varepsilon}_1,\boldsymbol{\varepsilon}_2,\cdots,\boldsymbol{\varepsilon}_r,\boldsymbol{\varepsilon}_1+\boldsymbol{\varepsilon}_{t+1},\cdots,\boldsymbol{\varepsilon}_{n-r}+\boldsymbol{\varepsilon}_n$ 也是 V 的基.

令 $W_2=L(\boldsymbol{\varepsilon}_1+\boldsymbol{\varepsilon}_{r+1},\cdots,\boldsymbol{\varepsilon}_{n-r}+\boldsymbol{\varepsilon}_n)$，那么 $V=V_1\oplus W_2$.

显然 $\boldsymbol{\varepsilon}_{r+1},\boldsymbol{\varepsilon}_{r+2},\cdots,\boldsymbol{\varepsilon}_n,\boldsymbol{\varepsilon}_1+\boldsymbol{\varepsilon}_{r+1},\cdots,\boldsymbol{\varepsilon}_{n-r}+\boldsymbol{\varepsilon}_n$ 与 $\boldsymbol{\varepsilon}_{r+1},\boldsymbol{\varepsilon}_{r+2},\cdots,\boldsymbol{\varepsilon}_n,\boldsymbol{\varepsilon}_1,\cdots,\boldsymbol{\varepsilon}_{n-r}$ 等价，且 $\boldsymbol{\varepsilon}_{r+1},\boldsymbol{\varepsilon}_{r+2},\cdots,\boldsymbol{\varepsilon}_n,\boldsymbol{\varepsilon}_1,\cdots,\boldsymbol{\varepsilon}_{n-r}$ 线性无关，所以它们的秩都是 $2(n-r)$，从而 $\boldsymbol{\varepsilon}_{r+1},\boldsymbol{\varepsilon}_{r+2},\cdots,\boldsymbol{\varepsilon}_n,\boldsymbol{\varepsilon}_1+\boldsymbol{\varepsilon}_{r+1},\cdots,\boldsymbol{\varepsilon}_{n-r}+\boldsymbol{\varepsilon}_n$ 也线性无关，因此 $W_1\cap W_2=\{\boldsymbol{0}\}$.

(2) 若 $\dim V_1<\dfrac{n}{2}$，上述结论是不成立的.

如果满足上述条件的子空间 W_1, W_2 存在,因为 $\dim V_1 < \frac{n}{2}$,我们有

$$\dim W_1 = \dim W_2 = n - \dim V_1 > \frac{n}{2},$$

根据维数公式 $\dim W_1 \cap W_2 = \dim W_1 + \dim W_2$,

$-\dim(W_1 + W_2) > n - \dim(W_1 + W_2) > 0$,矛盾.

例 32　设 $\boldsymbol{A}$ 是 3 阶正交矩阵,$|\boldsymbol{A}| = 1$,证明:存在正交矩阵 $\boldsymbol{B}$,使 $\boldsymbol{A} = \boldsymbol{B}^2$.

证明　设 $\boldsymbol{A}$ 是正交变换 σ 在三维欧氏空间 V 的标准正交基 $\varepsilon_1, \varepsilon_2, \varepsilon_3$ 下的矩阵,因为 $\boldsymbol{A}$ 是 3 阶正交矩阵,$|\boldsymbol{A}| = 1$,所以,1 是 σ 的特征值.

如果 σ 的特征值都是实数,那么存在正交矩阵 $\boldsymbol{T}$,使

$$\boldsymbol{T}^{-1}\boldsymbol{A}\boldsymbol{T} = \begin{pmatrix} 1 & & \\ & 1 & \\ & & 1 \end{pmatrix}, \text{或 } \boldsymbol{T}^{-1}\boldsymbol{A}\boldsymbol{T} = \begin{pmatrix} 1 & & \\ & -1 & \\ & & -1 \end{pmatrix}.$$

于是存在正交矩阵 $\boldsymbol{B}$,使 $\boldsymbol{A} = \boldsymbol{B}^2$,其中 $\boldsymbol{B} = \boldsymbol{E}$,或 $\boldsymbol{B} = \boldsymbol{T}\begin{pmatrix} 1 & & \\ & 0 & 1 \\ & -1 & 0 \end{pmatrix}\boldsymbol{T}^{-1}$ 都为正交矩阵.

下设 σ 的特征值为 $1, a + bi, a - bi$, a, b 都是实数,且 $b \neq 0$.因为 σ 是正交变换,其特征值的模为 1,所以 $a^2 + b^2 = 1$.

可设 $a = \cos 0, b = \sin 0$,特征值 1 的特征子空间维数为 1,其正交补 W 是 σ 不变的,维数为 2.

取 W 的标准正交基 $\boldsymbol{\alpha}_1, \boldsymbol{\alpha}_2$ 并扩充它为 V 的标准正交基 $\boldsymbol{\alpha}_1, \boldsymbol{\alpha}_2, \boldsymbol{\alpha}_3$,

那么 σ 在标准正交基 $\boldsymbol{\alpha}_1, \boldsymbol{\alpha}_2, \boldsymbol{\alpha}_3$ 下的矩阵形如 $\begin{pmatrix} \boldsymbol{C} & \boldsymbol{0} \\ \boldsymbol{0} & 1 \end{pmatrix}$,其中 $\boldsymbol{C}$ 是正交变换 $\sigma|_W$ 在 W 的标准正交基 $\boldsymbol{\alpha}_1, \boldsymbol{\alpha}_2$ 下的矩阵,

因而 $\boldsymbol{C}$ 是正交矩阵,显然,$|\boldsymbol{C}| = 1$,因此存在正交矩阵 $\boldsymbol{Q}$,使

$$\boldsymbol{Q}^{-1}\boldsymbol{A}\boldsymbol{Q} = \begin{pmatrix} \cos 0 & \sin 0 & 0 \\ -\sin 0 & \cos 0 & 0 \\ 0 & 0 & 1 \end{pmatrix} = \begin{pmatrix} \cos\frac{0}{2} & \sin\frac{0}{2} & 0 \\ -\sin\frac{0}{2} & \cos\frac{0}{2} & 0 \\ 0 & 0 & 1 \end{pmatrix}^2,$$

有 $\boldsymbol{A}=\boldsymbol{B}^2$，其中 $\boldsymbol{B}=\boldsymbol{Q}\begin{pmatrix}\cos\frac{0}{2} & \sin\frac{0}{2} & 0\\ -\sin\frac{0}{2} & \cos\frac{0}{2} & 0\\ 0 & 0 & 1\end{pmatrix}\boldsymbol{Q}^{-1}$，为正交矩阵.

第二节　复习题

复习题一

1.已知 $\boldsymbol{A}=\begin{pmatrix}1 & -1 & 1\\ \mathrm{i} & 2+\mathrm{i} & 1+\mathrm{i}\\ 2 & \mathrm{i} & 1-\mathrm{i}\end{pmatrix}$，$\boldsymbol{X}=\begin{pmatrix}1\\1\\1\end{pmatrix}$.求：

(1) $\|\boldsymbol{A}\|_1$，$\|\boldsymbol{A}\|_\infty$；

(2) $\|\boldsymbol{AX}\|_1$，$\|\boldsymbol{AX}\|_\infty$.

2.(1) 已知 $\boldsymbol{A}=\begin{pmatrix}1 & 2\\ 2 & 1\end{pmatrix}$，求 $\mathrm{e}^{\boldsymbol{A}}$，$\mathrm{e}^{\boldsymbol{A}t}$；

(2) 已知 $\boldsymbol{A}=\begin{pmatrix}0 & 1\\ 0 & -2\end{pmatrix}$，求 $\sin\boldsymbol{A}$.

3.已知 $\boldsymbol{A}=\begin{pmatrix}-1 & -2 & 6\\ -1 & 0 & 3\\ -1 & -1 & 4\end{pmatrix}$，求 $\boldsymbol{A}$ 的不变因子与 Jordan 标准形.

4.已知 $\boldsymbol{A}=\begin{pmatrix}1 & 1 & 1\\ 1 & 1 & 1\\ 1 & 1 & 1\end{pmatrix}$，求正交矩阵 $\boldsymbol{T}$ 使 $\boldsymbol{T}^{-1}\boldsymbol{AT}=\boldsymbol{T}'\boldsymbol{AT}$ 为对角矩阵.

5.求 $\begin{cases}x_1+2x_2=1,\\ 2x_1+x_2=0,\\ x_1+x_2=0\end{cases}$ 的最小二乘解.

6. 已知 $A=\begin{pmatrix}2&1&4\\0&2&0\\0&3&1\end{pmatrix}$，求 A 的最小多项式.

7. 已知 $A=\begin{pmatrix}1&2&1\\0&1&1\end{pmatrix}$，$B=\begin{pmatrix}\mathrm{i}&0\\1&\mathrm{i}\\0&1\end{pmatrix}$，求 A^{+}，B^{+}.

8. (1) 设 $A(t)=\begin{pmatrix}\mathrm{e}^{2t}&t\mathrm{e}^{t}&t+1\\\mathrm{e}^{-2t}&2\mathrm{e}^{2t}&\sin t\\3t&0&4\end{pmatrix}$，求 $\dfrac{\mathrm{d}A(t)}{\mathrm{d}t}$；

(2) 设 $\mathrm{e}^{At}=\begin{pmatrix}2\mathrm{e}^{t}-\mathrm{e}^{-2t}&2\mathrm{e}^{t}-2\mathrm{e}^{-2t}&0\\\mathrm{e}^{-2t}-\mathrm{e}^{t}&2\mathrm{e}^{-2t}-\mathrm{e}^{t}&0\\\mathrm{e}^{-2t}-\mathrm{e}^{t}&2\mathrm{e}^{-2t}-2\mathrm{e}^{t}&\mathrm{e}^{t}\end{pmatrix}$，求 A.

复习题二

1. 设 $A=\begin{pmatrix}0&2&\mathrm{i}\\5&\mathrm{i}&0\\2&\mathrm{i}&-1\end{pmatrix}$，$X=\begin{pmatrix}2\\0\\\mathrm{i}\end{pmatrix}$，求：

(1) $\|A\|_1$，$\|A\|_\infty$；

(2) $\|AX\|_1$，$\|AX\|_\infty$.

2. (1) 设 $A=\begin{pmatrix}0&1\\-2&-3\end{pmatrix}$，求 e^{At}；

(2) 设 $A=\begin{pmatrix}1&2\\2&1\end{pmatrix}$，求 $\sin At$.

3. 设 $A=\begin{pmatrix}3&1&-1\\1&2&-1\\2&1&0\end{pmatrix}$，求 A 的不变因子与 Jordan 标准形.

4.设 $\boldsymbol{A}=\begin{pmatrix}3 & -3 & 2\\ -1 & 5 & -2\\ -1 & 3 & 0\end{pmatrix}$,求 $\boldsymbol{A}$ 的最小多项式.

5.(1)$\boldsymbol{A}=\begin{pmatrix}-1 & 0\\ 0 & 1\\ 2 & -1\end{pmatrix}$,求 $\boldsymbol{A}^{+}$;

(2)$\boldsymbol{B}=\begin{pmatrix}\mathrm{i} & 1 & 0\\ 0 & \mathrm{i} & 1\end{pmatrix}$,求 $\boldsymbol{B}^{+}$.

6.已知 $\mathrm{e}^{\boldsymbol{A}t}=\begin{pmatrix}4-3\mathrm{e}^{t} & -4+4\mathrm{e}^{t} & -2+2\mathrm{e}^{t}\\ 2-2\mathrm{e}^{t} & -2+3\mathrm{e}^{t} & -1+\mathrm{e}^{t}\\ 2-2\mathrm{e}^{t} & -2+2\mathrm{e}^{t} & -1+2\mathrm{e}^{t}\end{pmatrix}$,求 $\boldsymbol{A}$.

7.求 $\begin{cases}x_1+2x_2=1,\\ 2x_1+x_2=1,\\ x_1+x_2=0\end{cases}$ 的最小二乘解.

8.$\boldsymbol{A}(t)=\begin{pmatrix}\mathrm{e}^{2t} & t\mathrm{e}^{t} & t+1\\ \mathrm{e}^{-2t} & 2\mathrm{e}^{t} & \sin t\\ 3t & 0 & t\end{pmatrix}$,求:

(1) $\dfrac{\mathrm{d}\boldsymbol{A}(t)}{\mathrm{d}t}$;

(2) $\int \boldsymbol{A}(t)\mathrm{d}t$.

复习题三

1.设 $\boldsymbol{A}=\begin{pmatrix}1 & -1-\mathrm{i} & 1\\ \mathrm{i} & 2+\mathrm{i} & 1+\mathrm{i}\\ 2 & 1+\mathrm{i} & 1-\mathrm{i}\end{pmatrix}$,$\boldsymbol{X}=\begin{pmatrix}1\\ 1\\ 1\end{pmatrix}$,求:

（1）$\|A\|_1,\|A\|_\infty$；

（2）$\|AX\|_1,\|AX\|_\infty$.

2.设 $A=\begin{pmatrix}-1&0&1\\1&2&0\\-4&0&3\end{pmatrix}$,求 A 的不变因子与 Jordan 标准形.

3.已知 $e^{At}=\begin{pmatrix}4-3e^t&-4+4e^t&-2+2e^t\\2-2e^t&-2+3e^t&-1+e^t\\2-2e^t&-2+2e^t&-1+2e^t\end{pmatrix}$,求 A.

4.$A(t)=\begin{pmatrix}e^{2t}&te^t&t+1\\e^{-2t}&2e^t&\sin t\\3t&0&t\end{pmatrix}$,求$\int A(t)\mathrm{d}t$.

5.设 $A=\begin{pmatrix}\lambda&1&0\\0&\lambda&1\\0&0&\lambda\end{pmatrix}$,求 A^n.

6.求齐次线性方程组$\begin{cases}x_1-2x_2+3x_3-4x_4=0,\\x_1+5x_2+3x_3+3x_4=0\end{cases}$的解空间 V,并求出 V 在 $\mathbf{R}^4$ 中的正交补 $V^\perp$ 及 $\dim V^\perp$.

7.设 A 是秩为 r 的 n 阶矩阵.

（1）当 $A^2=A$ 时,证明:A 与对角矩阵相似;

（2）当$A^2=A$ 时,证明:$|A+E|=2^r$;

（3）证明:$A^2=A$ 的充要条件是存在秩为 r 的 $r\times n$ 矩阵 B 和秩为 r 的 $n\times r$ 矩阵 C,使 $A=CB,BC=E_r,E_r$ 是 r 阶单位矩阵.

8.已知 $A=\begin{pmatrix}-3&4&2\\-2&3&1\\-2&2&2\end{pmatrix}$,$X(0)=\begin{pmatrix}1\\1\\2\end{pmatrix}$,求:

（1）e^{At};

（2）微分方程$\frac{\mathrm{d}}{\mathrm{d}t}X=AX$ 满足初始条件 $X(0)$ 的解.

第三节　期末试题

试题一

1.(10分) 设 $\boldsymbol{A}=\begin{pmatrix}1 & 1+\mathrm{i} & 2\\ 3 & 1 & \mathrm{i}\\ 1 & 5 & 2\end{pmatrix}$, $\boldsymbol{X}=\begin{pmatrix}1\\1\\1\end{pmatrix}$.求:

(1) $\|\boldsymbol{A}\|_1$, $\|\boldsymbol{A}\|_\infty$;

(2) $\|\boldsymbol{AX}\|_1$, $\|\boldsymbol{AX}\|_\infty$.

2.(10分) 已知 $\mathrm{e}^{\boldsymbol{A}t}=\frac{1}{4}\begin{pmatrix}\mathrm{e}^{2t}+3\mathrm{e}^{-2t} & 2\mathrm{e}^{2t}-2\mathrm{e}^{-2t} & \mathrm{e}^{2t}-\mathrm{e}^{-2t}\\ \mathrm{e}^{2t}-\mathrm{e}^{-2t} & 2\mathrm{e}^{2t}+2\mathrm{e}^{-2t} & \mathrm{e}^{2t}-\mathrm{e}^{-2t}\\ \mathrm{e}^{2t}-\mathrm{e}^{-2t} & 2\mathrm{e}^{2t}-2\mathrm{e}^{-2t} & \mathrm{e}^{2t}+3\mathrm{e}^{-2t}\end{pmatrix}$,求 $\boldsymbol{A}$.

3.(10分)(1)$\boldsymbol{A}=\begin{pmatrix}\mathrm{i} & 0\\ 1 & \mathrm{i}\\ 0 & 1\end{pmatrix}$,求 $\boldsymbol{A}^+$;

(2)$\boldsymbol{B}=\begin{pmatrix}1 & 2 & -1\\ 0 & -1 & 2\end{pmatrix}$,求 $\boldsymbol{B}^+$.

4.(10分) 求方程组$\begin{cases}x_1+2x_2=1,\\ 2x_1+x_2=0,\\ x_1+x_2=0\end{cases}$的最小二乘解.

5.(10分) 设 $\boldsymbol{A}(t)=\begin{pmatrix}\mathrm{e}^t & t\mathrm{e}^t & t+2\\ \mathrm{e}^{-3t} & 3\mathrm{e}^t & \cos t\\ 2t & 0 & t\end{pmatrix}$,求:

(1) $\frac{\mathrm{d}\boldsymbol{A}(t)}{\mathrm{d}t}$;

(2) $\int\boldsymbol{A}(t)\mathrm{d}t$.

6.(10 分) 设 $A=\begin{pmatrix}4 & 6 & 0\\ -3 & -5 & 0\\ -3 & -6 & 1\end{pmatrix}$,求:

(1) e^{At};

(2) $\cos A$.

7.(20 分) 设 $A=\begin{pmatrix}-1 & 1 & 0\\ -4 & 3 & 0\\ 1 & 0 & 2\end{pmatrix}$,求:

(1) A 的最小多项式;

(2) A 的 Jordan 标准形 J;

(3) 可逆矩阵 P,使 $P^{-1}AP=J$.

8.(20 分) 设 $A\in\mathbf{R}^{n\times n}$ 是秩为 r 的 n 阶矩阵,$A^2=A$ 时.

(1) 证明:A 与对角矩阵相似;

(2) 证明:$\mathrm{tr}A=r$;

(3) 令 $V_1=\{X\in\mathbf{R}^n \mid AX=\mathbf{0}\}$,$V_2=\{X\in\mathbf{R}^n \mid (A-E)X=\mathbf{0}\}$,证明:$\mathbf{R}^n=V_1\oplus V_2$;

(4) 求 $|2E-A|$;

(5) 求 e^{A},$\sin A$.

试题二

1.(10 分) 设 $A=\begin{pmatrix}0 & 2+\mathrm{i} & \mathrm{i}\\ 5 & \mathrm{i} & 0\\ 2-\mathrm{i} & \mathrm{i} & -1\end{pmatrix}$,$X=\begin{pmatrix}2\\ 0\\ \mathrm{i}\end{pmatrix}$,计算:

(1) $\|A\|_1$,$\|A\|_\infty$;

(2) $\|AX\|_1$,$\|AX\|_\infty$.

2.(10 分) 已知 $e^{At}=\begin{pmatrix}2e^{2t}-e^{t} & e^{2t}-e^{t} & e^{t}-e^{2t}\\ e^{2t}-e^{t} & 2e^{2t}-e^{t} & e^{t}-e^{2t}\\ 3e^{2t}-3e^{t} & 3e^{2t}-3e^{t} & 3e^{t}-2e^{2t}\end{pmatrix}$,求 A.

3.(10分)(1) 设 $\boldsymbol{A}=\begin{pmatrix} \mathrm{i} & 1 & 0 \\ 0 & \mathrm{i} & 1 \end{pmatrix}$,求 $\boldsymbol{A}$ 的右逆 $\boldsymbol{A}^{+}$;

(2)$\boldsymbol{B}=\begin{pmatrix} -1 & 0 \\ 0 & 1 \\ 2 & -1 \end{pmatrix}$,求 $\boldsymbol{B}$ 的左逆 $\boldsymbol{B}^{+}$.

4.(10分) 求方程组 $\begin{cases} x_1-x_2=5, \\ -x_1+x_2=-4, \\ 2x_1-x_2=10 \end{cases}$ 的最小二乘解.

5.(10分) 设 $\boldsymbol{A}(t)=\begin{pmatrix} \sin t & \cos t & t \\ \mathrm{e}^{t} & \mathrm{e}^{2t} & \mathrm{e}^{3t} \\ 0 & 1 & t^2 \end{pmatrix}$,求:

(1) $\dfrac{\mathrm{d}\boldsymbol{A}(t)}{\mathrm{d}t}$;

(2) $\int \boldsymbol{A}(t)\,\mathrm{d}t$.

6.(10分) 设 $\boldsymbol{A}=\begin{pmatrix} 3 & -1 & 1 \\ 2 & 0 & -1 \\ 1 & -1 & 2 \end{pmatrix}$,求:

(1)$\mathrm{e}^{\boldsymbol{A}t}$;

(2)$\sin \boldsymbol{A}$.

7.(20分) 设 $\boldsymbol{A}=\begin{pmatrix} -1 & 0 & 1 \\ 1 & 0 & 2 \\ -4 & 0 & 3 \end{pmatrix}$,求:

(1)$\boldsymbol{A}$ 的最小多项式;

(2)$\boldsymbol{A}$ 的不变因子;

(3)$\boldsymbol{A}$ 的 Jordan 标准形 $\boldsymbol{J}$;

(4) 可逆矩阵 $\boldsymbol{P}$,使 $\boldsymbol{P}^{-1}\boldsymbol{A}\boldsymbol{P}=\boldsymbol{J}$.

8.(20 分) 设 $\boldsymbol{A}$ 是 n 阶实矩阵,$\boldsymbol{A}^2=\boldsymbol{E}$.

(1) 证明:$r(\boldsymbol{A}+\boldsymbol{E})+r(\boldsymbol{A}-\boldsymbol{E})=n$;

(2) 证明:$\boldsymbol{A}$ 与对角矩阵相似;

(3) 令 $V_1=\{\boldsymbol{X}\in\mathbf{R}^n \mid (\boldsymbol{A}+\boldsymbol{E})\boldsymbol{X}=\mathbf{0}\}$,$V_2=\{\boldsymbol{X}\in\mathbf{R}^n \mid (\boldsymbol{A}-\boldsymbol{E})\boldsymbol{X}=\mathbf{0}\}$,证明:$\mathbf{R}^n=V_1\oplus V_2$;

(4) 求 $\mathrm{e}^{\boldsymbol{A}t}$,$\cos\boldsymbol{A}$.

试题三

1.(10 分) 设 $\boldsymbol{A}=\begin{pmatrix}1 & 0 & 2\\ \mathrm{i} & 2-\mathrm{i} & 1+\mathrm{i}\\ 1 & 1+\mathrm{i} & 1-\mathrm{i}\end{pmatrix}$,$\boldsymbol{X}=\begin{pmatrix}1\\1\\1\end{pmatrix}$.求:

(1) $\|\boldsymbol{A}\|_1$, $\|\boldsymbol{A}\|_\infty$;

(2) $\|\boldsymbol{AX}\|_1$, $\|\boldsymbol{AX}\|_\infty$.

2.(10 分) 设 $\boldsymbol{A}(t)=\begin{pmatrix}\mathrm{e}^{2t} & t\mathrm{e}^t & t+2\\ \mathrm{e}^{-t} & 2\mathrm{e}^t & \cos t\\ 2t & 0 & t^2\end{pmatrix}$,求:

(1) $\dfrac{\mathrm{d}\boldsymbol{A}(t)}{\mathrm{d}t}$;

(2) $\int\boldsymbol{A}(t)\mathrm{d}t$.

3.(10 分) 已知 $\mathrm{e}^{\boldsymbol{A}t}=\begin{pmatrix}4-3\mathrm{e}^t & -4+4\mathrm{e}^t & -2+2\mathrm{e}^t\\ 2-2\mathrm{e}^t & -2+3\mathrm{e}^t & -1+\mathrm{e}^t\\ 2-2\mathrm{e}^t & -2+2\mathrm{e}^t & -1+2\mathrm{e}^t\end{pmatrix}$,求 $\boldsymbol{A}$.

4.(10 分)(1)$\boldsymbol{A}=\begin{pmatrix}1 & 0\\ -2 & 1\\ 1 & -1\end{pmatrix}$,求 $\boldsymbol{A}^+$;

(2) $\boldsymbol{B}=\begin{pmatrix} \mathrm{i} & 1 & 0 \\ 0 & \mathrm{i} & -1 \end{pmatrix}$,求 $\boldsymbol{B}^{+}$.

5.(10 分) 求$\begin{cases} x_1+2x_2=1, \\ 2x_1+x_2=0, \\ x_1+x_2=0 \end{cases}$的最小二乘解.

6.(10 分) 设 $\boldsymbol{A}=\begin{pmatrix} 2 & 0 & 0 \\ 1 & 2 & -1 \\ 1 & 0 & -1 \end{pmatrix}$,求:

(1) $\mathrm{e}^{\boldsymbol{A}t}$;

(2) $\sin \boldsymbol{A}$.

7.(20 分) 设 $\boldsymbol{A}=\begin{pmatrix} 3 & 1 & -1 \\ 1 & 2 & -1 \\ 2 & 1 & 0 \end{pmatrix}$,求:

(1) $\boldsymbol{A}$ 的最小多项式;

(2) $\boldsymbol{A}$ 的不变因子;

(3) $\boldsymbol{A}$ 的 Jordan 标准形 $\boldsymbol{J}$;

(4) 可逆矩阵 $\boldsymbol{P}$,使 $\boldsymbol{P}^{-1}\boldsymbol{A}\boldsymbol{P}=\boldsymbol{J}$.

8.(20 分) 设 $\boldsymbol{A}$ 是秩为 r 的 n 阶矩阵,且 $\boldsymbol{A}^2=\boldsymbol{A}$.证明:

(1) $r(\boldsymbol{A})+r(\boldsymbol{A}-\boldsymbol{E})=n$;

(2) $\boldsymbol{A}$ 与对角矩阵相似;

(3) 当 $\boldsymbol{A}^2=\boldsymbol{A}$ 时,$|\boldsymbol{A}+\boldsymbol{E}|=2^r$;

(4) $\boldsymbol{A}^2=\boldsymbol{A}$ 的充要条件是存在秩为 r 的 $r\times n$ 矩阵 $\boldsymbol{B}$ 和秩为 r 的 $n\times r$ 矩阵 $\boldsymbol{C}$,使 $\boldsymbol{A}=\boldsymbol{C}\boldsymbol{B}$,$\boldsymbol{B}\boldsymbol{C}=\boldsymbol{E}_r$,$\boldsymbol{E}_r$ 是 r 阶单位矩阵.

试题四

1.(10分) 设 $\boldsymbol{A}=\begin{pmatrix}1 & 0 & 2\\ -\mathrm{i} & 2-\mathrm{i} & 1+\mathrm{i}\\ 1 & 2+\mathrm{i} & 1-2\mathrm{i}\end{pmatrix}$, $\boldsymbol{X}=\begin{pmatrix}1\\1\\1\end{pmatrix}$,求:

(1) $\|\boldsymbol{A}\|_1$, $\|\boldsymbol{A}\|_\infty$;

(2) $\|\boldsymbol{AX}\|_1$, $\|\boldsymbol{AX}\|_\infty$.

2.(10分) 用 Schmidt 正交化的方法求矩阵 $\boldsymbol{A}=\begin{pmatrix}1 & 2 & 2\\ 2 & 1 & 2\\ 1 & 2 & 1\end{pmatrix}$ 的 $\boldsymbol{QR}$ 分解.

3.(10分)(1) 设 $\boldsymbol{A}$ 为 $m\times n$ 实矩阵,证明:线性方程组 $(\boldsymbol{A}^{\mathrm{T}}\boldsymbol{A})\boldsymbol{X}=\boldsymbol{A}^{\mathrm{T}}\boldsymbol{b}$ 有解,$\boldsymbol{b}$ 是任意 m 维实列向量.

(2) 求 $\begin{cases}x_1-x_2=3,\\ -x_1+x_2=-4,\\ 2x_1-x_2=5\end{cases}$ 的最小二乘解.

4.(15分) 设 P^4 的两个子空间,$W_1=L(\boldsymbol{\alpha}_1,\boldsymbol{\alpha}_2)$,其中 $\boldsymbol{\alpha}_1=(1,-1,0,1)$,$\boldsymbol{\alpha}_2=(1,0,2,3)$,$W_2=\{(x_1,x_2,x_3,x_4)\mid x_1+2x_2-x_4=0\}$,求 W_1+W_2 与 $W_1\cap W_2$ 的基与维数.

5.(15分) 设 $\boldsymbol{A}=\begin{pmatrix}2 & 0 & 0\\ 1 & 2 & -1\\ 1 & 0 & 1\end{pmatrix}$,求:

(1) $\mathrm{e}^{\boldsymbol{A}}$;

(2) $\cos \boldsymbol{A}t$.

6.(20分) 设 $\boldsymbol{A}=\begin{pmatrix}-1 & 1 & 0\\ -4 & 3 & 0\\ 1 & 0 & 2\end{pmatrix}$,求:

(1)$\boldsymbol{A}$ 的最小多项式;

(2)$\boldsymbol{A}$ 的 Jordan 标准形 $\boldsymbol{J}$;

(3) 可逆矩阵 $\boldsymbol{P}$,使 $\boldsymbol{P}^{-1}\boldsymbol{A}\boldsymbol{P}=\boldsymbol{J}$.

7.(20 分) 设 $\boldsymbol{A}$ 是 n 阶实矩阵,$\boldsymbol{A}^2=\boldsymbol{E}$,

(1) 证明:$r(\boldsymbol{A}+\boldsymbol{E})+r(\boldsymbol{A}-\boldsymbol{E})=n$;

(2) 证明:$\boldsymbol{A}$ 与对角矩阵相似;

(3) 求 $\sin\boldsymbol{A}$;

(4) 令 $V_1=\{\boldsymbol{X}\in\mathbf{R}^n \mid (\boldsymbol{A}+\boldsymbol{E})\boldsymbol{X}=\boldsymbol{0}\}$,$V_2=\{\boldsymbol{X}\in\mathbf{R}^n \mid (\boldsymbol{A}-\boldsymbol{E})\boldsymbol{X}=\boldsymbol{0}\}$,证明:$\mathbf{R}^n=V_1\oplus V_2$.

试题五

1.(10 分) 设 $\boldsymbol{A}=\begin{pmatrix}1+\mathrm{i} & 0 & 2\\ 1-\mathrm{i} & 2-\mathrm{i} & 1+\mathrm{i}\\ \mathrm{i} & 2+\mathrm{i} & 1-2\mathrm{i}\end{pmatrix}$, $\boldsymbol{X}=\begin{pmatrix}1\\1\\1\end{pmatrix}$,求:

(1) $\|\boldsymbol{A}\|_1$, $\|\boldsymbol{A}\|_\infty$;

(2) $\|\boldsymbol{AX}\|_1$, $\|\boldsymbol{AX}\|_\infty$.

2.(10 分) 已知 $\mathrm{e}^{\boldsymbol{A}t}=\frac{1}{4}\mathrm{e}^{2t}\begin{pmatrix}1 & 2 & 1\\ 1 & 2 & 1\\ 1 & 2 & 1\end{pmatrix}+\frac{1}{4}\mathrm{e}^{-2t}\begin{pmatrix}3 & -2 & -1\\ -1 & 2 & -1\\ -1 & -2 & 3\end{pmatrix}$,求 $\boldsymbol{A}$.

3.(10 分) 用 Schmidt 正交化的方法求矩阵 $\boldsymbol{A}=\begin{pmatrix}1 & 1 & 0\\ 1 & -1 & 1\\ 0 & 0 & 2\end{pmatrix}$ 的 $\boldsymbol{QR}$ 分解.

4.(15 分) 求 $\begin{cases}x_1-x_2=4,\\ -x_1+x_2=-2,\\ 2x_1-x_2=6\end{cases}$ 的最小二乘解.

5.(15 分) 设 V 是数域 P 上 2 阶矩阵全体构成的线性空间,定义 V 的一个变换 σ,如下

$$\sigma(\boldsymbol{X}) = \begin{pmatrix} 1 & -1 \\ -1 & 1 \end{pmatrix}\boldsymbol{X}, \boldsymbol{X} \in V.$$

(1) 证明:σ 是线性变换;

(2) 求 σ 在基 $\boldsymbol{E}_{11}, \boldsymbol{E}_{12}, \boldsymbol{E}_{21}, \boldsymbol{E}_{22}$ 下的矩阵(其中 $\boldsymbol{E}_{ij}$ 表示第 i 行,第 j 列的元素是 1,其余全是 0 的 2 阶矩阵);

(3) 求 σ 的值域 σV,给出它的维数及一组基.

6.(20 分) 设 $\boldsymbol{A} = \begin{pmatrix} 1 & 2 & 6 \\ 1 & 0 & 3 \\ 1 & 1 & 2 \end{pmatrix}$,求:

(1) $e^{\boldsymbol{A}t}$;

(2) $\sin \boldsymbol{A}$.

7.(20 分) 设 $\boldsymbol{A} = \begin{pmatrix} 3 & 1 & 2 \\ 1 & 2 & 1 \\ -1 & -1 & 0 \end{pmatrix}$,求:

(1) $\boldsymbol{A}$ 的最小多项式;

(2) $\boldsymbol{A}$ 的 Jordan 标准形 $\boldsymbol{J}$;

(3) 可逆矩阵 $\boldsymbol{P}$,使 $\boldsymbol{P}^{-1}\boldsymbol{A}\boldsymbol{P} = \boldsymbol{J}$.

试题六

1.(10 分) 设 $\boldsymbol{A} = \begin{pmatrix} 1 & 1+\mathrm{i} & 2 \\ 3 & 1 & \mathrm{i} \\ 1 & 5 & 2 \end{pmatrix}$, $\boldsymbol{X} = \begin{pmatrix} 1 \\ 1 \\ 1 \end{pmatrix}$,求:

(1) $\|\boldsymbol{A}\|_1$, $\|\boldsymbol{A}\|_\infty$;

(2) $\|\boldsymbol{AX}\|_1$, $\|\boldsymbol{AX}\|_\infty$.

2.(10 分)(1) 设 $\boldsymbol{A}=\begin{pmatrix} \mathrm{i} & 0 \\ -1 & \mathrm{i} \\ 0 & -1 \end{pmatrix}$,求 $\boldsymbol{A}^+$;

(2) 设 $\boldsymbol{B}=\begin{pmatrix} 1 & 2 & 1 \\ 0 & 1 & 1 \end{pmatrix}$,求 $\boldsymbol{B}^+$.

3.(10 分) 已知 $\mathrm{e}^{\boldsymbol{A}t}=\begin{pmatrix} 4 & -4 & -2 \\ 2 & -2 & -1 \\ 2 & -2 & -1 \end{pmatrix}+\mathrm{e}^t\begin{pmatrix} -3 & 4 & 2 \\ -2 & 3 & 1 \\ -2 & 2 & 2 \end{pmatrix}$,求 $\boldsymbol{A}$.

4.(10 分) 求 $\begin{cases} x_1-2x_2=5, \\ -x_1+x_2=-3, \\ 2x_1-x_2=7 \end{cases}$ 的最小二乘解.

5.(15 分) 求矩阵 $\begin{pmatrix} 0 & 1 & 1 \\ 1 & 1 & 0 \\ 1 & 0 & 1 \end{pmatrix}$ 的 $\boldsymbol{QR}$ 分解.

6.(15 分) 设 $\boldsymbol{A}=\begin{pmatrix} -1 & 2 & 1 \\ 1 & 0 & 1 \\ 1 & 2 & -1 \end{pmatrix}$,求:

(1) $\mathrm{e}^{\boldsymbol{A}}$;

(2) $\sin \boldsymbol{A}t$.

7.(15 分) 设 $\boldsymbol{A}=\begin{pmatrix} 1 & 0 & 1 \\ 1 & 1 & 2 \\ 0 & 0 & 3 \end{pmatrix}$,求:

(1) $\boldsymbol{A}$ 的最小多项式;

(2) $\boldsymbol{A}$ 的 Jordan 标准形 $\boldsymbol{J}$;

(3) 可逆矩阵 $\boldsymbol{P}$,使 $\boldsymbol{P}^{-1}\boldsymbol{A}\boldsymbol{P}=\boldsymbol{J}$.

8.(15 分) 设 $\boldsymbol{A}\in\mathbf{R}^{n\times n}$.

(1) 当 $\boldsymbol{A}^2=\boldsymbol{E}$ 时,证明:$\boldsymbol{A}$ 与对角矩阵相似;

(2) 当 $\boldsymbol{A}^2=\boldsymbol{E}$ 时，求 $e^{\boldsymbol{A}},\sin\boldsymbol{A}$；

(3) 令 $V_1=\{\boldsymbol{X}\in\mathbf{R}^n \mid (\boldsymbol{A}-\boldsymbol{E})\boldsymbol{X}=\boldsymbol{0}\}$，$V_2=\{\boldsymbol{X}\in\mathbf{R}^n \mid (\boldsymbol{A}+\boldsymbol{E})\boldsymbol{X}=\boldsymbol{0}\}$，证明：$\mathbf{R}^n=V_1\oplus V_2$ 的充要条件是 $\boldsymbol{A}^2=\boldsymbol{E}$.

试题七

1.(10分) 设 $\boldsymbol{A}=\begin{pmatrix}1 & 1+\mathrm{i} & 2\\ 2 & -1 & \mathrm{i}\\ -\mathrm{i} & 2 & 0\end{pmatrix}$，$\boldsymbol{X}=\begin{pmatrix}1\\1\\1\end{pmatrix}$，求：

(1) $\|\boldsymbol{A}\|_1,\|\boldsymbol{A}\|_\infty$；

(2) $\|\boldsymbol{AX}\|_1,\|\boldsymbol{AX}\|_\infty$.

2.(10分)(1)$\boldsymbol{A}=\begin{pmatrix}\mathrm{i} & 0\\ -1 & \mathrm{i}\\ 0 & 1\end{pmatrix}$，求 $\boldsymbol{A}^+$；

(2)$\boldsymbol{B}=\begin{pmatrix}1 & 2 & 1\\ 0 & 1 & -1\end{pmatrix}$，求 $\boldsymbol{B}^+$.

3.(10分) 已知 $e^{\boldsymbol{A}t}=\begin{pmatrix}1-2t & t & 0\\ -4t & 2t+1 & 0\\ 1+2t-e^t & e^t-t-1 & e^t\end{pmatrix}$，求 $\boldsymbol{A}$.

4.(15分) 求 $\begin{cases}x_1-x_2=1,\\ -x_1+x_2=-2,\\ 2x_1-x_2=3\end{cases}$ 的最小二乘解.

5.(15分) 求矩阵 $\begin{pmatrix}1 & 0 & -1\\ 2 & 1 & -1\\ 1 & 1 & 1\end{pmatrix}$ 的 $\boldsymbol{QR}$ 分解.

6.(20 分) 设 $\boldsymbol{A}=\begin{pmatrix}2 & 0 & 0\\ 1 & 2 & -1\\ 1 & 0 & 1\end{pmatrix}$,求:

(1) $e^{\boldsymbol{A}t}$;

(2) $\sin \boldsymbol{A}$.

7.(20 分) 设 $\boldsymbol{A}=\begin{pmatrix}3 & 1 & 2\\ 1 & 2 & 1\\ -1 & -1 & 0\end{pmatrix}$,求:

(1) $\boldsymbol{A}$ 的最小多项式;

(2) $\boldsymbol{A}$ 的 Jordan 标准形 $\boldsymbol{J}$;

(3) 可逆矩阵 $\boldsymbol{P}$,使 $\boldsymbol{P}^{-1}\boldsymbol{A}\boldsymbol{P}=\boldsymbol{J}$.

试题八

1.(10 分) 设 $\boldsymbol{A}=\begin{pmatrix}1 & 2+i & 2\\ 2 & 1+i & 1-i\\ 1-i & 3-i & i\end{pmatrix}$, $\boldsymbol{X}=\begin{pmatrix}1\\ 1\\ 1\end{pmatrix}$,求:

(1) $\|\boldsymbol{A}\|_1$, $\|\boldsymbol{A}\|_\infty$;

(2) $\|\boldsymbol{A}\boldsymbol{X}\|_1$, $\|\boldsymbol{A}\boldsymbol{X}\|_\infty$.

2.(10 分)(1) 设 $\boldsymbol{A}=\begin{pmatrix}1 & 0\\ -2 & 1\\ 1 & -1\end{pmatrix}$,求 $\boldsymbol{A}^+$;

(2) 设 $\boldsymbol{B}=\begin{pmatrix}i & 1 & -1\\ 0 & 2 & i\end{pmatrix}$,求 $\boldsymbol{B}^+$.

3.(10 分) 已知 $e^{\boldsymbol{A}t}=\begin{pmatrix}3e^{2t}-e^{t} & 2e^{2t}-2e^{t} & e^{t}-e^{2t}\\ 3e^{2t}-3e^{t} & 3e^{2t}-e^{t} & e^{2t}-e^{t}\\ 2e^{2t}-2e^{t} & 3e^{2t}-3e^{t} & 4e^{2t}+3e^{t}\end{pmatrix}$,求 $\boldsymbol{A}$.

4.(15 分) (1) 设 $\boldsymbol{A}$ 为 $m\times n$ 实矩阵,证明:线性方程组 $(\boldsymbol{A}^{\mathrm{T}}\boldsymbol{A})\boldsymbol{X}=\boldsymbol{A}^{\mathrm{T}}\boldsymbol{b}$ 有解,$\boldsymbol{b}$ 是任意 m 维实列向量;

(2) 求 $\begin{cases} x_1 - x_2 = 3, \\ -x_1 + x_2 = -1, \\ 2x_1 - x_2 = 6 \end{cases}$ 的最小二乘解.

5.(15 分) 求矩阵 $\boldsymbol{A}=\begin{pmatrix} 0 & 1 & 1 \\ 1 & 1 & 0 \\ 1 & 0 & 1 \end{pmatrix}$ 的 $\boldsymbol{QR}$ 分解.

6.(20 分) 设 $\boldsymbol{A}=\begin{pmatrix} 4 & 6 & 0 \\ -3 & -5 & 0 \\ -3 & -6 & 1 \end{pmatrix}$,求:

(1) $\mathrm{e}^{\boldsymbol{A}t}$;

(2) $\cos\boldsymbol{A}$.

7.(20 分) 设 $\boldsymbol{A}=\begin{pmatrix} 2 & -1 & -1 \\ 2 & -1 & -2 \\ -1 & 1 & 2 \end{pmatrix}$,求:

(1) $\boldsymbol{A}$ 的最小多项式;

(2) $\boldsymbol{A}$ 的 Jordan 标准形 $\boldsymbol{J}$;

(3) 可逆矩阵 $\boldsymbol{P}$,使 $\boldsymbol{P}^{-1}\boldsymbol{A}\boldsymbol{P}=\boldsymbol{J}$.

试题九

1.(10 分) 设 $\boldsymbol{A}=\begin{pmatrix} 1 & 2-\mathrm{i} & 2 \\ 2+\mathrm{i} & 1+\mathrm{i} & 1-\mathrm{i} \\ -\mathrm{i} & 3 & \mathrm{i} \end{pmatrix}$, $\boldsymbol{X}=\begin{pmatrix} 1 \\ 1 \\ 1 \end{pmatrix}$,求:

(1) $\|\boldsymbol{A}\|_1$, $\|\boldsymbol{A}\|_\infty$;

(2) $\|AX\|_1, \|AX\|_\infty$.

2.(10分)(1) 设 $A=\begin{pmatrix}1 & 0\\ 2 & 1\\ 1 & -1\end{pmatrix}$,求 A^+;

(2) 设 $B=\begin{pmatrix}\mathrm{i} & -1 & 1\\ 0 & -2 & \mathrm{i}\end{pmatrix}$,求 B^+.

3.(10分) 已知 $e^{At}=\begin{pmatrix}4-3e^t & -4+4e^t & -2+2e^t\\ 2-2e^t & -2+3e^t & -1+e^t\\ 2-2e^t & -2+2e^t & -1+2e^t\end{pmatrix}$,求 A.

4.(15分) 求矩阵 $A=\begin{pmatrix}1 & -1 & 1\\ 0 & 0 & 1\\ 1 & 1 & 1\end{pmatrix}$ 的 QR 分解.

5.(15分) (1) 设 A 为 $m\times n$ 实矩阵,证明:线性方程组 $(A^{\mathrm{T}}A)X=A^{\mathrm{T}}b$ 有解,b 是任意 m 维实列向量;

(2) 求 $\begin{cases}x_1-x_2=3,\\ -x_1+x_2=-1,\\ 2x_1-3x_2=6\end{cases}$ 的最小二乘解.

6.(20分) 设 $A=\begin{pmatrix}1 & -6 & -3\\ 0 & -5 & -3\\ 0 & 6 & 4\end{pmatrix}$,求:

(1) e^{At};

(2) $\sin A$.

7.(20分) 设 $A=\begin{pmatrix}2 & 0 & 1\\ 0 & 3 & -4\\ 0 & 1 & -1\end{pmatrix}$,求:

(1) A 的最小多项式;

(2) A 的 Jordan 标准形 J;

(3) 可逆矩阵 $\boldsymbol{P}$,使 $\boldsymbol{P}^{-1}\boldsymbol{A}\boldsymbol{P}=\boldsymbol{J}$.

试题十

1.(10 分) 设 $\boldsymbol{A}=\begin{pmatrix}1 & 2-\mathrm{i} & 2\\ 2+\mathrm{i} & 1+\mathrm{i} & -\mathrm{i}\\ 1-\mathrm{i} & 2 & \mathrm{i}\end{pmatrix}$, $\boldsymbol{X}=\begin{pmatrix}1\\1\\1\end{pmatrix}$,求:

(1) $\|\boldsymbol{A}\|_1$, $\|\boldsymbol{A}\|_\infty$;

(2) $\|\boldsymbol{AX}\|_1$, $\|\boldsymbol{AX}\|_\infty$.

2.(10 分)(1)$\boldsymbol{A}=\begin{pmatrix}1 & 0\\ -2 & 1\\ 1 & -1\end{pmatrix}$,求 $\boldsymbol{A}^+$;

(2)$\boldsymbol{B}=\begin{pmatrix}\mathrm{i} & -1 & 1\\ 0 & 2 & -\mathrm{i}\end{pmatrix}$,求 $\boldsymbol{B}^+$.

3.(10 分) 已知 $\mathrm{e}^{\boldsymbol{A}t}=\begin{pmatrix}3\mathrm{e}^{2t}-2\mathrm{e}^{t} & \mathrm{e}^{2t}-\mathrm{e}^{t} & 2\mathrm{e}^{t}-2\mathrm{e}^{2t}\\ \mathrm{e}^{2t}-\mathrm{e}^{t} & \mathrm{e}^{2t}-5\mathrm{e}^{t} & 3\mathrm{e}^{2t}-3\mathrm{e}^{t}\\ \mathrm{e}^{2t}-\mathrm{e}^{t} & 2\mathrm{e}^{2t}-2\mathrm{e}^{t} & 4\mathrm{e}^{2t}-3\mathrm{e}^{t}\end{pmatrix}$,求 3 阶矩阵 $\boldsymbol{A}$.

4.(15 分) (1) 设 $\boldsymbol{A}$ 为 $m\times n$ 实矩阵,证明:线性方程组 $(\boldsymbol{A}^{\mathrm{T}}\boldsymbol{A})\boldsymbol{X}=\boldsymbol{A}^{\mathrm{T}}\boldsymbol{b}$ 有解,$\boldsymbol{b}$ 是任意 m 维实列向量;

(2) 求 $\begin{cases}x_1+2x_2=1,\\ 2x_1+x_2=3,\\ x_1+x_2=2\end{cases}$ 的最小二乘解.

5.(15 分) 求矩阵 $\boldsymbol{A}=\begin{pmatrix}1 & 0 & 1\\ 0 & 1 & 1\\ 1 & 1 & 1\end{pmatrix}$ 的 $\boldsymbol{QR}$ 分解,其中 $\boldsymbol{Q}$ 是正交矩阵,$\boldsymbol{R}$ 是上三角形矩阵.

6.(20 分) 设 $\boldsymbol{A}=\begin{pmatrix}1 & -6 & -3\\ 0 & -5 & -3\\ 0 & 6 & 4\end{pmatrix}$,求:

(1)$\boldsymbol{A}$ 的最小多项式;

(2)$e^{\boldsymbol{A}}$;

(3)$\cos \boldsymbol{A}t$.

7.(20 分) 设 $\boldsymbol{A}=\begin{pmatrix}2 & 0 & 1\\ 0 & 3 & -4\\ 0 & 1 & -1\end{pmatrix}$,求:

(1)$\boldsymbol{A}$ 的最小多项式;

(2)$\boldsymbol{A}$ 的 Jordan 标准形 $\boldsymbol{J}$;

(3) 可逆矩阵 $\boldsymbol{P}$,使 $\boldsymbol{P}^{-1}\boldsymbol{A}\boldsymbol{P}=\boldsymbol{J}$.

试题十一

1.(10 分) 设 $\boldsymbol{A}=\begin{pmatrix}1 & 2-\mathrm{i} & 2\\ 2 & 1+\mathrm{i} & 1-\mathrm{i}\\ 1 & 3 & \mathrm{i}\end{pmatrix}$, $\boldsymbol{X}=\begin{pmatrix}1\\ 1\\ 1\end{pmatrix}$,求:

(1) $\|\boldsymbol{A}\|_1$, $\|\boldsymbol{A}\|_\infty$;

(2) $\|\boldsymbol{AX}\|_1$, $\|\boldsymbol{AX}\|_\infty$.

2.(10 分)(1)$\boldsymbol{A}=\begin{pmatrix}1 & 0\\ -2 & 1\\ 1 & -1\end{pmatrix}$,求 $\boldsymbol{A}^+$;

(2)$\boldsymbol{B}=\begin{pmatrix}\mathrm{i} & -1 & 1\\ 0 & 2 & \mathrm{i}\end{pmatrix}$,求 $\boldsymbol{B}^+$.

3.(10 分) 已知 $e^{At}=\begin{pmatrix}2e^{2t}-e^{t} & e^{2t}-e^{t} & e^{t}-e^{2t}\\ e^{2t}-e^{t} & 3e^{2t}-2e^{t} & e^{2t}-e^{t}\\ 2e^{2t}-2e^{t} & 3e^{2t}-3e^{t} & 4e^{2t}-3e^{t}\end{pmatrix}$,求 $\boldsymbol{A}$.

4.(15 分) (1) 设 $\boldsymbol{A}$ 为 $m\times n$ 实矩阵,证明:线性方程组 $(\boldsymbol{A}^{\mathrm{T}}\boldsymbol{A})\boldsymbol{X}=\boldsymbol{A}^{\mathrm{T}}\boldsymbol{b}$ 有解,$\boldsymbol{b}$ 是任意 m 维实列向量;

(2) 求 $\begin{cases}x_1-x_2=2,\\ -x_1+x_2=-1,\\ 2x_1-x_2=4\end{cases}$ 的最小二乘解.

5.(15 分) 求矩阵 $\boldsymbol{A}=\begin{pmatrix}1 & 2 & 1\\ 0 & 1 & 1\\ 1 & 1 & 2\end{pmatrix}$ 的 $\boldsymbol{QR}$ 分解,其中 $\boldsymbol{Q}$ 是正交矩阵,$\boldsymbol{R}$ 是上三角矩阵.

6.(20 分) 设 $\boldsymbol{A}=\begin{pmatrix}-1 & 2 & 1\\ 1 & 0 & 1\\ 1 & 2 & -1\end{pmatrix}$,求:

(1) $e^{\boldsymbol{A}t}$;

(2) $\cos\boldsymbol{A}$.

7.(20 分) 设 $\boldsymbol{A}=\begin{pmatrix}3 & 1 & -1\\ 1 & 2 & -1\\ 2 & 1 & 0\end{pmatrix}$,求:

(1) $\boldsymbol{A}$ 的最小多项式;

(2) $\boldsymbol{A}$ 的 Jordan 标准形 $\boldsymbol{J}$;

(3) 可逆矩阵 $\boldsymbol{P}$,使 $\boldsymbol{P}^{-1}\boldsymbol{A}\boldsymbol{P}=\boldsymbol{J}$.

参考文献

[1] 陈公宁.矩阵理论与应用[M].2 版.北京:科学出版社,2007.

[2] 北京大学数学系.高等代数[M].4 版.北京:高等教育出版社,2013.

[3] 罗家洪.矩阵分析引论[M].广州:华南理工大学出版社,2004.

[4] 程云鹏,张凯院,徐仲.矩阵论[M].西安:西北工业大学出版社,2000.

[5] 戴华.矩阵论[M].北京:科学出版社,2001.

[6] 张凯院,徐仲.矩阵论同步学习辅导[M].西安:西北工业大学出版社,2002.

[7] 方保镕,周继东,李医民.矩阵论[M].北京:清华大学出版社,2013.

[8] 张绍飞,赵迪.矩阵论教程[M].北京:机械工业出版社,2010.

[9] 杨明,刘先忠.矩阵论[M].武汉:华中科技大学出版社,2005.

[10] 林升旭.矩阵论学习辅导与典型题解析[M].武汉:华中科技大学出版社,2003.